教育部人文社会科学重点研究基地
南京师范大学道德教育研究所
重大项目基金资助

"荣辱文丛"编辑委员会

主　　编：高兆明

编辑委员会 （以姓氏汉语拼音为序）：

　　　　陈　真　高兆明　邵显侠
　　　　汪凤炎　赵志毅

主 编 助 理：李和佳

荣辱文丛

高兆明 主编

荣辱思想的中西哲学基础研究

邵显侠 陈真 著

人民出版社

总　　序

　　一个伟大的民族，必定有伟大信念、远大目标、博大胸怀，必定有昂扬向上、坚忍不拔、振奋前行的意志力，必定有深入人心、潜行日常、凝聚民众的是非善恶荣辱价值观，必定有基本公正清明的伦理生活秩序。一个仅仅有庞大经济体量的民族，未必能赢得世界其他各民族的敬重，未必能够始终生机勃勃、昂首前行。

　　经过30年的改革开放，中华民族精神、民族文化的再生问题，以无法回避的方式再次历史性地摆在了我们面前。当我们以一种非常正式的方式在全社会提出直面荣辱观问题、加强荣辱观教育时，这本身就意味着：在我们这块土地上，以是非善恶、荣辱廉耻为标识的社会道德价值精神已存有严重问题，无法粉饰，必须直面正视。

　　社会主义荣辱观问题的核心是：中华民族在走向现代化、向着世界先进民族目标进军过程中，应当具有何种道德文化、确立起何种道德价值精神、建立起何种伦理关系及其秩序？只有具有文明、先进道德文化的民族，才有可能居于世界前列，才能获得全世界各民族的敬重与景仰。人的现代化，人的生活方式、生活态度及其精神世界的现代化，是实现民族现代化的关键。正是在这个意义上，我们可以通过社会主义荣辱观这个具体角度，理解我们这个社会，把握时代的脉博，站在时代的前沿。

　　社会精神生活中的病症，缘于社会生活方式自身的病症。社会荣辱价值的迷惘乃至颠倒，在根本上缘于社会伦理关系及其秩序的混乱。根据马克思的思想方法，对社会精神生活的任何严肃、深刻思考，都必须直面并深入产生这种精神生活内容的社会生活方式。离开了以物质生活为基础的社会生活方式，无法认识与说明社会精神生活及其内容。社会精神中的是非善恶混乱、荣辱廉耻颠倒，根源在于社会日常生活方式自身的是非善恶混乱、荣辱廉耻颠倒。正是在这个意义上，对荣辱问题的思考，首先是对社会生活方式及其价值精神的彻底追问，是对善恶合理性根据的追问。对于荣辱问题的认识，不能仅仅局限于个体道德层面，必须深入社会伦理关系及其秩序层面；不能仅仅局限于道德心理的精神层面，必须深入社会日常生活的实践层面。

然而，对于社会价值精神的这种追问，必须是严肃思想学术理论的。只有严肃思想学术理论的，才可能是理性、说理的，才能真正有益于精神自身的健康生长。摆在我们面前的这个系列研究，正是我们对于荣辱问题理性思考的产物。这个研究系列本着由抽象到具体、由思辨到实证的逻辑理路，在史论结合、中外关照、追求理论与实践相统一的理念主导下，分别从道德哲学、（中西）道德思想史、道德心理学、德育社会学角度展开，力图较为系统地探究荣辱问题。本研究系列的这四个部分，既相对独立，又通过内在学理逻辑互有联系，彼此构成一整体。

本丛书系教育部南京师范大学道德教育研究所基地项目《社会主义荣辱观的理论与实践》的最终成果。如名称所直接呈现出的那样，此项目具有强烈的意识形态特质，且易使人根据常识对研究本身形成先入为主的第一印象：应景、赶时尚的意识形态注释说教而已。然而，问题的关键在于：一方面，荣辱问题本身是否是真问题，是否值得深入探索；另一方面，对荣辱问题的研究是否应景、赶时尚，这完全取决于研究者的良知与态度。真问题，研究者的社会良知与科学态度，是真正学术研究的前提。这里必须消除一种误解，以为意识形态与科学精神、理性态度绝对二分不相容。如果不是在贬义的，而是在罗尔斯完备性学说体系的意义上理解意识形态，那么，本人以为任何严肃的政治意识形态活动均需要有科学精神与理性态度。在哲学人文社会科学领域，科学精神不能游离于政治意识形态之外，政治意识形态活动也不能没有科学精神。求真是通向未来的光明大道。

自古以来，哲学人文社会科学总是摆脱不了与政治意识形态的纠缠。问题的关键不在于是否有这种纠缠，而在于是何种性质的纠缠：是作为垂手相侍的婢女，还是作为挺立的理性思想明灯？哲学人文社会科学必须直面生活、实践,以科学的态度,理性地回答生活、时代最急切需要回答的问题,进而使自己获得生命活力。不是以应景的、盲从的、注疏式的方式,而是以严肃反思的、批判的方式,关注重大的社会问题,关注日常生活中的政治意识形态问题,这或许既是当今学人应取的基本价值立场与学术方向,亦是其应有的一种责任担当。

从接受任务的第一天起,本人就设定了一个原则:不做应景的事,从基础学理上做属于学术本身的工作;以追求真理的态度,通过踏实的学术研究,为中华民族的社会主义现代化建设事业服务。感性的东西总是杂多不确定的,感性背后那些显而不见的东西才具有某种恒常性。理论的任务及其生命力就在于探究、揭示这种恒常性,并用以解释现实、引领实践。值得庆幸的是,本人的这一设想,从最初起就获得了课题组同仁们的共识与支持。

严格说来,主持这个项目原本并不在自己的研究计划中。几年前,"社会主义荣辱观"问题刚提出之时,教育部曾直接召集南京师范大学与清华大学两所高校相关人员座谈,并委托两校对此问题做进一步深入研究。本人受命作为南京师范大学的首席专家,与几位同仁一同前去并领命而回。后,本人根据教育部重大委托项目的要求,在很短时间内对研究的总体内容与框架做了详细论证与报告,根据研究设计框架邀请相关专家加盟组成学术研究共同体,并在教育部人文研究基地"南京师范大学道德教育研究所"的组织下筹办了相关高层学术论坛。这一切均得到了教育部相关部门领导的充分肯定。其后,几经周折,此研究最终作为基地重大项目立项,获 5 万元的立项资助。尽管如此,出于对学校事业的热爱,出于学者责任与荣誉感,主持人与学术共同体同仁们不计得失,顾全大局,仍然放下自己手中正在进行的其他研究工作,义无反顾地投入这项工作。如果没有这种责任感与荣誉感,很难想象这项工作还能正常进行。在此我要特别感谢本课题组这一学术共同体的同仁们。没有陈真、邵显霞、汪凤炎、赵志毅等教授们的理解与支持,没有他们的道德责任感与学者荣誉精神,就不可能有眼前的这个系列成果。我们的合作既坦诚简洁,又轻松愉快。

在本研究工作展开过程中，得到了南京师范大学主管副校长吴康宁教授，以及社科处前后几任领导们的全力支持，得到了南京师范大学道德教育研究所所长金圣宏教授、副所长潘慧芳女士的鼎立相助。李和佳博士为课题组的日常活动，承担了许多具体琐碎工作。在此，向他们、向一切关心与支持过本研究的人们，一并致以由衷谢忱。

人民出版社哲学编辑室先后两任主任，陈亚明女士与方国根先生，对本丛书出版给予了全力支持，责任编辑夏青女士的热情厚爱与一丝不苟负责任的劳动，不仅使本丛书如期出版，亦使本丛书增色不少。尽管谢谢二字不足以表达与上述诸位之间的多年君子友谊，但我仍要向他们表示真挚的谢意。

高兆明

于南京河西愚斋

2010 年 1 月 19 日

目　录

总　论

中外道德哲学研究,特别是中国传统哲学和西方道德哲学,包含许多与"荣辱"有关的极为丰富的、值得借鉴的哲学理论内容。本书的主要目的是对荣辱思想的中西道德哲学基础进行梳理,为国内树立社会主义荣辱观的道德哲学研究提供思想资源。

任何有成效的学术研究或者科学研究的前提条件是所涉及的概念、问题必须非常明确。为了对荣辱思想的中西哲学理论进行梳理,我们首先必须对"荣"和"辱"的概念给予明确的界定,然后才能知道研究"荣辱"究竟想解决什么问题以及有哪些道德哲学理论与之相关。

第一节　"荣辱"概念的伦理学界定

纯从字面上看,"荣"和"辱"只是一对描述性的概念,而非规范性或应然性的概念。比如,有的人以廉洁奉公为荣,以贪污腐化为耻(辱),有的人则不以贪腐为耻(辱),而以奢侈豪华为荣。有的人以耿直敢言为荣,以阿谀奉承为耻,有的人则相反。这里的"荣"、"耻"(辱)都是描述意义上使用的,它们描述了人们内心的某种情感,但对究竟应当有什么样的情感则没有判断,判断只是读者或听众心中所发生的事情。我们不妨对描述意义上的"荣"和"辱"作一个初步的界定。所谓心理学意义上的"荣"主要指行为主体对采取某种行为的主观上的满足感或者对他人行为的情感上的肯定态度,所谓"辱"则主要指行为主体对采取某种行为的羞耻感或对他人行为的情感上的否定态度。比如,有人以诚实为荣,反映的主要是行为主体对采取诚实行为的主观上的满足感。有的人以子为荣,则反映的是行为主体对子女行为的情感上的肯定。有的人以祖国为荣,则反映的是行为主体对祖国行为或作为一个整体的祖国人民的行为的情感上的肯定。人们有时说以某某为耻,反映的则是人们对某某的行为的情感上的否定、鄙视。

如果只是客观地描述人们的"荣辱感",那么这不过是新闻记者、人类学家或心理学家所做的工作,而不是伦理学家所做的工作。描述意义上的"荣辱感"不是我们最终要实现的正当的"荣辱感"。我们所应当研究的应该是具有应然性或规范性的"荣"和"辱",即应有之"荣"、应有之"辱"。有一句电视剧的台词,说"做个小人真快活",这句话默认或肯定了"小人"的荣辱感。但小人之荣辱感是否正确、是否可以接受,则是伦理学家所需要研究的问题。伦理学家或道德哲学家应当研究荣辱感的应然性或规范性的问题。

"荣辱感"不一定都和道德有关,有的和道德有关,有的则未必。比如,有的人对没有正确地解答一个算术题感到羞耻,但这未必就是道德感。有的人对没有生儿子而感到羞愧,这种情感则可能涉及某种道德的观念。我们所讨论的荣辱主要是和道德有关的荣辱感。道德意义上的"荣"是指行为主体做道德上认定是正确的行为所感到的一种满足感或对所认定的道德行为(不一定是行为主体自身的行为)的情感上的肯定态度;道德意义上的"辱"是指行为主体对做道德上认定是错误的行为所感到的羞耻感或对所认定的道德上错误的行为的情感上的否定态度。我们可以将这种道德上的"荣辱"总称为"道德感"。

问题在于人们对什么是道德上正确的,什么是道德上不正确的,不同的人可以有不同的答案。比如,对"一夜情",有的人认为道德上是不可接受的,有的人认为不是不可接受的。这样,有不同道德认知的人对于同一行为可能会有不同"道德感"。为了避免将问题不必要的复杂化,我们假定人们对道德上正确与错误的行为有统一的并且得到辩护的认识,这样,我们可以将具有正当性的"荣辱感"("道德感")定义如下:具有道德正当性的"荣"指的是行为主体对做得到辩护的道德上正确的行为所感到的一种满足感或对得到辩护的道德上正确的行为的情感上的肯定态度;而具有道德正当性的"辱"是指行为主体对做理性的人们所公认的道德上错误的行为所感到的一种羞耻感或对理性的人们所公认的道德上错误的行为的情感上的否定态度。

具有应然性或规范性的"荣"和"辱"的规范性和应然性来自于一个人的道德观念的应然性或正当性。我们通常所说的"荣辱观"其实是指"荣辱感"所蕴涵或预设的道德观念体系。道德观念体系的应然性需要通过实践理性才能得到辩护。研究"荣辱"思想的中西哲学基础的重要内容之一应该是对道德观念体系的辩护,这方面,西方伦理学,特别是当代西方伦理学提供了丰富的素材。

如果我们假定了正当的"荣辱感"所预设的道德体系的正当性,剩下的问题便是怎样才能树立具有正当性的"荣辱感"。

"荣"和"辱"是一种非常复杂的心理活动,受制于行为主体的内部和外部的条件,在很多情况下,具有正当性的"荣辱感"并不是一个可以随心所欲的心理过程,研究具有正当性的"荣辱感"形成的内外条件是我们梳理中西荣辱思想极为重要的甚至是主要的一个方面。

"荣辱"是一种新显属性(emergent property),具有正当性的荣辱感是行为主体受外部影响的内部的各种因素(包括信念和欲望)共同作用的结果,这些因素包含道德认知、基本美德和派生美德(美德是一种持续的行为动机)、情感、自由意志等。在这些因素当中,自由意志在行为主体培养"荣辱感"的过程中的作用尤其值得认真研究,中国传统哲学为此提供了丰富的研究素材。

西方的道德哲学传统强调理性的重要性,因此,注重对道德哲学理论的严密论证。这使得近代以来的西方道德哲学基本上忽视了人的情感因素在道德理论和道德论证中的作用。在大多数西方哲学家看来,情感总是不可靠的,可靠的只能是理性,即基于经验事实和合乎逻辑的推理。由于这个原因,近代以来,特别是当代的西方哲学家,忽视人性的因素对人们道德生活的影响,也忽视道德情感的培养。然而,人们的道德生活中充满了道德的情感和各种其他的情感,它们构成或影响人们道德行动的动机。

与此相对照,中国哲学家自古以来就比较注重人性问题的研究,注重人性的因素对人们道德品德的影响,注重人性中的情感因素对人们道德行为的影响,也注重意志和"修身"在培养理想人格中的作用,他们对正当的荣辱感形成的内外条件也提出了许多精辟的见解。中国传统哲学尽管提出了许多对我们研究荣辱问题有启发的洞见,但缺少清晰的概念界定和严密的逻辑论证,有待于今人对其中合理的因素加以发掘、澄清、界定和拓展,并进行某种有论证和有说理的合理化的重建。

第二节 本书的框架构想

根据我们上面的认识,西方道德哲学中有哪些思想可以供我们研究"荣辱观"问题的借鉴呢? 西方可供借鉴的与"荣辱观"研究直接有关的道德哲学的内容主要包括彼此互相联系的四个方面:

第一,道德语义学。当代英美元伦理学始于道德语义问题的研究,始于摩尔关于"好"的意义的论证。西方哲学家对道德话语的语义的研究表明:道德话语明显不同于自然科学和日常生活中的描述性的话语。人们在表达一种道德观念、道德看法或道德判断的时候,人们内心的活动明显不同于人们做事实判断的时候。道德行为主体本身原有的情感、价值观和道德认知明显影响了行为主体的道德判断。西方对道德话语的研究最初是导致对道德客观性的怀疑,主要表现为情感主义对道德话语适真性(truth-aptness)的怀疑。当代西方伦理学一方面发展了强调道德主观性特征的情感主义、"错论"(the error theory)、道德相对主义;另一方面也发展了某种程度上肯定道德客观性的理论,主要有准实在论和各种道德实在论。还有一类认为道德的客观性主要在于实践理性的客观性的理论。这些理论为我们理解"荣辱感"的主观性和客观性提供了极好的思想资源。

　　第二,实践理性。对道德话语意义的考察还导致当代西方哲学家对"规范性"问题的研究。西方道德哲学家将道德话语所蕴涵的规范性表达为"应然性",对应然性概念的分析又导致对行动理由和实践理性的探索。他们试图寻找道德行为和规则的实践理由(practical reasons)或行为理由(reasons for acting)。实践理性研究的核心问题是:究竟什么东西使得一个理由(或事件或事实)成为行为的理由? 大多数西方学者从事这种研究的目的是企图寻找某种方法来说明道德行为的合理性和优先性,使讲道德的人(moralists)坚持其道德的行为和信念,使对道德无所谓的人(amoralists)在乎道德的理由和要求,使不道德的人(immoralists)幡然省悟、皈依道德。西方哲学家对实践理性的研究对于我们区别"荣辱感"的应然与实然,对于我们认识"荣辱感"产生的理性机制具有重要的借鉴意义。西方哲学家对道德的实践理性基础的研究结果表明:理由的力度、一种理由压倒另一种理由的条件以及道德辩护的力度和效果,取决于被说服者的内部条件即心理状态。这使得不少西方道德哲学家将他们的注意力转向情感理性和美德问题的研究。

　　第三,情感理性。情感理性是作为元伦理学的道德心理学研究的一个重要方面。道德心理学主要研究和道德有关的人类心理状态的性质以及这些研究结果将如何影响到伦理学理论的争论。和道德有关的心理状态包括意向、动机、意志、理性、道德情感(如荣辱感)、道德信念、道德态度和道德推理等。研究这些问题在某种意义上也就是寻找行为主体道德动机形成的内部外部条件,尤其是内部条件。对行为主体内部因素的研究导致对情感问题的研究。西方哲学的主流传统是否认情感的理性因素,认为理性只能来自情感之外。但当代西方美德伦理学家,特别是许多女性哲学家,开始强调情感本身在道德行为或具有美德特点的行为中的作用,她们倾向于认为人类的善的情感是人类得以生存的与生俱来的品性,这种品性本身就可以构成合理行为的理由,无须另外寻找更进一步的理由。与情感问题研究相关的另一问题则是不能自制的问题(the problem of *akrasia*),即一个知道善恶的人是否必然会行善避恶? 这个问题的深入讨论将会极大推进我们对作为"荣辱感"的正当性的理性基础之一——情感理性——的认识。

第四,美德伦理学。对道德动机形成内部条件的研究直接涉及对道德动机本身的研究,这种研究就是美德伦理学。美德是一种内化于行为主体的、稳定持续的道德动机或心理状态。西方美德伦理学可以大致分为三类:研究美德本质和应然性的经典美德伦理学,研究美德和道德行为关系的当代规范美德伦理学,研究具体美德及其关系的应用美德伦理学。我们主要考察前两类美德伦理学的思想。对西方美德伦理学的研究对于树立正当的"荣辱感"的长效心理机制具有十分重要的意义。

如果说西方道德哲学可以理解为一种理性的、客体的哲学,那么,中国传统哲学在某种意义上则可以理解为一种主体性的、现象学性的、内省性的情感哲学。中国传统哲学中可供借鉴的与"荣辱观"研究直接有关的内容也包括彼此互相联系的四个主要方面:

第一,荣辱思想的美德基础。荣辱思想的道德哲学基础主要涉及"荣辱"的概念和荣辱思想所依据的道德原则或道德标准。西方道德哲学特别是近代西方道德哲学,侧重于做事的标准,侧重于人的外在行动规范的研究,所谓道德标准如同自然法则。与此不同,中国传统哲学的道德标准更为侧重做人的标准,更多涉及的是人的内心境界和情感。中国哲学家所提出的道德标准其实主要是美德标准。我们这一部分主要的研究内容包括:中国传统哲学中"荣辱"概念之辨析;美德与荣辱感;儒家的美德标准:"仁道原则";道家的美德标准:"无为原则";墨家的美德标准:"兼爱"与"利人";"荣辱"与中国传统哲学的理想人格。

第二,荣辱思想的人性基础。人的道德情感可以分为两类:一类是表达道德行为主体的态度,如"八荣八耻",道德行为主体的态度是受主体的道德观念所支配的;另一类是道德行为主体的情感反应,情感反应往往是不由自主的。"荣辱"思想的伦理学研究的目的是努力将二者统一起来,将应有之"荣辱感"变为人们发自内心的自然而然的情感反应。而人性则是情感反应的实然基础。这方面,中国传统哲学为我们提供了丰富的思想养分。我们拟研究的内容包括如下几个方面:孔孟的"性善论";

荀子的"性恶论";道家的"自然"即"应然"的人性论;宋明理学的人性二元论;人性的实然与应然。

第三,荣辱思想的情感基础。"荣辱感"和人的情感有着不可分割的联系。人的情感和人本身的心理特性或人性有着密切的联系。人的心理特征非常复杂,中国传统哲学将这些复杂的心理特征分为性和情、理和欲等关系进行分析研究,对于我们了解"荣辱感"形成的情感基础,对于进一步认识正当的"荣辱感"形成的内部机制具有重要的意义。我们拟研究的内容包括:性情之辨;理欲之辨;孔子的"乐以成人"的学说;道德理性的情感来源:儒家的"良知"说;"情感"与"境界"。

第四,荣辱思想的实现途径。研究"荣辱"的主要目的是为了树立正确的荣辱感和正确的荣辱观。在分析了正确的荣辱感和荣辱观产生的内外机制和条件的基础上,我们还需要研究实现正确的荣辱思想的途径。中国哲学有"经世致用"的传统,在荣辱思想的实现途径方面有着非常丰富的思想资源,许多思想和见解即使在今天看来也有着非常现实的意义。我们拟研究的内容包括:法家的"仓廪实,知荣辱"说,其中也讨论了法家的礼义廉耻的"国之四维"说;"荣辱"与仁政;儒家的"荣辱由己"论;情感的理性之道:"致中和";儒家的"修身为本"以达到"止于至善"的思想,其中重点讨论了实现"止于至善"的种种方法,如忠恕之道、知行合一等。

最后,我们综合中外荣辱思想的哲学理论的有关思想,从四个方面分析了正确的"荣辱观"形成的长效内外机制,即"荣辱观"形成的主观条件;"荣辱观"与民生;"荣辱观"与完善社会主义市场经济;"荣辱观"与政府的责任。第一个方面是正确的"荣辱观"形成和保持的长效内在机制,后三个方面则是正确的"荣辱观"形成和保持的长效外在条件。

第 一 编

荣辱思想的西方道德哲学基础研究

第 一 章

荣辱与道德话语[①]

　　"荣辱"或"荣辱感",笼统地讲,也就是指的"道德感"(见本书的"总论")。当代西方元伦理学对道德话语语义长达一个世纪的分析告诉我们,道德情感是道德话语的应有之意,是道德语义的主要成分。道德话语的情感特征也被情感主义者称为道德话语的"动态特征"(即打动人的或能够成为人们的行动动机的特征)或"吸引力"(magnetism)。[②] 随着对道德话语的这一非认知特征的解释,形成了当代西方元伦理学中的非认知主义的传统,这一传统中的主要理论有情感主义、规定主义、规范表达主义和准实在论等。由于这一派理论认为道德话语不过是说话者的情感态度的表达,所以又称为"表达主义"(expressivism)。这一派理论还认为所谓看似事实陈述的道德判断不过是将判断者的情感"投射"(project)到所判断的对象,对象中其实并无道德谓词所指称的属性。因此,这一派的理论也被称为"投射主义"(projectivism)。这一派所面临的主要挑战是:道德话语如果仅仅只是情感态度的表达,那么道德判断等岂不是完全是

　　① 　本章以及下一章的许多内容取自陈真所承担的另一教育部人文社会科学重点研究基地(中国人民大学伦理学与道德建设研究中心)重大项目"西方当代伦理思想研究"(课题批准号:06JJD720014)的子课题"当代西方元伦理学研究"的研究成果。
　　② 　参见 Charles L. Stevenson, "The Emotive Meaning of Ethical Terms" in *Logical Positivism*, ed. A. J. Ayer, New York: The Free Press, 1959, p. 264, p. 266。原文载于 *Mind* 46 (1937)。

主观的？而且这一解释还和道德话语的另一显著的适真性（truth-aptness）特征相冲突。所谓"适真性"是指道德判断适合于用真值评价的特征，或事实陈述的特征。如何解释道德话语的这一特征？另一部分西方元伦理学家抓住这一特征，强调道德话语确实表达了信念，确实表达了可以有真假的命题，试图为道德话语（其中理应包含道德情感）寻求客观的解释，这便形成了西方元伦理学中的认知主义的传统。少数认知主义者认为虽然道德话语确实表达了信念、命题，但由于外部世界没有相应的事实，因此所有的道德判断都是错误的、假的。大多数认知主义者则肯定道德事实和道德属性的存在，这便是形形色色的道德实在论的理论。西方元伦理学对道德话语分析的研究成果为我们研究"荣辱感"的主客观基础提供了值得借鉴的思想资源。

第一节　摩尔的"未决问题论证"①

当代西方元伦理学始于英美分析哲学家对道德语义的考察。对于西方哲学而言，这种对道德语义学的研究几乎是必然的。一方面，研究道德问题就免不了对具体的道德问题的争论。一个人可以说妇女遵守"三从四德"的行为是道德的，另一个人也可以说违反"三从四德"的行为未必不道德，遵守"三从四德"的行为未必道德。如果人们还想继续争论，而争论的双方还想以理服人，而不是以力服人；如果这种不掺杂暴力因素的争论还有意义，人们就必然希望寻求独立于双方主观意志的"客观"标准。对这种标准的追求主要表现为对"真理"的追求。另一方面，自古希腊以来，西方哲学家一直以追求对事物的确定性的认识为己任，这种追求也主要表现为对真的追求。"真"本质上是一种客观的、不依人们意志为

---

① 本节的主要内容选自陈真的《决定英美元伦理学百年发展的"未决问题论证"》，《江海学刊》2008 年第 6 期，原来文中的"善"改为了"好"。

转移的、对人人都有效的东西。而我们要想确定一个句子是否为真,其必要条件便是该句子的意义必须要清楚,否则,我们就无法知道其是否为真。比如,我们就无法知道"x 是红色的"是否为真,因为该句子中的"x"的意思并不清楚。想要知道这个句子的真假,我们必须首先要确定"x"究竟代表什么,它的意思究竟是什么,否则,我们就无法确定该句子的真假。同样,如果我们想解决道德争论,我们希望有某种道德的"真理"可以作为判定道德是非的标准,我们首先必须确定道德话语的意义,这是我们判定道德话语真假和道德是非的必要条件。因此,在研究道德问题的时候,以追求确定性认识为己任的西方分析哲学家将注意力首先转向道德话语的意义分析就不足为奇了。这种研究首先是从摩尔开始的。

在西方伦理学界,摩尔(G. E. Moore, 1873—1958 年)1903 年发表《伦理学原理》是一件具有划时代里程碑意义的事件,这不仅仅因为他著作中的观点和论证具有深刻的影响,而且还因为他严格的分析方法确立了整个 20 世纪乃至今天英美伦理学的研究方法。[1] 摩尔在《伦理学原理》中的主要任务是要回答伦理学的核心问题:"好"的含义究竟是什么。[2] 他认为这个问题如果不弄清楚,我们就无法知道决定伦理学判断真假的证据,因此也就无法解决伦理学中的争论,无法判断谁是谁非,我们自己也无法避免可能的错误。[3] 他试图证明"好"乃是一种单纯的、不可定义的、非自然的属性。摩尔论证的核心部分是未决问题论证(the open question argument),尽管百年来英美伦理学家围绕未决问题论证一直争论不断,但未决问题论证的影响却是毋庸置疑的。可以说,摩尔的未

---

[1] 参见 Christopher Heath Wellman, "Introduction," *Ethics*, Vol. 113, April 2003, p. 465。

[2] "好"的英文原文为"good",通常都将其译为"善",本书作者之一在以前的文章和著作中也循旧例将其译为"善"。但按其本义应当译为"好"。在中文中"善"往往指道德上的"好",而"好"则未必指道德上的"善"。而且,许多例子中的"good"只能译为"好"才更符合汉语习惯。故,本章除了个别情况外,将"good"一般都译为"好"。

[3] 参见 G. E. Moore, *Principia Ethica*, ed. Thomas Baldwin, Cambridge University Press, 1993, pp. 33–35、p. 57。

决问题论证决定了英美元伦理学百年发展的历程。

摩尔在《伦理学原理》中试图证明"好"是一种单纯的、不可定义的、非自然的属性。① 他认为"好"和"黄"一样都是一种单纯的概念,而单纯的概念是无法定义的。任何定义都是对复合概念的定义,任何复合概念都可以分析或还原为不可定义的单纯的概念。比如,"马"就是一个复合概念,可以定义为"一匹马属的有蹄的四足兽",其中包含了三种不同的东西,这三种不同的东西还可以分析为更为简单的东西,直至无法还原的单纯对象。但"好"和"黄"又不一样,"好"无法通过感官直接感知,而"黄"则可以。前者是一种非自然的属性,后者是一种自然的属性。② 自然属性可以理解为任何可感知的或可成为事物原因的并能在一定条件下产生效果的属性。③ 而非自然的属性则是任何不能为感官所感知的或不能成为事物原因的属性。既然好是一种不能为感官所直接察觉的属性,那么,它的存在又何以能够证明呢? 摩尔采用的是间接证明的方法,即归谬法或反证法。他先假定自然主义者关于好的定义是正确的。然后证明任何试图证明"好"是一种自然属性的企图或任何试图对好进行自然主义定义的企图,要么导致自然主义谬误,要么导致未决问题(一种合理的定义不应当有的问题)。因此,好只能是一种非自然的属性。摩尔的论证被看成是反对自然主义的论证,而未决问题论证主要指摩尔论证的后一部分的论证内容,即任何证明好的自然主义的定义都会导致未决问题。这一论证也被看做是摩尔关于"好"的论证的关键的核心

---

① 关于摩尔证明好乃一种单纯的、无法定义的、非自然属性的论证有多种解释。有人认为摩尔必须证明四个命题为真:好是一种属性;好是一种非自然的属性;好是一种单纯的属性;好是一种不可定义的属性。而事实上他将第一个命题看成是理所当然的,无须证明。这样,他实际上只试图证明后面三个命题,其中最重要的是第二个命题。参见 Thomas Magnell, "Moore's Attack on Naturalism" in *Inquiries into Values*, ed. Sander H. Lee, The Edwin Mellen Press, 1988, pp. 68–69。

② 参见 G. E. Moore, *Principia Ethica*, ed. Thomas Baldwin, Cambridge University Press, 1993, § 7, pp. 59–60, § 8, p. 60。

③ 参见 Alexander Miller, *An Introduction to Contemporary Metaethics*, Cambridge, UK: Polity Press, 2003, p. 11。

的论证。①

一、"未决问题论证"

现在让我们仔细考察一下摩尔的未决问题论证。② 摩尔所要攻击的是自然主义者关于好的定义。在《伦理学原理》§13 中,他选择了两个自然主义的定义加以抨击,他为此提出了两个论证,通常都被称为"未决问题论证"。他先假定这两个定义都是正确的,然后,推导出不合理的结论,从而运用反证法证明这两个定义是不正确的。先考虑第一个定义:

(Ⅰ)好 = df. 我们所想欲求之事。

"我们所想欲求之事"的英文原文是"that which we desire to desire"③,笔者将第一个"desire"译为"想",将第二个"desire"译为"欲求"。"所想欲求的"和"所欲求的"(what we desire)之间有重要的区别。"所欲求的"东西未必是好的,而没有被欲求的东西未必是不好的。我们希望(想)停止欲求坏的东西,并且希望(想)欲求那些我们没有欲求但却是好的东西。因此,将"好"定义为"我们所想欲求之事"比定义为"我们所欲求之事"要合理。④ 这里所讲的"所想欲求之事"通常应当理解为理性的行为主体

_____

　　① 关于究竟什么是"未决问题论证",西方学者有不同的表述。有的西方学者将摩尔证明好是一种非自然属性的整个论证笼统地称为"未决问题论证",参见 Magnell, "Moore's Attack on Naturalism," p. 77;Stephen Darwall, *Philosophical Ethics*, Colorado: Westview Press, 1998, p. 34;Miller, *An Introduction to Contemporary Metaethics*, pp. 13 – 14。也有的学者严格地按照摩尔本来的表述,将未决问题论证表述为其中的子论证,见 Fred Feldman, *Introductory Ethics*, Englewood Cliffs, New Jersey:Prentice-Hall, 1978, p. 200, p. 203。

　　② 本书关于摩尔的"未决问题论证"的表述主要依据摩尔《伦理学原理》§13,也可以称为"经典表述"。其他"未决问题论证"的表述都是建立在经典表述的基础之上的。最简洁的一种表述是:如果好可以定义为 N,那么,"N 是好的吗?"就不应当是一个未决问题。但"N 是好的吗?"对任何理解该句子的人来说都是一个未决问题。因此,好不可以定义为 N。但要想理解这种表述的全部意义,我们最好从经典表述开始。

　　③ 参见 G. E. Moore, *Principia Ethica*, ed. Thomas Baldwin, Cambridge University Press, 1993, p. 67。

　　④ 参见 Feldman, *Introductory Ethics*, p. 199。

在理想条件下所欲求之事,而非行为主体实际所欲求之事。

考虑下述命题:

(II)A是好的。

如果(I)是正确的,我们可以用其中的定义项"我们所想欲求之事"置换(II)中"好的",而得到:

(II′)A是我们所想欲求之事。

如果(I)是正确的,(II)和(II′)意思应当是一样的。摩尔的未决问题论证主要是证明(II)和(II′)的意思是不一样的,从而到达否认(I)的目的。如果(II)和(II′)意思是一样的,那么,将这两个命题变成疑问句,两个疑问句的意思也应当是一样的。根据(II′),"A"等于"我们所想欲求之事"。因此,我们可以将"我们所想欲求之事"代入(II)和(II′)中的"A",得到"我们所想欲求之事是好的"和"我们所想欲求之事是我们所想欲求之事"。我们可以将这后面两个句子变成如下两个疑问句:

(Q1)我们所想欲求之事是好的吗?

(Q2)我们所想欲求之事是我们所想欲求之事吗?

摩尔认为这两个问句的意思明显不一样,因为,(Q2)比(Q1)的结构要复杂。一个结构复杂的句子和一个结构不那么复杂的句子的意思是不一样的。因此,(Q2)和(Q1)的意思是不一样的。[1] 有的学者将这一论证也称为"未决问题论证"[2]。但名副其实的未决问题论证反映在摩尔对自然主义的另一定义的抨击中。摩尔试图证明,当句子的结构不复杂的时候,好和任何自然属性也不可能是一样的。考虑下列自然主义的定义:

(P)好的 =df. 快乐的。

---

[1] G. E. Moore, *Principia Ethica*, ed. Thomas Baldwin, Cambridge University Press, 1993, §13, p.68.

[2] 参见 Fred Feldman, *Introductory Ethics*, Englewood Cliffs, New Jersey: Prentice-Hall, 1978, p.200。这一论证也可以称为"复杂性论证(complicated argument)",其中关键性的前提是:结构复杂的句子和结构不复杂的句子的意思是不一样的。这个前提,如同许多学者所指出的,是不成立的。比如,"谎言"可以定义为"知道其是假的但依然有意欺骗以让人信以为真的陈述。"因此,尽管"这是一个谎言吗?"和"这是一个知道其是假的但依然有意欺骗以让人信以为真的陈述吗?"这两个问句的结构的复杂性不一样,但意思依然是一样的。

如果(P)是正确的,那么,"快乐是好的"和"快乐是快乐的"这两个句子的意思应当是一样,后一句是根据定义(P),将"快乐的"置换前一句中"好的"而得到。我们可以将这两个句子变为下面两个疑问句:

(Q3)快乐是好的吗?

(Q4)快乐是快乐的吗?

如果(P)是正确的,(Q3)和(Q4)的意思也应当是一样的。例如,"单身汉是从未结婚的男子"是一个正确的定义。那么,"单身汉是从未结婚的男子吗?"和"单身汉是单身汉吗?"的意思也应当是一样的,也就是说,如果我们理解了这两个问题,我们都可以给出明确的答案:"是的"。凡是理解了一个问题的意义便可以知道这个问题的答案,这样的问题叫做"已决的"(closed)问题。反之,则是"未决的"(open)问题。①摩尔认为(Q3)和(Q4)的意思是不一样的,因为前者是一个未决问题,而后者是一个已决问题。当我们理解了(Q4)之后,我们知道其答案一定是"是的"。但我们即使理解了(Q3),我们对快乐究竟是否是好的依然不能肯定,依然不清楚其正确的答案。这个论证同样适用于上面提到的自然主义者关于好的第一个定义。事实上,它适用于任何用自然属性来定义好的定义。让我们设定任意一个自然属性为N,这样我们就可以将"未决问题论证"的一般形式表达如下,这个论证形式可以用于反对任何关于好的自然主义的定义:

(1)如果"好"和"N"的意思是一样的(或"好"可以定义为一种自然属性),那么,"N是好的吗?"和"N是N吗?"的意思也应当是一样的。

(2)如果一个问题是未决的,而另一个是已决的,那么,这两个

---

① 关于什么是"未决问题"还可以有其他的解释。比如,有一种解释认为,如果一个人理解了一个问题的意义,依然可以有意义地(没有任何概念混乱或自相矛盾地)提出它,那么,该问题便是"未决问题"。这样,"一个兄弟是一个男性同胞吗"不是一个未决问题,因为真正理解了这个问题的语义的人不会提出这样的问题,如果他一方面声称自己完全理解其意义,但又非常认真地提出这样的问题,那么,他思想中关于这个问题必然陷入概念的混乱。而"快乐是好的吗"是一个未决问题,因为提出这个问题不涉及任何概念上的混乱。而能够有意义地提出这样的问题也说明"快乐是好的"是否为真并不确定,按照本文的定义,也是一个未决的问题。

问题的意思不可能是一样的。

（3）"N是好的吗？"是一个未决问题，而"N是N吗？"则是一个已决问题。

（4）因此，"N是好的吗？"和"N是N吗？"的意思是不一样的。［由（2）和（3）推出］

（5）因此，"好"和"N"的意思不可能是一样的，亦即"好"不可能定义为"N"。［由（1）和（4）推出］①

上述论证是一个有效论证，即前提真必然保证结论为真。我们可以根据摩尔的思想再加上一个前提：

（6）好要么是N，要么是非N，二者必居其一。

这样，由（5）和（6）可以推出：

（7）因此，好只能是非N（即非自然属性）。

由于摩尔的论证可以表述为上面那样的有效论证并且似乎难以找出假的前提，许多哲学家一度将其看成是反驳自然主义的完满论证（sound argument）。但摩尔之后，自然主义的理论依然大行其事。显然，未决问题论证并非没有问题。

二、对"未决问题论证"的诘难

尽管摩尔的论证可以表述为一个有效的论证，但几乎其所有的关键性的前提都受到人们的批评。②

先看第一个前提。第一个前提预设了正确的定义所包含的概念应当是透明的（如"单身汉"和"从未结婚的男子"所指称的对象对理解二者意义的人来说应当是清楚的），所包含的分析真理应当是明显的，因为按照第一个前提，作为定义，"好"和"N"应当同义，而如果二者同义，则不论

---

① 有些西方学者将从（2）到（4）的论证称为"未决问题论证"，而（1）、（4）［其中的"因此"可以去掉］、（5）组成的论证则称为摩尔的"核心论证"（central argument）。

② 许多认为未决问题论证是无效论证的哲学家其实是否认上述有效论证的前提或前提之一。

作为肯定句还是疑问句的"N 是好的"和"N 是 N"的意义也应当一样,亦即"N 是好的"也应当是一个明显为真的分析命题。这必然导致所谓"分析悖论":一方面,我们希望通过概念分析获得新的信息、知识;但另一方面,一个概念的分析或定义是正确的,仅当它不可能是增进知识的(informative),因为正确定义的定义项或分析项似乎应当包含在被定义项或被分析项的含义之中。但无论是分析悖论的预设,还是导致分析悖论的概念明晰性(或分析真理明晰性)的预设,都是不正确的。即使是分析真理,也可以是增进知识并使人感兴趣的。因为,在数学和逻辑学中,我们能够找到其真并不明显的分析真理。在其他领域中,也能找到同样的例子。比如,对红色的分析性的定义:红色是对象在正常条件下引起正常的知觉者感觉到红色的属性。这一分析真理的真并不明显。此外,分析悖论本身也是不成立的。这是因为,一方面我们可以在缺少定义的情况下掌握一个概念的意义,比如,"红","快乐";另一方面我们通过分析、概括、系统化我们关于这些概念的日常的老生常谈(platitudes),找出所有并仅有的那些和此概念有关的老生常谈,从而发现正确的定义,这同时也增进了我们的知识。① 这说明一个概念的分析即使其正确性是不明显的并且增进我们的知识,也可以是正确的。换言之,一个可以导致未决问题的概念分析或定义也可能是正确的。这直接导致对第二个前提的否定。

第二个前提的问题正如许多学者所指出的那样,即使一个问题是未决的而另一个不是,这并不能说明两个问题的意义不一样。换言之,一个定义导致未决问题并非是该定义不成立的充分条件。比如,我们可以将知识定义为:知识是非偶然地得到辩护的真信念。"知识是非偶然地得到辩护的真信念吗?"对许多人来说是一个未决的问题。但这并不意味着知识的定义一定是不正确的。西方哲学家经过相当漫长的道路才开始慢慢接受这样的定义。考虑到人们对"好"的含义并不清楚,寻找一个"好"的正确定义或为人们所接受的定义也许需要更为漫长的时间。因

---

① 以上分析,包括分析悖论的分析,参见 Michael Smith, *The Moral Problem*, Oxford: Blackwell Publishers, 1994, pp. 37-39;关于"红"的定义,参见 p. 29。

此,以"未决性"来决定意义是否相同,定义是否恰当,理由并不充分。

第三个前提也有问题,特别是,"N 是好的吗?"(或"任何一个 N 是好的吗?")是否总是一个未决问题,还需要更多的经验证据。摩尔只举出了两个例子来说明将好定义为自然属性会导致未决问题,但就归纳推理而言,这两个例子远不足以证明任何用自然属性定义好的尝试都会导致未决问题。

上面的第六个前提也受到人们的质疑,主要是非认知主义者的质疑。因为好除了该前提所提出的两种可能性以外,还有一种可能性,即好既不是自然属性,也不是非自然属性,而根本就不是一种可认知意义上的属性。因此,该前提作为推理的一个步骤犯了"假二分式"(false dichotomy)的逻辑错误。

此外,摩尔的"自然属性"的概念也是含混不清。因此,什么是非自然属性也就变得难以理解。如果将自然属性理解为时间中的存在物,[①]那么,"x 是好的"也成了自然主义的表达,好也成了一种自然的属性,因为好也存在于时间中。如果按照直接可观察性来决定一个属性是否是自然属性,那么,一方面,许多自然属性,如磁性,放射性,45 岁等,都会成为非自然的属性;另一方面,如果有人声称通过直觉能够"看"到某事为好,则好也会成为可观察的自然属性。[②]

对摩尔最为持久的诘难之一是针对他论证的结论:如果好是无法定义的、看不见摸不着的、非自然的属性,那么,我们就很难理解怎样才能决定好坏。而且,如果两个人对同一个事物作了不同的判断,一个认为它是好的,一个认为它是坏的,那么,怎样决定谁是谁非?[③] 这一诘难可以表

---

① 参见 G. E. Moore, *Principia Ethica*, ed. Thomas Baldwin, Cambridge University Press, 1993, p.92。

② 参见 Fred Feldman, *Introductory Ethics*, Englewood Cliffs, New Jersey: Prentice-Hall, 1978, pp.203–205。

③ 这大概是为何哈曼将摩尔的理论归于(道德)虚无主义的理论加以讨论的原因之所在。参见 Gilbert Harman, *The Nature of Morality*, New York: Oxford University Press, 1977, chapter 2。

达为如下的论证形式：

（1）如果好是一种非自然的属性，那么，没有任何事情可以知道其是否为好。

（2）但有些事情是可以知道为好的。

（3）因此，好不是一种非自然的属性。

摩尔自己就认为"房事的快乐是好的"是可以知道的。① 因此，他不得不接受前提（2）。这样，赞成摩尔理论的人必须说明前提（1）为何是不成立的。这就像柏拉图必须说明不同于感性事物的理念（或"相"）何以能够知道其存在，何以能够为人们所认识一样，摩尔也必须说明不可感知的好何以能够为人所知。摩尔似乎采取了一种过时的柏拉图式的立场，即将好看成是某种和可观察的自然属性毫不相干但又确实存在的东西。那么，怎样说明其性质则遇到极大的困难。摩尔及其追随者只能诉诸不同于我们的五种感官的另一种认知器官——直觉，我们通过直觉获得关于善恶好坏的知识。摩尔关于善恶好坏知识的观点也被称为直觉主义，这种直觉主义依赖某种神秘的认知器官，似乎难以理喻。许多西方哲学家认为摩尔的柏拉图式的直觉主义的观点已经死亡并且也面临未决问题的挑战。因为摩尔的无法感知的"好"只不过相当于一个未知数 x，这样的相当于未知数的"好"本身也会面临未决问题的诘难："x 是好的吗？"或者"无法感知的 x 是好吗？"依然是一个未决问题。②

三、"未决问题论证"的影响

虽然摩尔的未决问题论证不是一个完满的论证，不断受到人们的批评，但它依然对英美元伦理学的发展产生了深远的影响。它不仅推动了元伦理学中认知主义范围内的自然主义和非自然主义的对立与发展，尤

---

① 参见 *Principia Ethica*, p. 237。

② 参见 Stephen Darwall, Allan Gibbard, Peter Railton, "Toward *Fin de siècle* Ethics: Some Trends", in *Moral Discourse and Practice*: *Some Philosophical Approaches*, ed. Stephen Darwall, Allan Gibbard and Peter Railton, New York: Oxford University Press, 1997, pp. 3–4。

其促进了非认知主义的兴起与发展。

首先,摩尔的未决问题论证的核心部分以非常有效的形式将伦理学判断的特殊性,即它们和自然科学的判断(或任何本体论判断)的区别凸显出来,因此,任何试图用描述性的语言给"好"或任何伦理学概念下定义的企图,都会面临这样问题:"N 是好的吗?"这一问题似乎也不会随着人们认识的深入,比如,通过了解越来越多的和伦理学有关的描述性的知识而消除。随着未决问题论证讨论的深入,人们越来越相信,即使我们在理想的认识条件下穷尽了所有的和伦理学概念相关的描述性的知识,伦理学话语中依然有某种成分无法说明,我们都依然会面临一个未决的问题:这种事实的描述果真穷尽了伦理学概念的全部意义了吗? 这一未决问题成为推动英美元伦理学百年发展的一个主要的动力。

其次,"未决问题"凸显了道德话语的规范性特征,因而追问和解释这一特征成为英美伦理学百年发展的一个主题。如果未决问题的"未决性"(openness)是一个无法否认的事实,那么,这似乎意味着任何伦理学的或道德的判断,不管是关于行为的还是人品的,都有一个无法还原为其他非伦理学概念的成分,一个无法用任何描述性的语言彻底表达的成分,这个成分决定了伦理学判断的本质。摩尔认为这一不可还原的成分是一个可认知的但却是非自然的属性——"好"。摩尔的这一柏拉图式的看法由于前面所提到的种种困难已为今天大多数英美哲学家所放弃。和摩尔同时代的,曾做过摩尔老师的哲学家西季威克(Henry Sidgwick)则认为这一成分是一个不可分析的概念——"应当"。① 绝大多数的英美哲学家都是沿着西季威克的思想来研究这一伦理学不可还原的成分的。"应当"本质上不是传统意义上的可认知的属性,而是一种"要求",一种"命令",一种指导我们行为的"规范"。伦理学判断的这种规范性的特征可以很好地解释为什么任何真正的伦理学问题(其主词所代表的对象往往

---

① 摩尔本人也提到西季威克的这一思想。见 *Principia Ethica*, pp. 69–72。今天的英美哲学家认为,无论是摩尔的"好",还是西季威克的"应当",都不是不可进一步分析的概念。"好"可以用"应当"进一步分析,而"应当"可以用规范性的理由进一步分析。

是一个可描述的对象,而其谓词包含一个伦理学的概念,其表现形式为:
"N 是好的吗?")始终是一个未决问题的原因之所在:因为这种规范性的
特征无法还原为任何关于事实的陈述。换言之,从单纯的事实状态我们
无法推导出"好"和其他伦理学概念所蕴涵的应然性的要求,从"是"无法
推导出"应当"。① 从"我们欲求某事"无法推出"我们应当欲求某事"。
从一个人吸毒或想吸毒的事实逻辑上无法推出这个事实是理所应当的或
不应当的。人们可以对"一夜情"的所有相关事实达成一致意见,但即使
如此,逻辑上他们完全可能对该行为究竟是否是道德的(亦即是否是应
当的)产生相反的意见。这些都说明事实和应当(以及价值)之间存在着
明显的差别,后者无法还原为前者。"应当"或规范性正是伦理学判断区
别于其他判断的本质特征。未决问题论证促使英美哲学家探讨道德话语
的非认知意义的特征,使得非认知主义成为直接的受惠者。非认知主义
成为英美元伦理学百年发展的一条主线。20 世纪 30 年代到 40 年代,情
感主义风靡一时,以后有黑尔(R. M. Hare)的规定主义,近期有布莱克
本(Simon Blackburn)的准实在论和吉伯德(Allan Gibbard)的规范表达主
义。时至今日,绝大多数的英美哲学家都认为,伦理判断中无法还原为非
伦理学的成分是规范性或"应当性"(ought)。"应当性"应当根据规范性
的行为理由来规定或辩护,在过去 20 年左右的时间里,"规范性"问题成
为英美元伦理学界最为热门的话题,②并促使英美元伦理学由侧重于道
德语义学的研究而转向实践理性问题的研究。有关情况的讨论,我们将
在下一章进行介绍。

最后,"未决问题"还凸显了道德话语的适真性特征,对这一特征的
解释也成为推动英美元伦理学百年发展的主要动力之一。正是由于未决
问题凸显了道德话语的规范性特征,这使得适真性的特征对比之下变得
更为突出。尽管道德话语具有指导行为的规范性特征,但另一方面,道德
话语似乎又有明显的"事实"陈述的特征,即适真性的特征。所谓适真性

① 参见 Stephen Darwall, *Philosophical Ethics*, pp. 36–37。
② 据达沃尔(Stephen Darwall)2007 年 10 月访问南京师范大学时的演讲所称。

是指道德判断适于用真假评价的特性。这种适真性不仅仅是一种语法上的"表象",而且是我们的一种坚定的信念。我们真诚地相信我们的道德判断是真的,比如,"种族屠杀是错误的"就是一个真的道德判断,而"考试作弊道德上是正确的"则是一个假的道德判断。如果道德判断没有真假,任何道德争论或道德批评都会失去意义,因为我们不知谁对谁错,因为道德判断本没有真假!道德话语的这一特征一方面使自然主义和非自然主义的认知主义依然还有生存的土壤,另一方面迫使非认知主义者不得不解释道德话语的这一特征,从而推动了新非认知主义(主要是准实在论和规范表达主义)的发展。

第二节　艾耶尔的情感主义

摩尔的未决问题论证表明伦理判断或道德话语中包含了某种纯描述性的语言无法穷尽的成分。追问这个成分是什么成为非认知主义产生和发展的一个重要动因。摩尔之前的伦理学理论多半都是认知主义的理论。按照认知主义,所有的道德判断或伦理判断都是可以有真假的陈述或命题。认知主义又分为两种:一种认为这些命题的真假都可以通过经验的方法加以确定。换言之,伦理属性或道德属性本质上都是可以还原为经验上可以感知的自然属性。这样的理论被称为自然主义的理论。另一种理论认为伦理属性是不同于自然属性的一种真实存在的属性,如摩尔认为"好"就是这样的一种属性,它是一种无法还原为经验上可感知的,但又确实存在的属性。摩尔为代表的理论被称为非自然主义的理论。由于摩尔的未决问题论证突出了伦理判断的本质特征,伦理判断是不同于经验科学判断的一种判断,又由于摩尔直觉主义的问题,因此,不少哲学家开始寻找非认知意义上的伦理成分,这便是非认知主义的起因。最早的非认知主义是一种情感主义的理论。

当代英美哲学界最早勾画出情感主义轮廓的哲学家被认为是理查兹

（I. A. Richards）和奥格登（C. K. Ogden）。他们在《意义之意义》（*The Meaning of Meaning*, London, 1923）一书中写道：

> "好"被断定代表一个独一无二的、无法分析的概念……[它]是伦理学的研究对象。我们建议，"好"这一特殊的伦理学的用法是一种纯情感的用法。当该词被如此使用之时，它不代表任何东西。……因此，当我们在句子"这是好的"中如此使用该词时，我们仅仅是指"这"，而增加"是好的"对我们的指称没有任何影响……它[指"是好的"]充其量只是一个情感的符号，表示我们对"这"的态度，也许还包括唤起他人相类似的态度，或鼓动他们采取这样或那样的行动。①

尽管在艾耶尔（A. J. Ayer, 1910—1989 年）之前还有其他一些哲学家也提出了类似的思想，但艾耶尔依然被认为是情感主义最具代表性的人物。艾耶尔对道德话语的情感意义的表达被认为是对情感主义最好的概述，而对这一理论完整的表达则被认为是由史蒂文森（Charles Stevenson, 1908—1979 年）所完成的。本节主要介绍艾耶尔的理论。②

一、情感主义理论

艾耶尔是逻辑实证主义后期的主要代表人物。他同意摩尔未决问题论证的结论：道德话语中含有某种成分，这个成分不可能还原为经验可证实的自然属性，但不同意摩尔自己提出的理论，即认为这个成分是可认知的。艾耶尔认为，既然这个成分不是经验可证实的，那么，它也是无法认知的。它根本就不是一个具有可认知意义的、可以有真假的成分，艾耶尔由此提出了自己的情感主义，开辟了非认知主义的研究理路。尽管艾耶

---

① I. A. Richards and C. K. Ogden, *The Meaning of Meaning*, London, 2ⁿᵈ ed. , 1946, p. 125.

② 本节内容主要选自陈真的《艾耶尔的情感主义与非认知主义》，《江苏社会科学》2009 年第 6 期。

尔并非20世纪第一个提出情感主义的哲学家,但由于他对情感主义生动的表述和有力的辩护,人们一般都将他和史蒂文森的情感主义理论看成是西方元伦理学的非认知主义的最早代表。

艾耶尔是逻辑实证主义的领军人物之一。逻辑实证主义者认为任何自称是表达知识和真理的理论,其语言必须具有某种适当的意义,然后才有可能判断它是否为真。任何有意义的、有成效的哲学研究,包括伦理学研究,其必要条件便是要弄清所使用语言的意义。艾耶尔对伦理学的研究也是从伦理学语言的意义的分析开始的。

按照逻辑实证主义,一切有意义的命题,或一切有可能证明或证实是否为真的命题,要么是分析的(通过了解其意义便可知其是否为真的命题,如"玫瑰是花"),要么是经验的。在逻辑实证主义者看来,凡经验的命题都是综合命题,其谓词的意义不包含在主词的意义当中。艾耶尔则试图证明所有的综合命题都是经验命题。这个论题所面临的挑战是:伦理学命题似乎都是综合命题,但伦理话语似乎经验上又无法证实。伦理学判断中像"道德的"或"错误的"之类的谓词所断定的属性似乎并不存在于对象之中,其意义也不包含在主词的意义当中。艾耶尔所面临的问题是:如何解释看似综合的规范性的伦理学命题为何经验上无法证实?①

艾耶尔对伦理学话语考察后的结论是:伦理学命题根本就不是具有事实意义的命题。他说道:"如果我对某人说'你偷钱的行为是错误的',比起我只说'你偷钱'来,我并没有陈述更多的东西。在补充'这一行为是错误的'这句话时,我并没有对'你偷钱'作出进一步的陈述。我只是表明我道德上不赞成这种行为。就好像我用一种极度厌恶的口气说'你偷钱'或在书写这句话时加上一些惊叹号一样。语调或惊叹号对句子的字面意义没有增加任何新的东西。它只是表明在表达这句话时伴随着说

---

① 并非所有与伦理学或道德有关的命题都是规范性的命题,如对某种道德习俗的描述,对某一地区或某一行业的道德理念的陈述,就不是规范性的伦理学命题,因此,它们并非严格意义上的纯伦理学命题。艾耶尔所分析的伦理学命题/判断或道德命题/判断均是规范性的纯伦理学命题。

话者的某些情感。"①在艾耶尔看来,"偷钱是错误的"是一个没有事实意义的句子,即它并没有表达一个可以或真或假的命题,尽管它包含了某种事实的成分。它相当于"偷钱!"为何伦理话语经验上无法证实?因为它们根本就不是命题,没有真假,就像我们无法决定"你叫什么名字"和"请将门打开"等句子的真值一样,因为这些句子根本就没有真值。他等于否认了伦理学陈述是综合命题,因为它们根本就不是命题。因此它们经验上的不可检验性并不构成艾耶尔所试图证明的观点(即所有的综合陈述都是经验陈述)的反例。②

伦理学判断不具有事实意义或认知意义,但并不是没有任何意义。艾耶尔认为伦理学判断或道德判断具有情感上的意义,它们不过是说话者情感的表达,或者试图激起他人同样的或相似的情感。艾耶尔的情感主义理论主要包含如下论点:

(1)规范性的道德话语不具有认知意义,即不是事实命题,无所谓真假;

(2)它们主要用于:(A)表达肯定或否定的情感;(B)要求他人也具有相似的情感。③

艾耶尔的主要工作是证明道德话语是情感的表达。按照他的看法,当我说"一夜情是不道德的",我不过是借这句话表达了我对"一夜情"的否定性的情感,一种不赞成的态度,而不是对某种道德事实的断定。人们以为他们在下这样的判断时,真的是对"一夜情"的某种事实上的断定,其实不过是自己主观情感的表达而已。根据艾耶尔的观点,伦理学判断或道德判断可以按照下面的例子进行翻译:

"一夜情的行为是道德的"="一夜情,爽!"

"一夜情的行为是不道德的"="一夜情,呸!"

---

① A. J. Ayer, *Language, Truth, and Logic*, New York: Dover Publications, 1946, p. 107. 译文参见尹大贻译:《语言、真理与逻辑》,上海译文出版社,2006 年版,第 87 页,本处略有修改。

② 参见 Ayer, *Language, Truth, and Logic*, pp. 107–109。

③ 关于(B),参见 Ayer, *Language, Truth, and Logic*, p. 108。

由于情感主义对道德判断的上述解释,情感主义有时也被戏称为"爽/呸论"(the hurrah/boo theory)。理解艾耶尔的情感主义要注意几点:第一,情感表达和情感陈述之间的区别。情感表达不是情感的事实陈述,不是命题,不涉及对任何事实的断言,无所谓真假,而情感陈述则是命题,有真假。了解这一点对于区别艾耶尔的情感主义和他所提到的正统的主观主义非常重要。前者主张道德判断是情感表达,而后者则将道德判断理解为对判断者情感的判断或陈述。比如"x 是道德的"。按照情感主义,它等于是"x,爽",这样的语句没有真假。按照正统的主观主义,它等于"我喜欢 x"或"我们喜欢 x",这样的语句则有真假。① 第二,道德判断中只有伦理学的词汇才具有纯情感的功能。道德判断通常都包含两种成分:事实描述和情感表达,因为情感表达是对某一事实(行动或情景)的某种情感反应,因此,情感表达的话语似乎必须包含某种事实成分。但这种事实成分不代表道德判断的全部。道德判断包含事实成分的事实并不能说明道德判断就是事实判断,正如鹿和马一样都有四条腿的事实并不能说明鹿就是马一样。决定一个句子是否是情感表达的道德判断不是其事实成分,而是其伦理价值的成分。比如,"张三的偷窃行为是不道德的",其中"道德的"是使该句成为情感表达的道德判断的决定性的因素。严格地讲,只有道德话语中具有规范意义的术语(如"错误的","不道德的")才具有情感表达的功能,而不是所有的成分。② 第三,当对某一个情感进行描述或陈述时,这种描述或陈述往往也伴随着那一情感的表达,情感表达往往也借助情感陈述来实现。比如,"我感到无聊"。这既是一个情感的陈述,也是情感的表达。但反过来则未必,因为情感陈述一般必须通过语言,而情感表达则未必要通过语言。我可以表达我的情感而无须对我的情感的存在有任何的断言或陈述。③ 道德话语往往多为陈述句的形式,而实际上的功能则是情感表达。我们需要根据上面的例子对规范

---

① 参见 Ayer, *Language, Truth, and Logic*, pp. 109–110。

② 参见 Ayer, *Language, Truth, and Logic*, p. 108。

③ 参见 Ayer, *Language, Truth, and Logic*, p. 109。

性的道德话语进行翻译,才能准确表达道德话语的情感含义。第四,情感表达本身也具有激起他人相似情感的功能。

二、证明与评析

艾耶尔对情感主义的证明可以分为两步。第一步是排除可能和非认知主义的情感主义相竞争的理论。第二步直接证明他的情感主义理论。艾耶尔第一步的论证可以表述如下:

(1)能够合理解释道德话语现象的理论要么是认知主义的,要么是非认知主义的。

(2)所有的认知主义形式的理论,如自然主义和非自然主义的理论,都是错误的。

(3)因此,只有非认知主义的理论(即情感主义)才是正确的。

凡是主张伦理/道德信念或判断具有可判断真假的认知内容或命题内容的理论都可以称之为认知主义(cognitivism);反之,则可称之为非认知主义(noncognitivism)。在艾耶尔提出他的情感主义的时代,认知主义主要有两种形式:一种是自然主义,另一种是非自然主义。艾耶尔集中证明前提(2)。

自然主义者认为伦理学的术语(如“好”等)都可以通过自然属性加以定义,或者说伦理学判断都可以还原为关于自然属性的命题。所谓自然属性是指那些可以通过经验直接或间接确证的属性。艾耶尔考虑了两种自然主义的理论:主观主义和功利主义。他认为它们都不成立。主观主义认为一个行动是正确的或好的,当且仅当它被普遍赞成。但一个被普遍赞成的行动可能是不正确的,用艾耶尔的话说,断定一个得到普遍赞成的行动是不正确的或不好的不会陷入自相矛盾。因此,主观主义不成立。同样的理由也可以用来反对功利主义。艾耶尔说道:“由于说一些愉快的事情是不好的,或者一些坏的事情是所欲求的,都不会陷入自相矛盾,因此,句子‘x 是好的’不可能等值于‘x 是愉快的’或‘x 是所欲求的’。对于任何我所熟悉的其他的功利主义的变种都可以提出同样的诘难。"①艾耶尔在这里显然沿袭了摩尔的未决问题论证的思路来反对自然主义。

既然自然主义的理论不成立,那么非自然主义的理论又如何呢?非自然主义的认知主义主要指摩尔的"绝对主义"或"直觉主义"。摩尔的未决问题论证排除了伦理学陈述的经验的可检验性,认为伦理学陈述或价值陈述不可能作为经验命题受观察所控制,而是受神秘的直觉所控制。艾耶尔认为这使得价值陈述变得不可证实了。因为不同的人可能会有不同的直觉,每个人都可以声称自己的观点是正确的。如果没有办法解决直觉的分歧,诉诸直觉对伦理学的有效性来说就毫无意义。②

由于所有认知主义形式的理论都是错误的,因此,只剩下非认知主义的理路,即情感主义的理路才有可能对道德话语提供合理的解释。

如何评价艾耶尔的上述论证?上述论证中的前提(2)似乎值得商榷,因为艾耶尔并没有考虑所有的可能的认知主义的理论(现在已知的自然主义和非自然主义的理论形式已经超出了艾耶尔上面所考虑的三种形式),因此,即使他对当时的认知主义的批评是正确的,也不意味着没有其他的可以得到辩护的认知主义的理论形式。但不管怎样,他确实提出了一种解释伦理学话语现象的新的思路。让我们看看他的第二步直接证明他的情感主义的论证。他的证明可以表述如下:

(1)如果语句"x是好的"是客观上可以决定其真假的命题,那么那些毫无歧义地理解了该语句意义并且熟知所有相关事实的理性的人们必定会达成关于该语句是否正确的共识。

(2)那些毫无歧义地理解了该语句意义并且熟知所有相关事实的理性的人们并非必定会达成关于该语句是否正确的共识。(例如,让我们假定张三和李四都是合乎理性的人。让我们进一步假定张三认为"一夜情是道德的",李四认为"一夜情是不道德的"。我们完全可以想象,即使张三和李四了解了关于一夜情的所有的相关的

---

① Ayer, *Language*, *Truth*, *and Logic*, p. 105.

② 参见 Ayer, *Language*, *Truth*, *and Logic*, p. 106。

事实,或达成了关于一夜情的相关事实的共识,他们依然会坚持各自的观点,他们依然无法达成关于一夜情是否道德,是否正确的共识。)

（3）因此,"x 是好的"不是客观上可以决定其真假的命题。

（4）"x 是好的"要么是客观上可以决定其真假的命题,要么具有情感表达的意义。

（5）因此,"x 是好的"具有情感表达的意义。①

上述证明中的结论（3）和（5）是情感主义的基本观点。该证明中的前提（1）和前提（2）都有值得商榷的地方。一个客观上可以决定其真假的语句也就是一个适真性的（truth-apt）语句（即适合于用真假来评价的语句）,而一个适真性的语句并非必然蕴涵理解了该句意义并了解了相关事实的理性的人们就必定会达成其正确性的共识,因为达成关于一个适真性的语句的正确性的共识不仅需要达成关于经验认知意义上的事实的共识,还需要达成关于价值问题的共识。故前提（1）不成立。那些了解了一个语句的意义以及所有相关事实（包括好坏的事实,比如,一个不随地吐痰的社会优于一个随地吐痰的社会就是一个关于好坏的事实）的理性的人们完全可能会达成关于该语句正确性的共识。故前提（2）也不成立。

三、启示与问题

尽管艾耶尔关于情感主义的证明存在着这样或那样的不尽如人意的地方,但他的情感主义确实指出了道德话语具有非认知的情感表达功能的事实,开辟了伦理学非认知主义的研究理路,对于深化人们对道德问题的研究,避免某些误区或走弯路,具有重要的意义。

我们每一个人都可以试做一个思想实验。当我们对某个行为或事件作出道德判断时,我们可以思考一下,我们的内心活动究竟是怎样的? 比

---

① 以上参见 Ayer, *Language, Truth, and Logic*, pp. 110–112。

如，当我们作出一个道德判断"无故将一只猫活活烧死是不道德的"时，我们是否是因为"看到了"活活烧死猫中的"不道德的"（即"错误的"）的属性，就像我们判断"这支粉笔是白色的"是因为我们看到了它是白色的一样？显然，我们并没有看到"不道德"或"错误性"之类的属性。那么我们根据什么说出上述的判断？人们在作出一个道德判断的一刹那，往往是因为他们对所判断的行为有某种或肯定或否定的情感态度，而并非因为看到了所判断对象中的"道德属性"。但人类和其他动物一样，往往有将自己的情感"对象化"（objectify）或客观化的倾向。在古代，不同文化的人们都有图腾崇拜的习俗，将自己对大自然力量的情感，通常是畏惧的情感，对象化，创造出各种各样的"神话"。我们必须注意，这些今天看来是"神话"的东西在古代则事实上被人们认为是像"科学"一样的知识，那些祭司或预言家的地位在当时就类似今天科学家的地位。这种情感对象化的习性并没有因为今天科学的发展而消失，比如，我们的许多审美的判断都是情感对象化的范例。当一个人认为刘亦菲很美的时候，并非是看到了她身上的"美"，而是将自己看到她所获得的愉悦的情感对象化到她的身上。人们在作出情感的对象化的判断的时候往往并没有意识到自己实际上是将自己的情感对象化到所判断的对象，而是认为对象真的具有某种"美"或"好"的属性。这种对象化的结果通常不会产生什么害处。但在哲学研究中，如果我们将主观的东西对象化，并以为对象真的具有我们主观所认定的属性，则有可能产生种种不必要的哲学困惑。哲学上由于这种对象化而产生的哲学困惑不在少数。例如，西方哲学界曾流行一种意义理论，认为一个词的意义就在于它所指称的对象，凡在思想中存在的东西，在实在中也必定存在。这是将主观的东西对象化的一个实例。这一理论产生了一系列的哲学问题，问题之一便是"金山"如何可能是一个有意义的词？因为如果有意义，那么似乎必定存在着一座金山。但金山是不存在的，而"金山"本身似乎又是有意义的。诸如此类的困惑耗尽了许多哲学家毕生的精力，但却没有取得真正的实质性的成果。艾耶尔对道德话语的非认知主义的解释不仅推进了人们对道德本质的认识，而且可以让我们警惕：不要将不存在的东西当成存在的东西，从而避免在伦理学的研究中走不必要的弯路。

　　艾耶尔的情感主义所面临的主要问题之一是无法解释道德分歧。艾耶尔认为赞同同一种价值观的人们之间可以产生真实的道德分歧,但这种分歧不过是有关事实问题的分歧,人们可以运用理性论证去解决他们之间的分歧。然而,在采用不同的价值观的人们之间则不可能产生可以运用理性推理加以解决的道德分歧,当涉及纯价值问题时,"我们最终只能乞求于谩骂"①。但我们真的就无法合理地解决纯价值问题的分歧吗?我们真的就无法通过理性的方法来证明反对种族屠杀的价值观优于希特勒的种族屠杀的价值观吗?我们真的只能诉诸谩骂和武力来解决人们之间的价值观的冲突吗?我们真的就无法在一个不随地吐痰的社会优于一个随地吐痰的社会的观点上达成理性的共识吗?当一个利用公权贪污腐败的人对自己的贪腐行为没有任何愧疚之心时,我们真的就无法说他的情感反应不当吗?如果我们认为情感主义确实指出了道德话语的某种事实,而我们又不愿放弃通过理性的方法来解决人们之间的价值观分歧,我们就必须对情感主义作出某种合理的解释,以便克服上面的反问句对情感主义所提出的诘难。

四、情感主义所面临的挑战

　　艾耶尔等人的情感主义思想提出之后,在西方哲学家和道德之士之中一度激起了激烈的批评。一个主要的批评便是它破坏了道德的基础。凡接受了它的观点的人都会失去对道德问题的兴趣,或不会将道德问题当真。有的批评者认为如果道德上的善恶差别都成了个人品位之间的差别,那么我们就不得不接受某种令人不快的结论:我们不可能依据理性来证明某种行为优于另一种行为,无论这种行为如何之野蛮;我们也无法为反对希特勒的种族灭绝政策提供合理的证明;解决人们之间的意见分歧

---

　　① Ayer, *Language*, *Truth*, *and Logic*, p.111.

只能通过诉诸武力,等等。① 但这些批评经不起仔细的推敲。首先,学术研究必须实事求是,如果情感主义确实揭示了某种事实的真相,无论我们喜欢或不喜欢,我们都只能接受这种事实。尽管 16 世纪哥白尼的日心说挑战了当时流行的托勒密的地心说和亚里士多德的物理学与天文学,也冲击了当时的宗教神学,为当时主流的"意识形态"所不能接受,但这并不意味着它的不正确性。其次,接受情感主义的某些观点是否必然意味着接受理论上和实践中的道德虚无主义或怀疑主义颇为令人怀疑。艾耶尔本人就坚决否认他的情感主义逻辑上蕴涵着对道德问题重要性的否定。如同他后来所说的,他的情感主义"只是探讨了一种完满的、值得尊重的逻辑观点的后果,这种逻辑的观点早为休谟所阐明;从描述性的陈述中不可能推出规范性陈述,或者如同休谟所说的那样,从'是'中推不出'应当'。说道德判断不是事实陈述并不等于说它们无关紧要,甚至也不是说不可能存在着支持它们的论证。只是这些论证并非是以逻辑和科学论证的方式发挥作用罢了"②。艾耶尔等人的情感主义所面临的主要问题是如何解释他们的情感主义理论可以和人们长期以来形成的、似乎难以反驳的道德信念相适应。他们所需要解释或回答的问题包括:

1. 怎样解释道德如何不是一种错误

我们坚信我们核心的道德观念是正确的,没有错误。我们坚信"种族屠杀是错误的"是正确的道德判断,"考试作弊道德上是可以允许的"是一个错误的道德判断。但情感主义却有可能动摇我们的这些道德信念。情感主义实际上是一种投射主义(projectivism)。它主张伦理术语,如"错误的"、"道德的"等词汇所指称的东西是我们"投射"(project)到判断的对象上,而非对象本身所具有的。比如,当我们作出道德判断"一夜情是错误的"时,我们在一夜情的行为中并没有看到任何"错误"的属性。

---

① 参见 W. D. Hudson, *Modern Moral Philosophy*, Garden City, New York: Doubleday and Company, Inc., 1970, pp. 132–133。

② A. J. Ayer (ed.), *Logical Positivism*, New York: The Free Press, 1959, p.22.

我们只是将"错误的"（情感或者其他的东西）投射到判断的对象上。我们将"一夜情是错误的"判断当成和"十五的月亮是圆的"一样性质的判断，仿佛前一句中"错误的"和后一句中"圆的"一样，不是我们投射到对象的性质，而是对象本身真有的性质。但实际上对象中并没有诸如"错误的"这样的性质。投射到对象上的东西未必就是对象本身真实存在的东西。亚历山大·米勒（Alexander Miller）曾举过一个例子来说明这种情况。假定一位解剖学的老师用投影机来讲解人的大脑的构造。他将大脑的构造通过幻灯片投射到屏幕上。老师和学生谈论屏幕上的大脑图像，"仿佛"屏幕上真的有一幅大脑的解剖图，然而其实并没有。情感主义所面临的问题是，怎样解释这种投射不是一种"错误"（error）？怎样解释情感主义何以能够避免道德取消论或者道德虚无主义的后果？①

2. 怎样避免道德上的对错完全依赖于大脑状态的问题

如果道德上的正确与错误不过是"我们情感的子嗣"（休谟语），那它们就完全依赖于我们大脑的主观状态。如此，如果我们的情感变化了，这是否意味着道德上的正确与错误也因此变化了，就像天花板上的投影机，如果里面发生了变化，屏幕上的影像也会变化一样？如果我们的情感消失了，道德上的正确与错误是否也会消失，就像如果投影机被毁灭了屏幕上的影像也会消失一样？如果道德不过是我们情感的投射，我们如何能够将道德上的正确与错误当真对待？如果情感主义者一方面认为道德是重要的，亦即保持道德情感是重要的；另一方面又认为它们毫无实在的根据，这岂不是一种精神人格的分裂？②

3. 怎样回应弗雷格—吉奇问题的挑战

弗雷格—吉奇问题（The Frege-Geach problem）最早由彼得·吉奇

---

① 参见 Alexander Miller, *An Introduction to Contemporary Metaethics*, Cambridge, UK: Polity Press, 2003, pp. 39-40。

② 参见 Miller, *An Introduction to Contemporary Metaethics*, pp. 42-43。

（Peter Geach）提出，①但他认为他只是将弗雷格的有关思想发展了而已，故这个问题被称为"弗雷格—吉奇问题"。按照弗雷格或吉奇的看法，一个语句可以出现在一个断言的语境中，也可以出现在非断言的语境（unasserted contexts）中。比如，"你是近视眼"和"如果你是近视眼，那么你就应当戴眼镜"。在前一句中，"你是近视眼"一般理解为一个断言，断定你是一个近视眼。但在后一句中，"你是近视眼"则不是一个断言，因为后一句只断定在"你是近视眼"和"你应当戴眼镜"这两个事态之间存在着一种条件关系，但对两个事态本身是否存在并没有任何断定。问题是在这两种不同的语境中，"你是近视眼"是否还保持同样的意思？弗雷格和吉奇认为它在不同语境下依然保持同样的意思，即它所断定的或虚拟断定的事态都是一样的。用逻辑术语来说，它的真值条件在不同的语境中都是一样的。但在伦理学论证的语境中，如果按照情感主义对伦理判断的解释，则同一个语句在断言和非断言的语境中的意思就会不一样。考虑如下推理：

（1）说谎是错误的。

（2）如果说谎是错误的，教你的小弟弟说谎也是错误的。

（3）因此，教你的小弟弟说谎也是错误的。②

如果我们将上面的句子都按照陈述句来理解，上面的论证是一个有效的论证，即从前提的真，可以推出结论必然为真。但按照情感主义或表达主义的解释，在断言语境的情况下，一个伦理判断，如"说谎是错误的"，其实就是说话者情感的表达，但在非断言的语境中，说话者并没有表达自己的情感，这样，同样一句话"说谎是错误的"在句子（1）和句子（2）中的意思就不是一样的。如此，上述明显有效的论证就变成无效的论证。这里，弗雷格—吉奇问题对情感主义的挑战是：怎样对道德话语或伦理话语进

①　参见 Peter Geach, "Assertion," *Philosophical Review* 74, 1965, pp. 449–465。

②　例子取自 Simon Blackburn, "The Frege-Geach Problem," in *Arguing about Metaethics*, ed. Andrew Fisher and Simon Kirchin, London and New York: Routledge, 2006, p. 349。

行情感主义的解释时避免将上述明显有效的论证解释为无效的论证?①

4. 如何界定何种情感为道德情感

情感主义认为规范性的伦理学判断不过是人们情感的表达。但人们的情感表达有多种,既可能是道德的,也可能是美学的,还可能是纯感觉的(如味觉的)。情感主义的问题是如何说明伦理学判断所表达的情感是道德的,而非其他的情感。由于艾耶尔明确认为,对纯价值的问题,理性的论证是不起作用的,我们最终只能诉诸谩骂,因此,诉诸不同的理由来区别道德、美学和味觉的情感反应至少对艾耶尔来说是不可能的。②

尽管情感主义面临以上这些问题,但对于那些接受了情感主义或为情感主义所打动的哲学家来说,解决以上这些问题成为发展自己理论的源泉和动力,布莱克本(Simon Blackburn,1944—)的准实在论便是沿着非认知主义的方向解决上述问题的成果。

另一方面情感主义所揭示的道德话语的主观色彩也使得一些哲学家倾向于道德虚无主义或道德相对主义。在介绍准实在论之前,让我们先来看看哈曼的道德相对主义。

第三节 哈曼的道德相对主义③

由于情感主义将道德话语的意义解释为行动主体情感的表达,有些西方哲学家由此断定道德本身就是主观的、相对的。道德相对主义可以看做是沿着这一思路而发展起来的理论。吉尔伯特·哈曼(Gilbert Harman,1938—)是当代英美道德相对主义最具代表性的人物。他的

---

① 以上参见 Miller, *An Introduction to Contemporary Metaethics*, pp. 40–42。
② 参见 Miller, *An Introduction to Contemporary Metaethics*, pp. 43–51。
③ 本节的主要内容即将发表在 2010 年的《学术研究》上。

《道德相对主义之辩护》一文和反对道德实在论的文章常常是美国许多大学里元伦理学研究生课程的必读经典。在哈曼看来,人们的道德观念不过是人们约定俗成的结果,任何道德判断只有相对于这种约定才能得到理解和说明。因此,他的道德相对主义有时也被看做是一种约定论或道德契约论。

一、道德相对主义命题

在英美,反对道德相对主义的哲学家往往将道德相对主义定义为一个逻辑上不一致的命题。但哈曼认为他的道德相对主义完全是一个逻辑命题,没有任何逻辑上的不一致。他说:"正如判断某件事物是大的只有相对于某类可以进行比较的事物时才是有意义的。同样,我将证明,判断某人做某事是错误的,只有相对于某种共识(an agreement)或理解时才是有意义的。"①在哈曼看来,说"一只狗是大的"逻辑上蕴涵或预设了某一类可以进行比较的事物的存在。同样,说"一个行动是道德的"逻辑上也蕴涵或预设了某种共识的存在。没有可比较的事物的存在,没有某种共识,在非相对的意义上说"一只狗是大的,句点"或在非相对的意义上说"一个行动是道德的,句点"是没有意义的。②哈曼的道德相对主义可以表达如下:

R:一个人 S 可以作出"行动者 A 应当做事情 D"的判断,当且仅当在判断者 S、行动者 A 和听众之间存在着某些共同的考量 C,它们是 A 做 D 的理由和动机;它们能够成为 A 行动的理由和动机仅当它

---

① Gilbert Harman, "Moral Relativism Defended," in *Relativism*: *Cognitive and Moral*, ed. Jack W. Meiland and Michael Krausz, Indiana: University of Notre Dame Press, 1982, pp. 189–190. 本节对该文的引用均依据此重印本。该文原发表在 *Philosophical Review* 84 (1975)。

② "一个行动是道德的,句点"(An action is moral, period)是表达非相对主义意义的道德判断的一种表示方法。相对主义意义上的道德判断往往可以表达为"一个行动对 S 来说是道德的"(An action is moral for S),或"一个行动相对于某种标准是道德的。"

们源于 A 和他人通过隐性谈判或讨价还价(bargaining)所达成的
共识。①

命题 R 是相对主义的,因为按照 R,关于一个人道德上是否应当做某件事
情的道德判断依赖于或相对于是否存在着某种共同的考量和动机,而不
是依据独立于这种考量的客观的事实或客观的考量,这种考量和动机源
于人们隐性谈判所达成的共识。哈曼将"行动者 A 应当做事情 D"这类
判断称为"内心判断"(inner judgments),他的道德相对主义只是关于这
类道德判断的相对主义。内心判断有两个特征:第一,这些判断,如"行
动者 A 应当做事情 D",蕴涵"A 有理由做 D,且这些理由能成为 A 做 D 的
动机"②;第二,说出这些判断的判断者 S 赞同这些理由并且也假定行动
者 A 和听众也赞同这些理由,他们且有相应的遵循这些理由的意愿。③
如果在"A 应当做 D"的判断中加上副词"道德上",则可以使得该判断更
为明显地具有以上的两个特征。当然,判断者或说话者也可以以某种方
式表明他没有和 A 相同的行动动机(比如说,"作为一个公民,A 应
当……"),这种情况下,该判断便不是内心判断。并非所有的道德判断
都是内心判断。非内心的道德判断至少有两种情况。一种情况是针对行
动者,但不是关于行动者道德上是否应当做某事,而是关于行动者本身的
性质的判断,比如说某人是邪恶的、毫无人性的,是野蛮人、叛徒、民族败
类等。另一种情况则是关于行动、事物或事物状态的应然性的判断,比如
说某个社会的财富分配是不公正的,某个行为是邪恶的等。而哈曼的
"内心判断"既不是关于行动者的性质的判断,也不是关于行动性质和事
态的判断,而是关于行动者和行为或所做事情之间的关系的判断,亦即行
动者道德上应当或不应当做某件事情的判断,并且行动者应当或不应当
做某事的判断蕴涵或预设了行动者和判断者以及听众之间存在着某种共

---

① 参见 Harman,"Moral Relativism Defended,"pp. 193-196。

② 当代英美伦理学家普遍认为"应当"意味着"有理由"的意思,又由于"A 有理由做
D 仅当 A 能有动机做 D"。因此,"行动者 A 应当做事情 D"蕴涵"A 有理由做 D,且这些理
由能成为 A 做 D 的动机"。

③ 以上参见 Harman,"Moral Relativism Defended,"p. 193, p. 195。

识和共同的意愿,这种共识和意愿为行动者提供了理由和动机。我们应当注意到,非内心的道德判断和内心判断都是包含"应当"意思的判断,但"应当"的意义却不一样。非内心的道德判断所包含的"应当"是指某个人,某件事情,或某种状态是否应当是目前所处的情况,如"食人族吃掉失事船只唯一的幸存者的情况太可怕了"意思是说这种情况不应当如此。这种意义上的"应当"用英语可表达为"ought to be"("不应当"则为"ought not to be")。内心判断所包含的"应当"则是表达行动者和他可能采取的行动之间的应然关系,用英语可以表达为"ought to do"("应当做"),比如,"你应当遵守承诺"。①

按照哈曼的观点,任何道德判断或道德评价一定是相对于某些标准的,离开了一定的标准来谈论道德判断是没有意义的。问题是,这一思想无法明确地将他和道德客观主义者相区别,因为客观主义者也可以接受,甚至必然接受这一观点。他本人也承认,他既不打算否定,也不打算肯定某些道德"客观上"比另一些道德要好或者存在着评价各种道德的客观标准。② 事实上,道德客观主义和道德相对主义的区别不在于是否承认道德判断相对于一定标准,而在于这一标准究竟是否是客观的,尤其是,当出现不同的、彼此冲突的道德标准时,是否存在着客观的考量来决定究竟哪一种道德标准是正确的。20世纪90年代中后期,哈曼对他的道德相对主义进行了重新的表述。重新表述的道德相对主义可以表达为下面三个命题的集合:

R^1:为了确定"某个人 P 做 D 道德上是错误的"这类道德判断的真假,它们应当理解为"相对于道德框架 M,P 做 D 道德上是错误的"这类道德判断的省略形式。

R^2:不存在着单一的真实的(或正确的)道德。有许多不同的道

---

① "应当"在不同语境下具有不同的意义。哈曼区别了四种"应当":期望意义上的"应当";合乎理性意义上的"应当";规范意义上的"应当"(有时也指一般意义上的道德上的"应当")和特殊的道德意义上的"应当"。这里所讨论的道德上的两种不同意义上的"应当"指的是后两种"应当"。参见他的"Moral Relativism Defended",p.192。

② 参见 Harman,"Moral Relativism Defended", p.190。

德框架,没有一个框架比其他的更正确。

R^3:道德框架应当理解为人们通过隐性的谈判所形成的共识。[1]

按照 R^1,"张三抄袭他人论文道德上是错误的"应当理解为"相对于道德框架 M_1(M_1 蕴涵"不许作弊","不许抄袭剽窃","不许侵犯他人利益"等道德要求),张三抄袭他人论文道德上是错误的"。问题是,按照 R^1,逻辑上也存在这种可能,即"相对于道德框架 M_2,张三抄袭他人论文道德上是可以允许的,即道德上并非是错误的。"那么,张三抄袭他人论文道德上究竟是错误的,还是不是错误的? 这个问题必然导致这样的问题:究竟 M_1 还是 M_2 是我们判断道德是非的正确标准? 或者还有其他的正确标准? 道德客观主义认为张三抄袭他人论文道德上究竟是否错误原则上是可以找到客观上正确的答案的。但道德相对主义则反对这样的断定。哈曼的理论也不例外。为了和道德客观主义或哈曼所说的绝对主义区别开来,他认为他的道德相对主义还应包括 R^2。

R^2 有可能导致道德虚无主义或怀疑主义,因为虚无主义者可以从 R^2 进一步推论:由于每一个人都可以坚持说自己的道德观念更正确,但既然没有一个道德框架比其他的更正确,因此,坚持说某种道德观点更正确或者坚持某种道德观点便没有什么意义,我们应当放弃道德。但哈曼明确表示他的道德相对主义拒斥道德虚无主义,因为他的道德相对主义还包含 R^3。正是因为道德是人们通过隐性的谈判所形成的共识,因而在达成共识的人们之间便具有约束力,这不仅表现在道德判断相对于人们的共识是有意义的,而且也表现在通过隐性谈判达成共识的人们有理由和动机遵循依据共识所得出的这些判断。哈曼的相对主义不同于道德虚无主义和怀疑主义的地方还表现在:道德判断在道德推理中依然可以发挥重要作用。[2] 由于哈曼的道德相对主义否定了道德虚无主义和怀疑主义,

---

[1]　以上参见 Gilbert Harman and Judith Jarvis Thomson, *Moral Relativism and Moral Objectivity*, Oxford and Malden, Mass.: Blackwell Publishers, 1996, pp. 3–7。

[2]　关于道德判断在道德推理中的作用,参见 Harman and Thomson, *Moral Relativism and Moral Objectivity*, chapter 3。

因此可以称为良性的道德相对主义。① 由于 R^3，他的道德相对主义也被看成是一种约定主义或契约论。他也明确称自己的观点是一种约定主义。②

二、辩护与诘难

哈曼对道德相对主义的辩护包含了对几个不同命题的辩护。由于 R^1 并非必然导致对道德客观主义的否定，因而仅它并不能表示相对主义的本质特征。因此，本节主要讨论他支持命题 R、R^2 和 R^3 的论证。

1. 古怪性论证

古怪性论证主要是支持命题 R。命题 R 是哈曼对道德相对主义最早的表述，但其基本思想到后来也没有根本的变化。按照 R，相对于一个道德框架的人不可能对相对于另一个不同道德框架的人作出有意义的内心的道德判断。只有在判断者、被判断者以及听众或读者之间存在着某种共识的条件下，一个人才能对另一个行动者作出内心判断或道德评价。在缺少共同道德框架或共识的情况下，如果一个人非要对另一个人作出内心的道德判断，他的判断便会使人感到"古怪"。要想避免这种古怪性，只有接受他的道德相对主义，即命题 R。或者说，这种古怪性是支持R 的有力证据。

哈曼举了许多例子来证明他的观点。假定外星人降临地球，它们对人类的生命和幸福毫不在意，它们的某个行动对人类造成伤害，但这种情况没有给它们提供任何理由避免这种伤害。在这种情形下，哈曼认为说它们(道德上)应当避免伤害我们或者说它们伤害我们是错误的，是没有什么意义的，这样的说法显得有些古怪。又比如，假定有一位谋杀公司的

---

① 良性道德相对主义的说法见 Thomas Scanlon, *What We Owe to Each Other*, Cambridge, Mass.：The Belknap Press of Harvard University Press, 1998, p. 333。

② 关于他反对道德虚无主义的论证和他的约定主义，可参见 Harman and Thomson, *Moral Relativism and Moral Objectivity*, pp. 6-7 和 pp. 20-31。

雇员,他从小就接受这样的教育:只尊重该公司"家族"的成员而轻蔑社会的其他所有成员。他被指派执行一次谋杀任务,谋杀一位银行经理盖沙①,一位"家族"之外的人。他不会因杀死盖沙而产生任何愧疚之心。我们可以说他是一个犯罪分子,社会的敌人,我们甚至也可以说他的行为是错误的(意思是说这种情况不应当发生),但我们很难说他不应当杀死盖沙,这只会让他感到好笑。我们如果这样说,我们的说法会显得古怪。哈曼甚至还认为如果我们说希特勒不应当下令消灭犹太人,或者说希特勒错误地下令杀害了犹太人,如果我们这样说的意思是指希特勒有理由或动机不去杀害犹太人,我们的说法也会显得古怪,除非我们这里所说的意思是指这样的事情不应当发生。② 有些例子的古怪性更为明显,因而也许可以更好地说明哈曼的观点。比如,如果我们说"台风'莫拉克'不应当造成这么多人的死亡",或者说"台风'莫拉克'道德上错误地导致了许多人的死亡",我们的说法会显得相当的古怪。

为什么会有这些"古怪"?因为我们对其作出道德判断的行动者没有动机或理由去做我们认为应当做的事情,或不做我们认为不应当做的事情,他们缺少和我们一样的动机和共识。而我们在判断他们应当做或不应当做某件事情时,我们又假定了他们具有和我们一样的理由和动机,故古怪性就产生了。换言之,由于行动者不具有和我们一样的理由和动机,故我们无法对他们作出内心判断。如果我们非要这么做,我们的判断就会显得有些古怪。台风"莫拉克"的例子之所以更为古怪是因为"莫拉克"和我们之间缺少道德共识和共同动机的事实更为明显。

批评古怪性论证的办法之一是否认哈曼所举的例子有任何的古怪性。我们对一个人和他的行为作出道德判断的时候,比如,我们说"行动者 A 不应当做某件事情 D",我们的意思,甚至主要的意思就是说做 D 的事件不应当发生,不管行动者是否有动机或理由做 D 与否,不管我们和

---

① 英文原文为"Ortcutt",是"ought [to be] cut"的谐音,后者意为"该杀",将其译为"盖沙",取汉语"该杀"的谐音。

② 以上参见 Harman, "Moral Relativism Defended", pp. 191–193。

行动者有共识与否。因此,对我们当中的许多人来说,哈曼所举例子可能没有任何的"古怪性"。其次,即使我们接受某些例子包含了所谓的"古怪性",但我们依然可以有其他至少同样好的解释来解释这种古怪性。比如,说"希特勒不应当下令消灭犹太人"或说"希特勒错误地下令消灭犹太人"确实有些"古怪",但这种古怪不是因为我们和希特勒缺少共识或共同的动机,而是因为这种道德判断太弱,他的种族灭绝的行为不是单单"错误"的措词可以加以表达的,而是"令人发指"。至于台风"莫拉克"的古怪性,我们也可以采用同样好的其他解释。如,我们可以说作为道德判断的对象应当是具有自由意志的行动者,而台风"莫拉克"不具有自由意志,故不适合对其进行道德判断。我们还可以说,按照"应该"蕴涵"能够"的原则,台风并不"能够"避免造成这么多人的死亡,故,我们无法要求台风不应当做它做不到的事情,如此等等。因此,哈曼的古怪性论证并不足以支持 R,即一个人不能对另一个处于不同道德框架的人进行内心的道德判断。

2. 道德多样性论证

道德多样性论证主要用于支持 R^2(即没有单一真实的道德,没有一个道德框架比另一个更正确),按照这一论证,R^2 是对道德多样性或差异性(diversity)的最佳解释。

哈曼举了许多道德多样性的例子。比如,生活在不同文化中的人关于对错有着完全不同的信念。有的文化认为打饱嗝是礼貌的,有的认为是不礼貌的;有的文化接受食人族的现象,有的文化认为人吃人现象令人憎恶。有的允许奴隶制,有的反对。有的认为种姓制度道德上是合适的,有的则反对。即使是某些所谓普遍的核心价值,如禁止谋杀,禁止欺骗,禁止背叛,禁止残忍等也不是普遍的,因为它们只适用于族群内部。因此,不太可能有一组所有社会普遍接受的重要的道德原则。①

---

① 参见 Harman and Thomson, *Moral Relativism and Moral Objectivity*, pp. 8–9。

　　道德的多样性还可以发生在同一社会，甚至同一家庭内部。比如，道德素食主义者与非素食主义者之间的道德分歧（多样性的一种表现）就很难通过道德绝对主义或客观主义加以解释。道德素食主义者认为不应当以动物为食，非素食主义者则认为可以。这种分歧不可能通过充分了解相关的信息得到解决，也不可能是环境条件不同所造成的分歧，而是基本价值观（values）的分歧，是关于和人相比，动物究竟应当给予何等重要性的分歧。关于流产、安乐死、给非洲饥民捐款等问题上的道德分歧也都是基本价值观的分歧，而非关于环境条件或认识上的分歧。哈曼认为很难想象这些分歧可以诉诸非道德的事实或环境差异来解释。

　　哈曼认为他的相对主义（包括 R^2）可以对上面的道德多样性现象作出最好的解释：因为不存在着单一真实的道德。一个行动道德与否取决于依据何种道德框架或道德坐标系。所谓道德坐标系的意思是指类似一个国家的法律的一套价值观念、标准、原则等。一个行动相对于某个道德坐标系是正确的，相对于另一个则可能是错误的。不存在着离开具体道德坐标系的绝对的对错。①

　　我们对哈曼的论证提出三条反对的意见。首先，道德的多样性现象也许只是表面的现象，在这些表面现象背后也许隐藏着普遍的道德原则。就像宏观世界物体运动千姿百态，但支配这些运动的规律只有一种，即力学。哈曼也承认道德多样性的现象并不会必然蕴涵道德相对主义，也不会必然导致对道德客观主义的否定。因为即使存在着统一的道德原则，但由于环境和习惯的不同，这些道德原则的表述也会呈现差异性或多样性。即使在大致相同的环境条件下所出现的道德观念上的差异也不足以反驳道德客观主义，就像在自然科学中，仅仅关于引起火星表面上运河状特征的原因的意见分歧不足以证明关于此事没有客观的真理一样。② 其

---

　　① 参见 Harman and Thomson, *Moral Relativism and Moral Objectivity*, pp.10–11。

　　② 参见 Harman and Thomson, *Moral Relativism and Moral Objectivity*, p.10。哈曼采用的用语是"道德绝对主义"，而非"道德客观主义"。

次,R^2并非是对道德多样性的唯一的解释,道德客观主义可以对道德的多样性提供至少同样好的解释。道德客观主义认为存在着客观的普遍的道德原则,但由于认识上的种种原因,人们很难达成关于道德的统一的共识,从而产生道德的分歧和差异性。正如哈曼本人也意识到的,人们对同一证据能够得出什么样的结论依赖于人们以往的信念。有些先前的或最初的信念可能会帮助人们认识真理,而另一些信念则未必。由于人们信念的理性改变总是保守的,总是希望在原有的信念改变最小的情况下获得最大的连贯性,因此,具有不同的信念起点的人们对于同一证据的合理的反应是不同的。我们无法保证当人们最初信念的差异足够大的时候,当同样的证据进入他们辩护当中时,是否能够最终趋于意见统一。一些人的最初的起点信念也许相对地接近真理,那么,新的证据也许会使他们更接近真理,但另一些人的起点信念远离真理,那么,当同样的新的证据出现之时,他们的观点可能离真理更远。① 道德分歧还有可能反映的是关于经验事实的分歧。即使论证的双方都采用同一价值原则,如功利主义的原则,对同性恋是否应当除罪化依然会产生分歧,这种分歧主要是对同性恋的除罪化究竟是否能够产生社会幸福的最大化的分歧,这种分歧是关于经验事实的分歧,而不是关于价值原则的分歧。道德客观主义者可以是一个价值多元主义者,即认为决定一个行为道德的终极价值原则可以不止一个,这样,也可以解释哈曼所提到的那种关于价值观的道德分歧,人们价值观上的分歧往往是关于哪一个价值原则在给定的情景中应当压倒另一个或另一些原则的分歧,这种分歧并没有否认这些原则的客观价值,而人们自身利益的客观要求将迫使人们寻求独立于各自利益或愿望的客观之解。最后,道德客观主义可以比 R^2 提供更好的解释。按照R^2,我们无法对不同的道德框架的正确性进行评价,因此它难以解释蕴涵印度寡妇殉夫制的道德框架的不合理性。道德客观主义可以对此作出

① 这一观点最初来自 Nicholas Sturgeon,参见 Harman and Thomson, *Moral Relativism and Moral Objectivity*, p. 12。关于造成道德分歧或多样性的认识上更为具体的原因,可参见陈真:《道德相对主义与道德的客观性》,《学术月刊》2008 年第 12 期。

很好的解释,因为凡现实的未必就是合理的,是否合理有着客观的标准,如是否符合人类长远的福祉,是否公平等。按照这些标准,寡妇殉夫并不合理。因此,道德客观主义可以比 R^2 更好地解释道德的多样性。

3. 道德特征最佳解释的论证

按照 R^3,道德或道德的框架是人们通过隐性谈判所形成的约定俗成的共识。哈曼认为这一假设可以很好地解释许多如果不采用这一假设可能会产生很多困惑的道德特征。比如,在日常道德中人们往往对不伤害他人的否定性的义务比对帮助他人的肯定性的义务赋予更大的权重。在著名的器官移植的例子中,我们绝大多数人认为医生不应当通过分解(杀死)一个病人去拯救另外五个病人的生命。尽管我们认为医生有尽可能拯救病人生命的义务和不伤害他人的义务。可是当这两种义务发生冲突时,我们显然赋予不伤害他人的义务以更大的权重。我们为什么会赋予否定性的义务以更多的权重呢? 用同情心或功利主义都难以解释这一现象。但 R^3 则可以很好地解释它。这是因为社会上的富人和穷人,强者和弱者,都可以从否定性的义务(不伤害他人)中得到好处,因而在隐性的讨价还价中,所有的人都会同意接受否定性的义务。然而就肯定性的义务而言,穷人和弱者会比富人和强者从中得到更多的好处,而富人和强者从中得到的负担会大于所得到的好处。因此,通过隐性的或不言而喻的讨价还价,他们达成妥协,接受较弱的肯定性义务,如在牺牲不大的情况下,人们有责任帮助那些急需帮助的人们。正当防卫和自我保护的权利也可以根据 R^3 得到更好地解释。①

这一论证至少有三个问题。第一,R^3 是否是唯一最好的解释? 未必。比如,我们可以说世界上需要帮助的人太多了。如果我们给帮助他人的肯定性义务过多的权重,人们可能无法承担这样的义务。而不伤害他人的否定性的义务则没有负担过重的问题。这一解释并没有诉诸道德

---

① 参见 Harman,“Moral Relativism Defended”, pp. 196–198。

上的讨价还价,也没有诉诸任何约定或契约,但可以同样好地解释哈曼所提到的道德现象。第二,即使 R^3 是哈曼所处社会的道德的最好解释,也不意味着它是任何道德的最好解释。比如,它未必就是寡妇殉夫道德的最好解释,寡妇殉夫很难说是妇女和男人隐性谈判的结果。第三,即使 R^3 是对某些道德现象的最好解释,也不意味着任何道德都是建立在隐性谈判的基础上的,因为最佳解释并不意味着解释者一定是正确的。正如上帝的存在也许能够为不应当在安息日工作的道德提供最好的解释,但这并不意味着上帝的存在就一定是真实的。①

三、问　题

一个理论的论证不成立并不等于该理论不成立。因此,尽管哈曼的论证有问题,但他的理论也许是正确的。为了反驳他的道德相对主义,我们需要直接的理由来说明他的理论为何不成立。

首先,任何相对主义的理论都将道德的规范性或应然性的要求仅仅归结为人们主观的看法,哈曼的道德相对主义也不例外。然而,仅仅将道德的应然性归结为人们主观的看法是难以成立的,即使是归于多数人的看法也难以成立。即使希特勒的德国达成了对犹太人实行种族灭绝政策的共识,这也不意味着这种政策道德上就是正确的。即使印度的某些地方曾达成寡妇殉夫的共识,这也不能证明这种习俗就是正当的。仅仅人们主观的看法,不论个人的,还是群体的,都不足以构成道德合法性或合理性的基础。我们可以设想一个人认为强奸是道德的,这并不会因此而使得强奸真就变成是道德的,不论是对他还是对其他人。一个人的看法不会使一个行为(如强奸)成为道德或不道德的充分的依据,同样,两个人的看法,三个人的看法,乃至更多人的看法,也不足以使"强奸"成为道德的行为。因此,决定道德规范性或合法性一定还有独立于人们主观愿望以外的东西。人们在道德哲学和政治哲学的讨论中往往自觉或不自觉

---

① 以上反驳意见源于 Bruce Russell 关于哈曼道德相对主义的讲义(1990,1995)。

地仅仅诉诸人们的意见,尤其是多数人的意见。这种诉诸"民意"的合理性依赖于许多前提性的假设的合理性,如假定绝大多数的人都是理性的、知情的或自利的,即对自己的利益有着正确的认识等。如果这些假设不成立(在现实中这些假设常常不成立),则诉诸"民意"的结果极可能对社会的每一个人或大多数人都不利。在这些假设成立的情况下诉诸民意或共识实际上并不是将道德的合理性仅仅归于人们的共识,而是诉诸共识以外的客观的东西。民意只是测定共识以外的客观因素的间接手段而已。人们主观的看法决定一个选择的合理性总是有条件的。在有些情况下,人们主观的愿望或看法在决定行为的合理性方面具有决定性的意义。比如,在不同的菜肴中选择一份所喜爱的,我的主观愿望通常足以构成我选择其中一份的理由。但这种情况并非是无条件的,它不能违背客观利益的要求。比如,如果我患有糖尿病,但我偏偏选择甜酸鸡,这种情况下,我的主观愿望就不能构成我选择的充分的理由。客观上不正确的东西,无论诉诸什么样的民意,多大的民意,都无法使其成为正确的东西。

其次,存在着普遍的道德要求,存在着不以人们主观意志或看法为转移的客观的道德评价标准,而只要存在着这种客观的标准,哈曼的道德相对主义就难以成立。道德评价的客观标准不必是一元的(如康德主义或功利主义),可以是多元的(如罗斯的初始义务论)。多元的价值原则的应用可以依不同地区不同条件而有所不同,但这种应用的多样性并不能否定它们的客观性。就像机械力学的规律不止一条,但依然是客观的、不以人们意志为转移的。我们可以运用机械力学的定律设计不同式样,甚至不同安全系数的汽车,但汽车样式的多样性或力学应用的多样性并不能否定力学定律的客观性。道德的客观性有多种多样的表现,其根本特性则是不以人们的意志为转移。如人有自保的权利,这一权利同时也意味着人们有不伤害他人的义务。这种权利和义务是不以人的意志为转移的。哈曼将这种权利和义务仅限于一个群体的内部是难以令人信服的,比如,他认为朱迪思·汤姆森(Judith Jarvis Thomson)所列举的普遍的道德原则"在同等条件下,一个人不应虐待婴儿至死以从中取乐"仅适用于

"内部的人",这一解释不仅令人难以信服,而且显得相当的"古怪"。①
按照这种逻辑,制造屠杀越南美莱无辜村民惨案的威廉·卡利就不必道
歉了,但这显然是无法接受的。即使道德或某些道德要求是人们隐性谈
判的结果,这也不意味着这种谈判以及结果就没有任何客观评价的依据,
如公平的原则,非强制的原则等。在同等条件下,10 个人怎样分配一块
蛋糕? 只要不诉诸丛林规则和暴力,合理的分配只能是公平的、平均的分
配。这是客观的,不依任何一方的意志为转移的。哈曼曾举休谟的划船
的例子来说明人们的价值观是通过不断的隐性的讨价还价和调适而形成
的。两个划船的人必须不断地相互适应以寻找适合二者的划桨频率。②
但这并不能说明道德不是客观的,不论他们怎样调适,他们必须保持同样
的频率依然是客观的,不依他们的意志为转移的。事实上,人们在进行道
德判断的时候,不光是表达了赞同或否定某个行为的情感,而且由于涉及
人们的利益,人们也同时表达了希望对方接受自己判断的要求。比如,
"作弊是不道德的"这一判断不仅表达了判断者对作弊的反感,而且也表
达了希望他人不要作弊的愿望和要求。相反的道德判断必然会导致情感
和行为的冲突,而解决这种冲突最好的非暴力的方法便是诉诸独立于各
方的愿望和利益的某种"客观的"原则。这正是人们一直寻求客观的道
德原则的根本原因之所在,也是难以否认道德原则的客观性的原因之所
在。哈曼试图否认这种原则存在的可能性,结果只能使自己陷入某种难
以自圆其说的困境。比如,他一方面认为我们不可以对另一个道德框架
里的人进行内心的道德判断,但另一方面又认为人们可以对希特勒、外星
人、谋杀公司进行另一种意义上的应然性判断或道德判断,但这种另一种
意义上的道德判断的道德框架又是什么呢? 哈曼语焉不详。一方面他似
乎认为道德的有效性最终是由并仅由人们的共识所决定的,但另一方面
他又认为人们的共识是通过隐性的讨价还价所达成的,这种讨价还价似
乎必须依据某种独立于人们主观意见的因素,如公平性,非强制性等,而

---

① 参见 Harman and Thomson, *Moral Relativism and Moral Objectivity*, p. 10。
② 参见 Harman and Thomson, *Moral Relativism and Moral Objectivity*, p. 22。

承认这些因素在讨价还价中的作用,就会和他的命题 R^2 发生矛盾。

最后,如果哈曼的道德相对主义是正确的,那么不同文化的人或同一文化不同观点的人之间的批评,甚至他们之间的道德分歧的表达都变得不可能,因为他们的道德判断从逻辑上不可能是互相矛盾的。比如,甲认为"x 是道德的",意思是说"x 相对于道德框架 M_1 是道德的",而乙认为"x 是不道德的",意思是说"x 相对于道德框架 M_2 是不道德的"。这两个判断可以同真,因而不是互相否定的。这样,相对主义者之间似乎无法表达他们之间的道德分歧,甚至从不可能产生真正的道德分歧,这和我们的直觉完全相悖。哈曼不否认相对主义者之间可以产生真实的道德分歧,但他面临如何表达这种分歧的困境。他认为人们之间的道德分歧实质上是对采用不同道德框架的情感态度的分歧。比如,素食主义者和非素食主义者可以将彼此间的分歧不是表达为"饲养动物为食相对于 M_1 是道德的"和"饲养动物为食相对于 M_2 是不道德的",而是直接表达为一种道德上的讨价还价:究竟是采用 M_1 还是 M_2?这更像是一种行为选择上的讨价还价,而非某个具体行为的应然性的争论,就好像两个正在就一栋房子的价钱讨价还价的人可以说他们的分歧是在于要房价如何,而非房价应当如何。① 为了更好地表达相对主义者之间的根本分歧,哈曼认为我们可以将道德相对主义的语言翻译成为某种可以判断真假的语言,这样,不同观点的相对主义者也可以进行交流、争论。道德相对主义可以采纳一种准实在论(quasi-realism)或准绝对主义(quasi-absolutism)或投射主义(projectivism)的语言来表达彼此的根本分歧。一个道德相对主义者将他或她的道德框架投射到世界,仿佛所投射的道德就是一个单一的真实的道德世界,然后采用实在论的语言来表达他们情感态度上的分歧,即甲可以说"饲养动物为食是错误的",乙可以说"饲养动物为食不是错误的",而不用采纳无法表达分歧的相对主义的语言。当然,道德相对主义者这样做只是权宜之计,只是为了使真实的道德分歧及其表达成为可能。当然,批评者会说,这样的做法只是让人们仿佛在争论! 但这种仿佛争论是

---

① 参见 Harman and Thomson, *Moral Relativism and Moral Objectivity*, p. 32。

有价值的,因为它可以有助于人们表达彼此的情感态度上的分歧。当甲说以食为目的饲养动物是错误的,甲不过是表达了她赞同禁止这种行为的道德规则的态度。乙说以食为目的饲养动物不是错误的,乙不过是表达赞同并不禁止这种行为的道德规则的态度。这两种态度是可以彼此冲突的。因此,采用准绝对主义的术语表达相对主义者之间的分歧是可能的。但这种分歧归根到底不是事实判断的分歧,而是态度的分歧。如,素食主义者甲和非素食主义者乙都不会否认按照甲的价值观,饲养动物为食道德上是错误的,但乙不会接受用准实在论的语言所表达的"饲养动物为食道德上是错误的"这一判断为"真"。那么怎样给"饲养动物为食是错误的"指派真值条件? 哈曼认为甲和乙可以依据各自的标准给出上述陈述的真值条件,但这些真值条件依然不是客观的,而是主观的。① 这样即使相对主义者可以借助实在论的语言表达彼此的分歧,但由于真值条件是主观的,他们之间的有意义的、客观的批评依然是不可能的,这依然有悖于我们的常识。

尽管哈曼的道德相对主义也是一种契约论的理论,但由于它过于强调主观的约定在决定道德规范性要求中的作用,因而难以避免主观主义的种种困难。因此,在契约论的理论中,它的影响远不如其他的契约论,如哥梯尔的自利的契约论和斯坎伦的非自利的契约论,因为后面的两种理论更为明确地诉诸某种客观的考量,如缔约者的个人利益或他人无法合理反驳的理由等,因而更为合理。

第四节　布莱克本的准实在论

情感主义虽然能够说明道德话语的动态特征,能够说明道德话语何

---

① 以上详见 Harman and Thomson, *Moral Relativism and Moral Objectivity*, pp. 34－37, pp. 41－43。

以能够打动人,但却无法说明道德话语的适真性特征。但正是因为情感主义比摩尔等人的认知主义似乎能够更好地解释道德话语的动态特征(即道德话语的使用者具有相应的行动动机),许多西方哲学家不愿意放弃情感主义的基本立场。因此,如何能够沿着情感主义所开辟的非认知主义的道路继续前进,但又避免情感主义的问题? 这便是西蒙·布莱克本(Simon Blackburn, 1944—   )提出准实在论(quasi-realism)的主要用意之所在。

一、投射主义

准实在论和情感主义都是某种投射主义(projectivism)。投射主义认为我们关于行动和人的价值判断或评价性判断看似是对对象的某种属性的判断,其实不过是我们自己情感(情绪,反应,态度,赞许)的投射或对象化。比如,当一个人作出"一夜情是不道德的"判断时,他或她不过是将自己否定性的情感赋予了对象,将自己的情感"对象化"或"投射"到所判断的对象上,使得本来代表我们情感的谓词"错误的"看起来就好像真的是对对象的某种属性的断定。

至少有三种投射主义。第一种是"错论"(the error theory),主要代表人物是麦基(J. L. Mackie),其主要思想是:道德判断确实表达了命题,确实是对外部世界的断言,确实有真假,但它们不过是人们的错觉;人们以为"正确的"和"错误的"等谓词真的是对外部事物所具有的属性的判断,但真实的情况其实是:我们将自己的价值"投射"到世界之中,以为世界本身就具有这些属性,而世界本身并不具有这些属性。[①] 打个比方,佛教认为世间确有"因果轮回"、"善恶报应"、阿鼻地狱之类的事物,但在无神论者看来,这些都是无稽之谈,世界并无此类事物。麦基看道德,就好像无神论者看宗教一样。在麦基看来,所有的道

---

① 参见 J. L. Mackie, *Ethics: Inventing Right and Wrong*, Harmondsworth, U. K.: Penguin, 1977。

德判断或道德命题都犯了错误,都是假的,因为缺少相应的客观事实。麦基的理论也因此被称为"错论"。

第二种投射主义则以麦克道尔(John McDowell,1942—)的非自然主义的道德实在论为代表。① 按照麦克道尔的道德实在论,道德的属性类似洛克的第二性质或次性质(secondary qualities),它们并非错觉,而是类似于颜色、味道等第二性质的真实的属性,它们在外部世界中有着某种客观的根据,这些客观的潜在的特性(dispositions)②以某种方式影响着行动主体。但它们又不完全等于形状、位置等第一性质的属性,它们确实有着某种主观的成分。麦克道尔认为,正如我们无法理解对象的蓝色,除非将其看做是能够在主体心灵内部呈现蓝色的潜在的特性,同样,我们无法理解"好"的性质,除非我们将其理解为能够在主体心灵内呈现"好"的感觉的潜在的特性。在道德话语的使用过程中,我们将"好"、"价值"等属性投射到对象中去,就像我们将颜色等第二性质的属性投射到对象中去一样,没有任何的错误或错觉。我们理解道德事实的能力就和我们理解颜色的能力一样,都是在文化适应(acculturation)的过程中习得的。而一个人是否能够追求合乎德行的生活取决于他或她的这种理解道德事实的能力。

第三种投射主义则是非认知主义(noncognitivism),在投射主义的讨论中常常也被称为"表达主义"(expressivism)。情感主义、规定主义、规范表达主义以及准实在论都是属于这种投射主义。

---

① 参见 John McDowell, "Projection and Truth in Ethics", The Lindley Lecture, University of Kansas, 1987; reprinted in *Moral Discourse and Practice*: *Some Philosophical Approaches*, ed. Stephen Darwall, Allan Gibbard and Peter Railton, Oxford and New York: Oxford University Press, 1997。

② "disposition"并非我们直接可以观察到的属性,但又是真实存在的属性,亦可以译为"行为倾向"或"倾向";当指称主体心灵的特性时,也可以译为"心理倾向"、"行为倾向"等。

二、准实在论的主要观点

准实在论的基本观点包含两点：第一，伦理话语并不表达命题，即它们并非是对某种外部世界的断言；第二，伦理话语将我们的情感态度投射到对象上，仿佛对象真的具有我们所投射的属性。有些投射现象是合理的，有些则未必。① 而布莱克本试图证明道德属性的投射具有某种正当性或合理性，但又无须某种形而上学的假设。他试图证明，尽管道德谓词事实上并没有指称任何实在的属性，但它们所投射的属性依然具有某种现实性或实在性，我们依然可以合法地谈论道德话语的适真性特征。这便是他的投射主义被称为准实在论的原因之所在。

理查德·布兰特（Richard Brandt）曾对情感表达主义为代表的投射主义提出批评。② 他认为普通人对道德判断的看法和表达主义的看法相悖，普通人认为道德判断确实陈述了事实，确实有真假对错，比如"考试作弊是错误的行为"确实表达了一个真的、正确的命题，而"考试作弊是正确的行为"则表达了一个假的、错误的命题。当我们改变自己的道德观点时，我们确实认为自己以前的观点是错误的，而不仅仅是不同的观点。这和我们表达对食物的爱好不同。我们过去可能不喜欢吃辣的食物，但后来改变了，喜欢吃辣的食物了。我们并不认为以前的"爱好"是一种错误。可见道德判断不仅仅是情感的表达。而情感表达主义很难解释我们对道德判断的这种坚定不移的信念。布莱克本则试图解释我们为何认为道德判断具有事实陈述的特征，以克服布兰特的这一指责。

以往的实在论者往往都提出一个形而上学的假设，即假设有一个道德的世界以解释人们何以对道德判断的真假有着如此坚定的信念。但如何辩护这样一个形而上学的假设则遇到种种困难。布莱克本赞成情感表达主义的基本想法，认为道德判断确实是将我们主观的情感投射到对象

---

① 参见 Alexander Miller, *An Introduction to Contemporary Metaethics*, pp. 39–40。

② 参见 Richard Brandt, *Ethical Theory*, Englewood Cliffs, NJ：Prentice-Hall, 1959。

之中,但这种投射,这种虚拟,依然有着重要的意义。当持有不同观点的情感主义者在表达不同的情感时,他们的情感也会发生冲突,这种冲突最终会表现为行为的冲突。比如,一个人认为一夜情是错误的,一个人认为一夜情道德上是可以允许的。按照情感表达主义,他们分别相当于表达了"一夜情,呸!(请不要搞一夜情!)"和"一夜情,爽!(一夜情,没什么不可以!)"他们之间情感上的冲突是明显的。又比如,一个人如果说"吃哺乳动物,呸!吃牛肉,爽!"那么,人们可能认为此人逻辑上陷入混乱。怎样解决人们之间的情感冲突?怎样说明这种态度上逻辑的不一致?布莱克本认为我们最好将道德判断看成仿佛是真实的陈述一样。这就像上人体解剖课时,老师将人体解剖的图片投射到屏幕上,仿佛屏幕上真的就是人体的各个部位和器官,但屏幕上其实不过是投影,而非真实的人体。情感表达主义的共同体可以"发明一个对应于那一态度的谓词,将这些承诺仿佛当成是判断,然后利用所有那些辩论真理的自然的手段"。① 由于布莱克本赞成实在论的推理方式,但又不采用实在论的形而上学假设,故他称自己的理论为"准实在论"。

关于准实在论和实在论之间的区别还有一种说法,认为事物的属性可以分为两种。一种为自然属性,即可以产生因果作用的属性,如硬、热等。它们被称为实在的(real)属性。另一种被认为是不产生因果作用的属性,如数、模态、道德属性等,准实在论者将它们看做是"准"(quasi-)实在的属性。道德领域里准实在论和实在论的区别在于:准实在论认为道德属性是不产生因果作用的实在的、真实的属性,而实在论者则认为它们实质上和自然属性一样,可以产生因果作用。布莱克本承认道德属性的"准"实在的特征,故被认为是"准实在论"。②

---

① Simon Blackburn, *Spreading the Word*, Oxford:Clarendon Press, 1984, p.195.

② 笔者的这一解释来自布鲁士·罗素(Bruce Russell)2003 年秋季《20 世纪分析伦理学》关于准实在论的讲义。

三、支持准实在论的理由

支持准实在论的理由之一是：准实在论所代表的投射主义可以避免认知主义所带来的种种形而上学的和认识论上的困难。关于道德，除了人和自然的世界之外，投射主义无须任何超出它们之外的假设。"投射理论对世界所提出的要求不过是我们所知的存在——事物的日常特征，我们根据这些特征作出关于它们的决策，喜欢或不喜欢它们，害怕并避免它们，欲求并找出它们。它所要求的不过是：一个自然的世界，以及[人]对它的反应样式（patterns）。"①而认知主义或实在论则不同，它们必须假定存在着一个有别于其他事物的道德事实的王国以及解释我们如何意识到它们的机制。但如何辩护这些形而上学的假设，则会遇到相当多的困难。准实在论则无须这些假设，也无须将道德事实还原为自然的事实。准实在论对道德问题的解释比实在论的解释更容易为人们所理解，因此也更好。

支持准实在论的理由之二可以表达为一个"随附性论证"。所谓"随附性"（supervenience）是指的"道德的随附性"，意思是说，任何道德属性都伴随着或随附于某些自然属性。当我们作出一个道德判断，判断对象具有某种道德属性，而对象具有某种道德属性必定是因为对象具有某种自然属性。换言之，如果两个事物具有一模一样的自然属性，那么它们也应当有一模一样的道德属性。因此，如果你发现两个事物具有不同的道德属性，你也一定能够发现它们在自然属性方面的某种差异。道德属性对自然属性的这种随附性可以表达为如下两个命题的合取：

S1：必然地，两个在所有自然属性方面（即非道德的属性方面）完全一样的情景，在道德评价方面也都一样；且

S2：必然地，任何一个情景的道德评价或道德地位的变化总是

---

① Simon Blackburn, *Spreading the Word*, Oxford: Clarendon Press, 1984, p. 182.

伴随着事物的自然属性方面的变化。①

也就是说,道德评价的属性和事物或行动的自然属性之间有一种概念上的必然联系。几乎所有的当代西方哲学家都将上述命题作为概念真理或先验真理加以接受。任何伦理学的理论都不应违反上述命题所表达的客观事实或概念真理。

还原的伦理学自然主义(reductive ethical naturalism)可以直接解释S1 和 S2 为何为真。这种理论主张道德属性和自然属性是一回事,两套话语体系(道德的和自然的)指称的是同一个对象。如经典功利主义便是一例。按照经典功利主义,能够带来更多快乐或最大快乐的行动便是道德上正确的行为,反过来也是一样。前者可以用自然属性的话语加以表达,后者则是道德话语。这两套话语的用词虽然不同,但其实所指都是一样的。道德话语和自然话语之间的关系就好比"水"和"H_2O"之间的关系一样,用词不同,但所指却是一样的。伦理学的自然还原主义虽然可以很好解释S1 和 S2,但其主要问题是:迄今为止,似乎还没有一种道德属性和自然属性之间的等同能够得到普遍的承认。

布莱克本巧妙地利用了道德随附性的命题,一方面,反对了道德实在论,坚持了情感主义的立场;另一方面,也为准实在论作了辩护。虽然一个情景的道德属性随附于其完全的自然属性的描述可能是合理的(即如果两个行动为同一个自然的事件或过程,它们应当得到同样的道德评价),但一个完全的自然属性的描述未必必然导致相应的道德评价(即两个同样的道德评价未必必然导致同样的自然属性的描述)。按照布莱克本的看法,这是因为是否能够从相应的自然属性中引出道德的属性需要应用某些标准,这些标准的正确性无法通过纯概念的手段加以决定。②也就是说,从一个道德属性的判断,我们可以说,它依赖某个自然属性的

---

① 以上参见 Russ Shafer-Landau and Terence Cuneo (eds.), *Foundations of Ethics*: *An Anthology*, Malden and Oxford: Blackwell, 2007, p.433。

② 参见 Alexander Miller, *An Introduction to Contemporary Metaethics*, Cambridge, UK: Polity Press, 2003, p.54 和 Simon Blackburn, *Spreading the Word*, Oxford: Clarendon Press, 1984, p.184。

集合。我们不能违背随附性的要求。但从某个自然属性的集合,我们并不能断定它一定蕴涵某个道德属性,因为何为道德属性依赖我们的道德标准。所以,布莱克本说:"坏人很坏地应用道德标准(moralizing badly)",坏人的应用不同于好人的应用。假定 N 是对一个行为、事件或情景的所有的自然属性的完整的描述。一个人可以完全能够理解自然属性的完整描述所涉及的概念问题,但却依然可能从一个情景是 N 的判断,得出关于该情景的错误的道德判断。约翰逊(Lyndon B. Johnson)完全理解描述越南战争中使用凝固汽油弹的后果的自然主义的语言和概念,但他依然得出错误的结论,即凝固汽油弹的使用道德上是可允许的。约翰逊对于自然属性的描述以及有关概念没有任何的混淆,但他依然是一个道德上可鄙之人。

布莱克本如何利用道德随附性来支持他的准实在论的?这是因为准实在论可以比实在论等其他理论更好地解释随附性何以禁止所谓"混合的世界"。假设 N 代表完全的相关的自然属性,M 代表道德评价或道德属性。所谓"混合的世界"是指这样一种可能的世界,其中,某一行动或事态 A 是 N 并且是 M,另一行动或事态 B 是 N 但却不是 M。道德的随附性禁止这种混合的世界,因为道德的随附性要求:如果两个事物在 N 方面都是一样的,那么,它们在 M 方面也一定是一样的。但另一方面,道德的随附性允许这样一种世界,即在这个世界中只有一个个体,该个体是 N 但不是 M,因为,如上所述,道德的随附性仅要求:如果两个事物在 N 方面都是一样的,那么,它们在 M 方面也一定是一样的。由于后一种世界只有一个个体,故道德随附性并不排除这样的世界。①

布莱克本认为认知主义的实在论者很难同时解释道德随附性何以允许后一种世界,但却禁止混合世界的事实,这是因为对于一个实在论者(认知主义者)来说,存在着实际的、自成一体的道德事态,道德事态也许会,也许不会以某种方式分布于自然的事态之间。按照实在论,似乎存在着这样的情况:有些人是 N 并做正确的事情,有些人也是 N 但却做错误

① 以上参见 Alexander Miller, *An Introduction to Contemporary Metaethics*, p.55。

的事情,但不可能允许这些人来到同一个地方、同一个世界。如此,随附性以及对混合世界的禁止便成为了一个神秘的事实。实在论者对此完全无法解释。①

另一方面,布莱克本认为非认知主义的投射主义可以比认知主义(实在论者)能够更好地解释没有混合世界的事实。"当我们宣布我们所投射的道德承诺时,我们既不是对一组给定的道德属性的反应,也不是对它们的玄思。因此,随附性可以根据对恰当的投射的限定性条件得到解释。在投射价值谓词的时候,我们的目的可以要求我们尊重随附性。如果我们真的允许一个类似日常评价活动但却没有限定性条件的系统[准道德化的系统(schmoralizing)],那么,这将允许我们以道德上不同的方式来处理自然属性方面等同的案例。…… 那将使得准道德化的系统(schmoralizing)不适宜于指导实践活动的决策……"②布莱克本的意思是说,如果我们不对我们的"投射"(亦即情感的对象化)作出限制(如禁止混合的世界),也就是说,如果我们不尊重对混合世界的限制,允许某个行动 A 具有 N,另一个行动 B 也具有 N,但却允许 A 具有道德属性 M(如"可允许的"),但 B 却不具有道德属性 M(如 B 是"不可允许的"),那么这种准道德化的体系是无法有效指导我们的道德行为的,因为当某一行动 C 具有 N 时,我们无法知道究竟 C 是可允许的呢,还是不可允许的。

支持准实在论的理由之三则在于:准实在论保留了情感主义的优点,即道德判断是行动主体情感的投射,这样,作出一个道德判断就意味着判断者具有某种行动的动机,这样准实在论者比认知主义者能够更好地解释人们何以由于某种道德的信念而采取相应的行动。按照休谟的动机论,对理性行为的解释总是需要运用信念和欲望。如何解释出于道德理由的行为? 怎样解释张三不拿老师桌上的试卷的行为? 因为张三受到诚实的约束(张三承诺要诚实)。那么,张三的承诺表达了一个信念,还是

---

① 参见 Simon Blackburn, *Spreading the Word*, Oxford：Clarendon Press, 1984, pp. 185–186。

② Simon Blackburn, *Spreading the Word*, Oxford：Clarendon Press, 1984, p. 186.

某种情感、欲望? 如果仅仅是信念,那么,按照休谟理论以及认知主义的观点,我们需要补充一个欲望来解释张三的行为。但我们似乎并不需要这样的补充。张三的承诺本身似乎足以解释他的行为。如果张三的承诺表达的是某种情感、欲求,那么,我们又需要补充信念,即张三相信不利用机会偷试卷是一种诚实的行为,加上他对诚实的承诺,才可以解释他不偷试卷的行为。但这种补充信念的解释似乎也是多余的。而非认知主义的准实在论无须这类解释,因为在准实在论者看来,张三的承诺本身既是他的信念,也同时是他的欲求。因此,非认知主义的准实在论的解释更符合道德行为的实际情况。①

四、问题与启迪

撇开其理论论证细节中的种种问题不谈,布莱克本准实在论所面临的一个主要的诘难是由莱特(Crispin Wright)等人所提出来的。按照莱特等人的看法,由于我们的道德话语都是以陈述句的形式出现的,因此,我们的道德话语表面上有着一个实在论的结构。准实在论者试图证明这一结构是正当的,但又不想对实在论的形而上学作出让步。问题是,如果准实在论果真行得通、能成功,如果每一个看上去具有实在论特征的现象能够为准实在论者真心所赞同,那么,一个准实在论者如何能够和一个血统纯正的实在论者相区别? 用莱特的话说,布莱克本的计划面临一个两难的局面:要么,它无法解释道德语言的所有的实在论特征,在这种情况下,它失败了;要么,它成功地解释了道德语言的所有的实在论特征,"在这种情况下,它证明投射主义者最初想否认的所有的一切是正确的:所谓道德的话语真的是断言性质的,目的在于事实,如此等等"②。正是由于准实在论的这些问题,不少西方哲学家更为青睐道德实在论。

---

① 参见 Alexander Miller, *An Introduction to Contemporary Metaethics*, p. 56。

② C. Wright, "Realism, Anti-Realism, Irrealism, Quasi-Realism", in *Realism and Antirealism*, ed. p. French, T. Uehling, and H. Wettstein, *Midwest Studies in Philosophy*, Vol. 12, Minneapolis: University of Minnesota Press, 1988, p. 35.

第五节　道德实在论

准实在论者所遇到的问题,也是整个非认知主义以及投射主义所遇到的问题。[1] 这些问题本身则成为支持道德实在论的理由。事实上,由于西方哲学追求确定性的传统,绝大多数的西方道德哲学家,从柏拉图、亚里士多德,经普赖斯(Price)、哈奇森(Hutcheson)到西奇威克(Sidgwick)、密尔、摩尔等,都是道德实在论者。当代许多著名的英美哲学家也都是道德实在论者,如谢弗—兰多(Russ Shafer-Landau)、丹西(Jonathan Dancy)、雷尔顿(Peter Railton)、杰克逊(Frank Jackson)、博伊德(Richard Boyd)、斯特金(Nicholas Sturgeon)、布林克(David Brink)、麦克道尔(John McDowell)等。道德实在论有许多不同的版本,究竟怎样表征道德实在论也是一个极有争议的问题,因此很难用一句话将所有这些带有道德实在论标签的理论简洁地加以概括。比如,我们无法用是否承认道德判断是事实陈述来区别道德实在论和非道德实在论,因为"错论"也接受这一看法,但却是反实在论的。又比如,有些哲学家试图用是否承认道德属性的存在来决定一个人是否是道德实在论者,但这只是表达了道德实在论的一种特征,而非所有的特征。而且,即使否认道德属性的某种意义上的存在也未必就一定不是一个道德实在论者,如摩尔否认道德属性可以作为自然属性而存在,但他依然是一个道德实在论者。尽管如此,我们可以用一组命题来说明道德实在论的基本特征,这些基本特征将道德实在论与其他形态的伦理学理论区别开来。

---

[1]　非认知主义和投射主义概念上不是等同的。比如,"错论"就是属于认知主义,但也被认为是一种投射主义。

一、道德实在论的一般特征

道德实在论认为在这个世界上有一些事实可以帮助我们决定哪些行动是正确的,哪些是错误的,哪些是好的,哪些又是坏的。一个地地道道的道德实在论者一般会接受如下三个命题。①

语义命题:道德判断的主要功能是事实陈述,因此应当解释为对行动、个人、政策和其他道德评估对象的道德属性的断言;道德谓词所指称的就是道德评估对象的属性。道德判断所表达的道德命题是可以有真假的,认知者对道德判断所表达的道德命题可以有信念的认知态度。道德实在论者对道德话语的语义解释和非认知主义(如情感主义、准实在论等)的解释大相径庭,后者主张道德判断只是表达判断者的情感态度或承诺,而非事实陈述。道德实在论还主张道德判断的真值或道德事实是非认识的(non-epistemic),即不是可以为关于道德观察者或道德判断者的心理结构或关于他们的道德感的非道德的事实所取代。换言之,道德事实不同于其他类的事实,具有特殊性。比如,"我们应当采取这一行动"表达了一个道德的事实,这一事实似乎不同于"这一行动将给张三以他所需要的帮助"所表达的事实。道德实在论者对于道德事实的这种特殊性是否和某些自然事实相容,某些自然事实是否可以当做道德事实,意见不一。比如,如果我们采取这一行动,我们就会给某人以所需要的帮助。这是一个自然事实。但它和我们应当采取这一行动是同一个事实吗? 或者我们应当将其看成是道德事实(我们应当采取这一行动)的一个自然的根据,亦即看成一个使道德判断("我们应当采取这一行动")为真的自然事实?②

---

① 参见 David Brink, "Moral Realism", *The Cambridge Dictionary of Philosophy*, ed. Robert Audi, 2nd edition, 1999, pp. 588–589。

② 关于道德事实的特殊性以及道德实在论下面的两个特征,亦可参见 Jonathan Dancy, "Moral Realism", *Routledge Encyclopedia of Philosophy*, CD-Rom edition, 1998。

形而上学命题:道德实在论者主张道德事实或道德属性是存在的,也是客观的,它们独立于我们关于它们的任何信念或思想。一个道德判断是否正确不是由个人意见所决定的,甚至也不是由所有人的看法所决定的。我们不可能通过达成共识而使得一个行动成为正确的行动,就像我们不可能通过达成炸弹是安全的共识从而使得它们变得安全一样。

语义命题和形而上学命题的合取蕴涵有些道德判断是真的或正确的,从而将道德实在论和"错论"区别开来。有些道德判断事实上是真的这一命题有时也被称为是"真态命题"(The alethic thesis)。

认识论命题:为了避免道德怀疑主义,也为了避免陷入道德神秘主义,道德实在论者还主张道德事实是可以认识的,不仅有些道德信念是正确的(真的),而且我们有办法为道德信念辩护,或者说我们有办法认识道德事实,亦即道德知识是可能的。这也同时意味着我们对道德事实的认知是有可能出错的。当我们进行道德判断的时候,当我们决定什么是正确的,什么是错误的时候,我们有可能犯错。无论我们如何真心和小心地思考我们应当做什么,我们都无法保证一定会得到正确的答案。人们出自良心决定做什么和他们应当做什么不是一回事。

由于许多其他的不同的语义的、形而上学的和认识论的原则也都和道德实在论的上述命题相容,又由于道德实在论者之间对上述命题的理解和解释的不同,甚至对立,因此产生了形形色色的道德实在论。但总体上,道德实在论可以分为两大形态,即自然主义的道德实在论和非自然主义的道德实在论。从英美元伦理学发展的历史来看,非自然主义的道德实在论在先,主要是早期的道德直觉主义,以及发展到后来的麦克道尔的道德实在论。自然主义的道德实在论在后,主要是雷尔顿的还原论,杰克逊的分析功能主义和康奈尔学派的道德实在论。从地域上看,英国哲学家多为非自然主义的道德实在论者,而美国哲学家多为自然主义的道德实在论者。①

---

① 关于英美两种不同的道德实在论,参见 Jonathan Dancy,"Moral Realism",*Routledge Encyclopedia of Philosophy*, CD-Rom edition, 1998。

二、自然主义的道德实在论

自然主义的实在论者认为道德事实要么是自然事实,要么是自然事实的配置(configurations)。按照前者,道德事实就是自然事实。比如,如果我采取了这一行动,我将会帮助某人且不伤害任何其他的人。这一自然的事实也就是我应当采取这一行动的道德事实。按照后者,一个道德事实不会像一个自然事实那么简单,它可能是由一组自然事实的某种配置而成。效果主义或功利主义主张以行动的效果来决定一个行动的道德属性,比如,是否符合社会上绝大多数人的利益或是否能够最大限度增加社会幸福或福祉,而这种效果正是可以观察的自然属性,故效果主义或功利主义一般都被认为是自然主义实在论的一种。

按照自然主义的实在论,道德事实就是自然事实,而自然事实都是经验可观察的或可检验的,因此,道德事实和自然事实一样都是可以为人们所认识的,没有什么神秘难解的地方。和非自然主义的实在论相比,这似乎是自然主义实在论的一个优点,因为非自然主义实在论必须解释一个不同于经验自然事实的道德事实何以能够知道其存在,何以能够认识的问题。

支持自然主义实在论的主要理由和支持整个道德实在论的理由一致,即道德话语具有适真性的特征。英美的道德实在论者和情感主义者或投射主义者一样,都是从道德话语的某些特征开始其论证的。如前所述,道德话语不仅具有情感等动态特征,而且也具有适真性的特征,即它们至少表面上都是断言式的命题或判断,适合于用真值加以表达或评估。如道德判断"张三有遵守承诺的义务"至少表面上和"李四是一个男人"一样,都是事实陈述,都是对事物的断定。道德实在论者强调了道德话语的这一特征,认为我们应当认真对待事物最初向我们呈现的方式,因为事物本身可能就是如同它们向我们呈现的那样存在。道德实在论者拉斯·谢弗-兰多(Russ Shafer-Landau)认为所有的道德实在论者都认为当人们作出关于对错的判断之时,他们极力试图再现的是一个道德的实在

(moral reality)。① 道德判断在判断者看来也是有风险的、可误的。当我们面临一个困难的道德抉择时,我们尤其有一种如履薄冰的感觉。如果道德判断不是对事实的判断,不是适于用真值评估,我们很难解释我们为何有这种如履薄冰的感觉。

支持自然主义的道德实在论还有其特殊的理由,这一理由源自西方哲学在追求确定性认识的过程中所形成的一种逻辑经验的传统。任何对外部世界的本体论的断言都需要有原则上可以证实的事实依据,任何正确的或有意义的理论必须能够得到科学方法的检验,否则便和占星术之类的"伪科学"无异。这一看法反映到道德哲学中便是自然主义的理论。按照自然主义的理论,我们唯一应当相信的事实是那些得到科学支持的或至少和科学研究结果相容的事实。任何不能满足这一要求的"假定的事实"都不能算是真正的事实。这一看法成为提出和支持自然主义的道德实在论,成为将道德事实和经验上可检验的自然事实联系起来的重要理由。我们必须注意,自然主义的道德实在论和自然主义不是同一个概念,而是自然主义下面的一个子类。有些反道德实在论的非认知主义者也被看做是自然主义者,如准实在论者布莱克本。② 以富特(Philippa Foot)等人为代表的新亚里士多德主义也是一种自然主义,这是一种以美德为核心的自然主义(参见本书第一编第三章第六节),它或许和道德实在论是相容的,但和道德实在论走的似乎是完全不同的一条研究理路。

自然主义实在论者所曾经面临的问题主要是摩尔的"未决问题论证"所提出的问题。按照摩尔的论证,任何一个具有自然属性的对象是否是"好的"都会是一个未决问题,因此,我们无法用自然属性来定义"好"。然而,人们的认识中常常出现这样的情况:两个概念事实上都是指称的同一个对象,但对一个明白这两个概念的认识者来说,这两个概念之间的关系依然可能是一个未决的问题。比如,"水"和"H_2O"都是指称

---

① 参见 Russ Shafer-Landau, *Moral Realism: A Defence*, Oxford and New York: Clarendon Press, 2003, p. 13。

② 参见 Alexander Miller, *An Introduction to Contemporary Metaethics*, p. 53。

的同一个对象,它们二者之间的关系不可能仅仅通过对二者意义的分析来发现。我们可以想象,一个人完全能够理解二者,但依然想知道二者是否是一回事,即二者之间的关系对此人来说依然是一个未决问题。同样,道德属性和自然属性也许就是指称的同一对象,但人们依然有可能对二者的关系提出未决的问题,但这并不能说明二者事实上并没有指称同一对象。因此,伦理学的自然主义原则上依然是可能的。

自然主义道德实在论所真正面临的是另一个主要困难,即如何解释道德判断或道德事实所具有的那种"内在权威"(intrinsic authority)的特征。① 道德或道德话语似乎对我们有一种内在的权威,一种打动人或命令人的力量。当我们真诚地说"学术剽窃是一种不道德的行为",这句话对我们就有一种约束的力量。如果我们一方面真诚地说出这句话,另一方面又剽窃他人成果,我们内心就会有一种内疚感,否则我们就没有真正理解上面所说的那句话。道德话语的这种特征在情感主义者史蒂文森那里被称为"动态特征",② 也是指的摩尔的"未决问题论证"所揭示的纯描述性语言无法穷尽的规范性特征。这一特征似乎表明道德判断和判断者的行动动机之间有着某种必然的联系。而非道德话语,如对自然事实的断言通常都不具有这种打动人的力量。比如,"这朵玫瑰是红色的"就没有上述道德判断所具有的打动人的力量。

自然主义的道德实在论者似乎很难解释道德或道德话语的上述特征,因为他们将道德事实归于自然事实,而自然事实自身似乎很难有道德那种打动人的力量。自然主义实在论者处理这一难题的办法之一是否认任何事实具有所谓上面谈到的"权威"。道德是否能够打动我们取决于我们成长的环境和所受到的教育。如果我们缺少相关的关爱,道德事实就和自然事实一样,难以打动我们。知行是可以分开的。道德判断是认

---

① 参见 Jonathan Dancy, "Moral Realism", *Routledge Encyclopedia of Philosophy*, CD-Rom edition, 1998。

② 参见 Charles Stevenson, "The Emotive Meaning of Ethical Terms", *Mind* 46 (1937); reprinted in *Moral Discourse and Practice: Some Philosophical Approaches*, ed. Stephen Darwall, Allan Gibbard and Peter Railton, Oxford and New York: Oxford University Press, 1997。

知,是发现事实。事实本身不足以产生行动的动机。一个人是否为事实所打动与其说是取决于事实本身,还不如说是取决于一个人所在意的东西。因此,道德命令是假设性的、有条件的,而非绝对的、无条件性的(categorical)。

自然主义实在论的这种回答是以接受休谟式的动机论为前提的。按照这种动机论,仅信念或欲望都不足以导致一个人采取有意识的行动,只有二者同时作用才能促使一个人采取有意识的行动。道德事实是信念的对象,而仅对道德事实的信念还不足以导致行动,行动者还需要欲望。

无论是自然主义实在论者对道德"权威"的否认,还是休谟式的动机论,似乎都没有真正回答或解释道德话语的"动态特征"或能够打动人的情感特征。换言之,他们的困难在于如何解释道德话语所表达的道德事实的特殊性,如何解释道德事实既是自然的,也是道德的。他们的问题也正是非自然主义的道德实在论者极力想避免的。

三、非自然主义的道德实在论

非自然主义的道德实在论者多为英国哲学家。下面在谈到英国实在论者时,指的就是非自然主义的道德实在论者。他们和美国的自然主义实在论者恰恰相反,几乎否认后者所主张的一切。英国的实在论者认为道德事实不是自然事实,也不是自然事实的自然的配置。道德事实也许是自然事实的非自然的配置,但这完全是另外一回事情。自然事实可以成为支持道德事实的理由,比如,如果我们采取这一行动,某人便会得到所需要的帮助且不会伤害他人,这一自然事实可以成为我们应当采取这一行动的道德事实的理由,因此,自然事实和道德事实相关。英国实在论者认为,任何两个自然属性方面无法区别的情景道德上也一定无法区别。但这种道德属性的随附性远不等于说自然属性与道德属性就是一回事。

英国实在论者因此给予道德事实(比如,我们应当采取这一行动)更多的特殊性(distinctness),认为它们在形而上学的或本体论的意义上是有别于自然事实的。美国实在论者承认道德事实的特殊性,但由于他们将道德事实看成是自然事实,因此面临如何解释道德事实的特殊性、如何将特殊的道德事实和自然事实区别开来的困难。

如果道德事实不是自然事实,发现事实是如何的正常的方法对发现道德事实就是不充分的。那么如何发现道德事实? 英国实在论者往往倾向于说"看到一个行动是正确的",亦即对错之事与其说是规则的问题,不如说是事情在我们面前所呈现的本质。为了察觉对错,我们必须集中精力思考眼前情景的细节。英国实在论者否认道德判断就是将目前的案例归入某种道德规则。他们非常怀疑道德规则或原则的可能性。对他们来说,道德判断是一件将他们置身目前的案例之中,确认行动的理由并对这些理由作出反应的事情。这种认识或确认(recognition)不是知觉的,而是同时是认知的和实践的,一个人所确认的是行动的理由,亦即世界的规范性状态(应然状态)。

在对道德判断或道德事实的"动态特征"或"内在权威"的解释方面,英国实在论者和美国实在论者也是相反的。美国实在论者多半都是道德判断的"外在主义者"。他们认为道德判断(信念)打动人的能力(即改变一个人行为的能力)取决于某种完全不同于信念的心灵状态,即欲望。英国实在论者则多为"内在主义者"。他们主张一个道德判断自身就可以成为行动动机,无须另外的欲望。他们放弃正宗的休谟式的动机论。但在具体怎样阐述内在主义的思想上,英国实在论者之间有分歧。威金斯(D. Wiggins)和麦克道尔(J. McDowell)主张行动要求信念和欲望的结合,但在道德案例中,正是信念引导,而欲望随后产生。① 这和休谟的动机论不同,按照休谟的动机论,信念(理性)只能成为情感(欲望)的奴隶。丹西(J. Dancy)则认为信念自身就可以成为行动动机,仅仅认识到相关的行动理由就足以产生行动。他将欲望看成是被理由所打动的,而

---

① 参见 D. Wiggins, "Truth, Invention and the Meaning of Life" in *Needs*, *Values*, *Truth*: *Essays in the Philosophy of Value*, Oxford: Blackwell, 1987 和 J. McDowell, "Are Moral Requirements Hypothetical Imperatives?" in *Proceedings of the Aristotelian Society* supplementary Vol. 52 (1978): pp. 13–29。

不是打动其他的东西。① 以上两种观点都认为认识到行动理由或道德事实就足以构成行动动机,无须另外独立的欲望。问题是,由于休谟动机论的影响,人们通常都认为事实在动机方面是惰性的;确认它们是一回事,让意志去左右它们又是另一回事。怎样说明事实自身何以能够成为人们行动的动机是英国实在论者所面临的一个难题。英国实在论者麦克道尔试图通过诉诸"倾向性的价值概念"(dispositional conception of value)来解决这一难题。② 他认为道德属性或价值概念和颜色等第二性质的属性类似。颜色是一种倾向性的概念。以"红色"为例。所谓红色的对象就是具有能够在正常的条件下在我们身上引起某种经验(即红色感觉)的对象。红色就是指的红色对象中能引起特殊感觉经验的倾向性属性。价值概念和颜色概念类似。一个有价值的对象往往会在我们身上引起某种反应,某种意志的倾斜或倾向。价值(或任何道德属性)就是对象中能够引起我们意志相应反应的倾向性属性。在这种意义上,价值是主体依赖的(subject-dependent),但在某种意义上又是客观的,虽然不是那种完全独立于主体的"纯客观的"。普拉茨(Mark Platts)则直接否认休谟的动机论,认为信念并非动机上完全是惰性的。③ 以第一人称的痛感的判断为例。我认真地、真诚地、不开玩笑地相信"读海德格尔的书是一件极为痛苦的事情"。我的这一信念显然就包含了某种避开读海德格尔的动机,或讨厌读海德格尔的情感(这一情感本身可以成为我采取某种行动的动机),除非有着某种外部的强制性的因素迫使我不得不读他。这种动机或情感和我的上述信念有着某种概念上的内在的联系,如果我一方面说我相信上面的命题,另一方面我却没有上面提到的种种动机或情感,要么我不是真诚地相信上面的命题(如开玩笑),要么我就没有真正理解上面那句话。从另外一个方面看,即使是情感、态度的表达,如果真诚,也不太

① 参见 Jonathan Dancy, *Moral Reasons*, Oxford: Blackwell, 1993。

② 参见 J. McDowell, "Values and Secondary Qualities" in *Morality and Objectivity*, ed. T. Honderich, London: Routledge, 1985。

③ 参见 Mark Platts, "Moral Reality", in *Ways of Meaning*, London: Routledge and Kegan Paul, 1979。

可能不涉及信念。这从另一个方面说明信念未必就是惰性的。关于痛感的信念如此,对道德事实的认识和判断的道德信念也是如此。故,从实在论的立场上理解或解释道德信念以及道德事实何以能够打动人,原则上并无障碍。

第六节　荣辱感的主观性与客观性

毫无疑问,"荣辱感"是发生在道德主体内部的一种主观的情感。这种发生在道德主体内部的主观情感究竟是否具有正当性归根结底取决于这种道德感所依据的道德或道德规则本身是否具有正当性。当代西方伦理学情感主义理论的研究表明"荣辱感"所依据的道德规则本身似乎就是某种道德情感的表达:其一,这种情感始终是伴随着人们的道德话语和道德判断的实践的;其二,道德话语或道德判断的本质的、核心的概念,如好、正确与错误、应当与不应当等,都是具有情感意义的价值词汇,它们无法还原为纯描述性的、表达事实的话语,也就是说它们不是对自然科学意义上的或经验上的事实的断定;其三,当我们断言某事、某人或某行为具有某种道德属性时,我们其实是将我们主观的情感对象化,所判断的对象本身,至少经验上并没有提供任何事实依据让我们能够断言对象具有如此这般的道德属性。这种情况表明道德问题至少是不同于自然科学中的事实问题。问题是:这种不同是否表明道德问题纯粹是主观看法的问题,我们充其量只能依据人们之间的主观共识或多数人的主观看法?当代西方情感主义以及相对主义发展的经验教训告诉我们,如果道德的正当性(也包括"荣辱感"的正当性)最终仅仅只能归结为人们的主观想法,无论这种想法是个人的,还是集体的,那么道德的正当性似乎就会由于缺少客观的依据而陷入某种主观主义或相对主义,而相对主义正如我们前面所分析的,必然陷入主观主义或道德怀疑主义或道德虚无主义。如此,"荣辱感"的正当性就无从谈起。

因此,正确的"荣辱感"必须建立在某种客观因素的基础上。有些学者主张用主体间的道德共识来作为"荣辱感"的客观基础(这里所说的"客观基础"仅仅是相对于个体的意义上而言的)。但我们前面对道德相对主义的分析已经表明,仅仅主体间的共识并不足以决定道德上正确与否,将主体间的共识看成是"客观性"的基础在主观唯心主义者巴克莱(George Berkeley)那里都能找到踪迹。人们事实上相信某种行为是道德的并不足以证明这种行为客观上就是道德的。一种观念或原则事实上的普遍被相信和接受并不能说明被接受原则或价值观的合理性、正当性。我们不妨试想一下,即使人类普遍相信和接受了"贪腐"和"作弊"道德上是可允许的行为,也无法使它们真的成为道德上可允许的行为,正如西方的人们曾事实上普遍相信和接受地球是平的,但这并不能证明地球事实上是平的一样。当人们以主体间的共识作为某种看法正当性的时候其实已经预设了某种共识以外的因素,如主体必须是理性的、知情的等。问题是,如果道德问题有独立于人们主观看法的客观的依据,那么,这种客观的依据究竟是什么?

准实在论者试图从道德推理和道德论证的某种客观的需要中来寻找这种客观因素。当我们在表达对同一个对象相反的道德判断的时候,我们彼此都希望对方能够接受自己的观点。这种道德上的分歧是真实存在的,我们无法对这种分歧装聋作哑、视而不见,而这种真实的、客观存在的分歧要求有一种客观的(独立于双方各自利益或意志的)标准来解决双方之间的分歧。比如,谋杀公司的成员认为"谋杀是正当的",而"我们"认为"谋杀是不正当的"。这种分歧是真实存在的,无法通过"你好我好他也好"的办法来解决彼此的分歧。如果双方不希望通过丛林规则或暴力强制的手段来迫使对方表面上接受自己的判断,那么他们只能寻求一种独立于各自利益和意志的标准来解决彼此的分歧。准实在论者认为我们可以通过将我们的道德情感"投射"到客体对象上,让被对象化的情感仿佛具有实在的性质的方式,来满足我们寻求客观标准的愿望。但对实在论者来说,这种回答是难以令人满意的,因为它们只是一种虚拟的实在,而非真实的实在,犹如"望梅止渴"。

　　道德实在论则根据道德话语的另一个适真性的特征试图从形而上学（本体论）、认识论和心理学上为道德的客观性寻找依据。自然主义实在论者试图通过将道德和科学研究的自然对象联系起来的方法为道德寻找客观的依据。非自然主义实在论者则试图从人的心理反应机制上为道德寻找某种客观的依据。

　　我们认为在道德话语的情感特征和适真性特征背后真正起作用的是人们的利益以及人们之间的利害关系。正是因为道德的事情涉及人们的利益，人们情感上就不可能无动于衷。我们前面举了一个痛感信念的例子。第一人称的痛感信念之所以和"我"的行为动机和情感有着如此紧密的联系，正是因为"我"的疼痛涉及"我"自身的利益，我不可能无动于衷。这也说明人们的利益以及利害关系是客观存在的，是不依人们的意志为转移的。道德的核心部分应当是公平调节人们利益关系的行为规范。这种行为规范或行为规范的体系是否公平地处理了人们的利益关系是有着客观标准的，如果一部分人的利益没有得到公平的对待，则"不平则鸣"，他们或迟或早会挑战不公的道德体系，寻找一种更为"客观的"道德。换言之，得到辩护的核心道德通常应当是反映了社会的每个人切身利益的规则体系。违反这样的道德要求通常会导致每个人的利益受损，如诚信的要求。① 无视或违背这样的道德要求，整个社会将付出沉痛的代价。霍布斯对此早有证明：如果不对人们追逐个人利益最大化的行为进行约束，如果没有仁慈、忠诚、诚实、合作等价值观念的约束，社会就会陷入一切人对一切人的战争，而这是不利于社会中的每一个人的。这个论证的核心部分在当代决策论和博弈论的"囚徒困境"的讨论中得到了进一步的肯定。而那些最终得不到辩护的道德要求，要么和人们的切身利益无关，要么仅仅只是反映社会部分人的利益要求，甚至是牺牲一部分人的利益以保护另一部分人的利益的要求。而虚假的道德要求，如"宁

---

① 更多的这样的规则可参见 Louis p. Pojman，"A Critique of Ethical Relativism"，*Ethical Theory*：*Classic and Contemporary Readings*，ed. Louis p. Pojman，Belmont，CA：Wadsworth，2002，p. 47。

可要社会主义的草,也不要资本主义的苗"所代表的道德要求,对于一个健康和健全的社会来说是不可能长久的。认识的局限、社会习俗的惯性和既得利益集团有可能延缓对正当的道德要求或客观价值的接受和承认,但随着历史的进程,陈腐过时的观念终将会被大浪淘沙,和人们切身利益密切相连的客观的道德观念终将会被人们所接受,成为合理的社会和政治的基石。正是由于道德要求的客观性使得道德话语具有"适真性"(truth-aptness)的特征。当人们认为"贪污是不道德的"时,人们认为这一判断是真的,而相反的判断则是假的,这种真假是不依人们意志为转移的。道德判断虽然也有情感的意义,但这种情感的意义却是通过道德话语的适真性特征将人们的主观情感(愿望或要求)对象化或客观化到所判断的对象上,使得道德话语成为具有真值的判断,这种将"对错"的概念"对象化"或"客观化"本质上反映的正是人们利益的客观需要。

"荣辱感"是一种主观的情感,我们所需寻求的是具有正当性的"荣辱感",而正当的"荣辱感"就应当建立在反映人们的合理的利益诉求和公平调节人们利益关系的道德体系的基础之上。对这种反映人们合理利益关系的道德体系的辩护则是属于实践理性的范围。西方元伦理学中关于实践理性和道德合理性问题的研究值得我们借鉴。这方面的研究也可以看做是从另外一条非形而上学的路径来寻找道德的客观性或合理性的努力。这些都是我们下一章将要介绍的内容。

第 二 章

荣辱与实践理性[①]

对正当的"荣辱感"的辩护最终会涉及对实践理性或行动理性的考察。这方面西方哲学家自柏拉图以来做了大量的工作。当代英美道德语义学的发展揭示了道德话语包含有事实话语所无法穷尽的成分。这一事实表明伦理学所要求的理性和自然科学所要求的理性是有所不同的。支持人们行动的理由是不同于支持人们信念的理由的。因此,对道德的辩护和自然科学中对科学理论的辩护是有所区别的,这种区别便是实践理性和认识理性之间的区别。西方哲学家对实践理性的考察是从对道德话语中无法为事实陈述所穷尽的成分的考察开始的。他们将这一成分概括为"规范性"或"应然性"。对"规范性"或"应然性"的分析导致对行动理由和实践理性的考察。他们试图寻找支持道德行为和规则的行动理由,试图寻找某种方法来说明道德行为的合理性和优先性,使道德君子更为坚定自己的行为和信念,使普通民众在乎道德的理由和要求,使不道德的小人幡然悔悟、"立地成佛"。西方道德哲学家在实践理性方面的研究成

---

① 本章的部分内容选自陈真的《当代西方规范伦理学》(南京师范大学出版社,2006年)第二章、第八章、第九章和已发表的论文:《实践理性和道德的合理性》,《华中科技大学学报(社会科学版)》2003 年第 4 期;《论道德和精明理性的不可通约性》,《求是学刊》2004年第 1 期(作者现在将"精明理性"(prudence)译为"自利理性");《哥梯尔的"协议道德"理论评析》,《河北学刊》2004 年第 3 期;《斯坎伦的非自利契约论述评》,《世界哲学》2005 年第 4 期。笔者(陈真)根据本书的目的做了必要的改动和增删。

果,对于我们区别"荣辱感"的应然与实然,对于我们认识正当的"荣辱感"的实践理性基础,具有重要的借鉴意义。

第一节 道德与理性的困惑:盖吉兹之环

西方哲学家对道德的理性的辩护从柏拉图时代便已经开始。他们争论的核心问题是:"为何要讲道德?"尤其当道德的要求和行动者个人的利益发生冲突时。他们为道德或道德的应然性和规范性提供辩护的主要依据之一便是所谓"自利理性"(prudential rationality)。按照自利理性的要求,一个行动得到理性的辩护,当且仅当它符合行动者自身的利益。当一个行动符合行动者的利益时,该行动便具有应然性。问题是,这种自利理性所推导出来的应然性是否和道德要求的应然性一致? 西方哲学家面临种种困惑。这种困惑最先表现在柏拉图的《国家篇》(旧译《理想国》)中。

在《国家篇》第二卷的开篇中,苏格拉底和格劳孔(Glaucon)有一段对话,讨论正义(可以理解为道德)①究竟是否有内在的或自有的价值。苏格拉底认为正义有内在的价值,而且做一个正义之人对正义之人本身也是有价值、有好处的,而格劳孔则表示怀疑。他认为正义之人不过是畏惧外部的惩罚,故而表现正直。如果正义真的有固有的价值,在没有外部压力的情况下,正义之人应该依然表现正直。格劳孔讲了一个关于盖吉兹之环的故事。②

① 在古希腊,"道德"一词以及相关的概念还没有出现,但我们现在可以将当时所说的"正义"大致理解为今天的"道德",将正义之人理解为道德之人。

② 在《国家篇》第十卷中,苏格拉底将传说中的这个魔戒称为"盖吉兹之环"(见 Plato, *Republic*, 612b),也就是说,属于盖吉兹本人,而非盖吉兹的祖先。但盖吉兹的祖先也叫盖吉兹,故西方哲学文献或教材中一般也将这个指环称为"盖吉兹之环"。当代西方哲学家 David Copp 在转述柏拉图《国家篇》中的这个故事时,也将牧羊人称为"盖吉兹"。见 David Copp, "The Ring of Gyges: Overridingness and the Unity of Reason" in *Social Philosophy & Policy*, Vol. 14, no. 1, Winter 1997, p. 88. 陈真在《当代西方规范伦理学》一书中曾将故事中的牧羊人称为"盖吉斯",现据新华社所编的《世界人名翻译大辞典》改译为盖吉兹。

传说吕底亚的盖吉兹的祖先是一位牧羊人。有一天他在牧羊的时候,电闪雷鸣,地上忽然裂了一个大口子,现出一个巨大的洞,洞里有一个空心的铜马,铜马身上有个门。牧羊人走下深洞,打开门,发现里面躺着一具尸体,手上戴着一只金指环(即金戒指),他于是取出戴在手指上。在一次聚会时,他无意中发现,只要他将指环往里转几下,他的身体就看不见了,往外反转几下,又恢复正常。他发现这个秘密之后,自告奋勇当信使去向国王报告牧羊的情况。结果,他利用魔戒勾引了王后,并和王后合谋害死了国王,篡取了王位。格劳孔认为,如果有两个同样的指环,一个给正义之人,一个给不正义之人,由于正义之人再也不用担心做了不正义的事情会受到惩罚,他的行为和不正义之人不会有两样,都会是利己的、不正义的。① 格劳孔试图证明正义(道德)并没有内在的、自有的价值。真正有内在价值的东西,真正代表终极价值的东西只是行动者的个人利益。

盖吉兹之环的故事表明道德的行为未必总是符合行动者的个人利益,而符合行动者个人利益的行为又未必总是道德的。由于西方自柏拉图以来便有一个传统,认为凡是道德的都应当是合乎理性的,凡合乎理性的都应当是符合行动者的个人利益的。对西方的学者来说,格劳孔关于盖吉兹之环的故事提出了一个让他们感到头痛的问题,即如何证明道德的行为是合乎理性的行为。这个问题也可以表述为关于道德与理性的困惑:人们总是希望自己的行为既符合理性又符合道德,因为道德的行为如不符合理性,看上去就像是傻瓜或疯子的行为。而理性的行为如不符合道德,看上去就像是魔鬼的行为。让人们感到困惑的是:人们的行为并不能总是既符合道德又符合理性。在这种情况下,人们究竟应该怎么办呢?

由于人们既不想成为魔鬼,也不想成为傻瓜,大多数的西方哲学家认为道德与理性总是一致的,或者说应该是一致的,但为什么一致,答案却各有不同。有的西方哲学家认为,如果我们能正确地理解道德与理性的含义,就会发现道德与理性总是一致的。有的认为,当道德与自利理性冲突时,道德的理由总是优于自利的理由,后者服从前者,这样道德和自利

---

① 参见 Plato, *Repubic*, 359d—360b。

理性在道德的基础上统一起来。有的认为,当道德与自利理性冲突时,自利的理由总是优于道德的理由,道德服从自利理性,或者说与自利理性相冲突的道德要求不应成为道德的要求,这样道德与自利理性在理性的基础上统一起来。但总体说来,西方哲学中一个主流的传统则是试图将道德建立在自利理性的基础上。霍布斯(Thomas Hobbes,1588—1679 年)则是近代最早进行这方面尝试的哲学家。他的有关论证以及社会契约论的影响一直延续到今天。

第二节　霍布斯的社会契约论

在霍布斯之前,人们多认为道德规则体现神的意志。而霍布斯则认为,社会、政府、法律和道德或正义实际上是由人所创造的,和神的意志无关。道德或正义并非人类社会一开始就具有。他将道德产生之前的人类状态称之为"自然状态"。

在自然状态中,没有主权或警察等国家机器,人们处于无政府状态,也不存在着什么不道德或不公正的事情,因为根本就不存在道德或公正。即使是弱肉强食也不是不道德的。在自然状态下的所谓美德,除了暴力和欺诈,别无其他。由于人们之间身心上的强弱之别并不能使强者感到安全,因为弱者可以运用密谋或联合他人对付强者,因此人们身心两个方面的能力本质上是相等的。又由于人们都是自利的(霍布斯认为为了生存和自保的自由活动是人们的自然权利,而"禁止人们去做损毁自己的生命或剥夺保全自己生命的手段的事情"[①]则是自然法则),为了争夺有限的资源和食物,这些具有相同能力的人必然陷入"每一个人对每个人的战争。"其结果,"人们不断处于暴力死亡的恐惧和危险中,人的生活孤

---

① 参见霍布斯:《利维坦》第 14 章。黎思复、黎廷弼译,商务印书馆 1985 年版。

独、贫困、卑污、残忍而短寿。"①由于这种状态对每个人都是不利的,自利的人们为了避免这种对每个人都不利的状态(或者说,为了共同的、相互的利益),坐下来谈判,达成协议或契约,以结束一切人对一切人的战争。这就是道德或正义的起源。

但如果没有公权或国家机器来保证或强制人们遵守契约(道德)从而使人们能够期望他人也和自己一样遵守契约,则契约就不过是一纸空文。因此,人们放弃对一切事物和自治的权利(这种权利是他们在自然状态下就有的一种自由的权利),将自己交给主权者或公权,即政府或国家机器,以换取后者的保护,这种保护包括对不遵守契约者的惩罚,以迫使每个人必须遵守已订的契约,从而保证共同利益。这种基于自身利益所达成的、反映共同利益并且得到公权保护的契约就是道德或正义。②

人们为什么要服从这种契约(道德和法律)?人们所达成的契约何以能够使一个行动成为道德的行动?怎样解释或证明这种契约的应然性或合理性从而证明它是我们应遵守的道德规范?霍布斯提出两条理由:

第一条理由是"所订信约必须履行"③,即人们有道德义务遵守他们所同意或认可的契约。但为什么人们有道德义务遵守他们所同意或认可的契约呢?如果这条道德义务源于订立契约之先,这就有违霍布斯契约论本来的观点,即立约之前的自然状态并无任何道德义务。如果这条义务在立约之后,如果这条义务也是人们所达成的契约之一,则霍布斯的这条理由就有"预设结论"或"循环论证"之嫌。按照霍布斯的看法,道德(包括其应然性)的唯一来源是契约或协议。为了证明"所订信约必须履行"是一条道德义务,霍布斯只能说这条义务来自契约或协议。但契约为什么能使一条原则成为义务正是他所需要证明的。而霍布斯的这条理

---

① 以上均见霍布斯:《利维坦》第 13 章。黎思复、黎廷弼译,商务印书馆 1985 年版。

② 在霍布斯看来,公权或政府的合法性不是来自它如何获得权力,而是来自它是否能够有效地保护那些已经自愿服从它的臣民,这种合法性随着它提供的保护的终止而终止。

③ 霍布斯:《利维坦》第 15 章。黎思复、黎廷弼译,商务印书馆 1985 年版。

由则将需要证明的东西预设在前提之中，这就犯了"循环论证"的错误。①

霍布斯证明契约应然性或合理性的第二条理由是，遵守契约、遵守正义规则符合立约者的长远利益，亦即符合自利理性。② 因此，理性的人们必须服从或遵守契约。但第一，自利理性似乎并非唯一的理性原则。换言之，即使不符合自利理性原则的行为也未必没有合理性。第二，反映合作利益的道德原则或契约似乎无法完全还原为自利理性的原则。也就是说，合作利益无法还原为合作各方的个人利益或个人利益之总和。仅凭自利理性似乎无法为道德契约的应然性提供充分的说明。霍布斯所面临的这一困难充分地表现在所谓"集体行动的问题"之中。

达沃尔将集体行动问题定义如下："在给定他人的行动的条件下，每个人追求他自己的利益其结果也许会使他们的实际利益得到最大的提升，但这并不意味着所有的人追求他们自己的利益，而不是按照某种非利己的原则行动，其实际的结果都会导致所有的人的（甚至任何人的）利益得到最大的提升。当情况并非如此，当对个人利益的集体追求导致各方更糟糕的情况时，我们就面临着所谓集体行动的问题。"③

集体行动的问题在"囚徒困境"的情景中得到了最好的说明。"囚徒困境"是博弈理论中的一个特殊情景，囚徒或行动者必须在仅有的两种行为中选择最合理、最有理由的行动。假定有甲、乙二人因抢劫被警察抓进监狱。二人事先约定必须守口如瓶。地方检察官告诉他们：如果一方坦白，一方守口如瓶，则坦白者释放，守口如瓶者判刑10年。如果双方都守口如瓶，双方各判1年。如果双方都坦白，则各判5年。假定甲乙任何一方无从知道另一方的决定，在这种情况下，甲或乙必须决定究竟采取什么样的行动（坦白交代或守口如瓶）才最合乎理性。

如果从每位囚徒本身利益出发，按照自利理性行事，他都最有理由坦

---

① 参见 Emmett Barcalow, *Moral Philosophy: Theories and Issues*, 2^(nd) edition, Belmont, CA: Wadsworth, 1998, pp. 175–177。

② 参见霍布斯:《利维坦》第15章。

③ Stephen Darwall (ed.), *Contractarianism/Contractualism*, UK Oxford: Blackwell, 2003, p. 2.

白交代、出卖对方。然而,双方都出卖对方的结果(各判 5 年的监禁)比双方都合作即守口如瓶的结果(各判 1 年的监禁)更糟。也就是说每个人如果都按照自利理性行事,其结果对双方都不利。这正是上面所提到的"集体行动的问题"①。为了避免这一问题,双方合作似乎就成了唯一的出路。然而,合作即守口如瓶的问题是:如果另一方不合作,则合作总是对合作的一方不利,因而这种合作所带来的利益就不复存在,合作也就失去意义。

"囚徒困境"表明,人们如果想合作或遵守合作的规则(整个道德体系可以看成是这种合作规则的集合),就必须放弃追求各自的利益。而集体遵守规则比每个人各自追求自己的利益能够更好地提升每个人的利益。问题是,如何根据自利理性说明这种合作利益始终压倒个人利益?建立在合作利益基础上的道德原则始终压倒基于个人利益的理由? 这正是当代自利契约论者哥梯尔(David Gauthier)所作的工作。

第三节　哥梯尔的自利契约论

哥梯尔在《协议道德》一书中,试图从个人利益出发,即从自利理性的原则出发,推导出道德的原则。这样的道德当然完全符合自利理性。具体地讲,哥梯尔极力想证明:第一,有理性的个人在相互交往中,遇到类似"囚徒困境"情景中的次佳化问题时,愿意接受公正的、不偏不倚的限制性条款(即道德的原则),用以限制个人无止境地追求个人利益,从而避免次佳化问题,并实现共同的利益。第二,一旦达成限制性条款或协议,各方遵守条款或协议是符合理性的,即符合各方的个人利益的。第三,在形成关于如何分配合作利益的协议时有两条原则必须遵守:其一,

---

　　①　在博弈论中,"集体行动的问题"又叫做"次佳结果的问题"("The problem of suboptimal outcome")。

洛克条款,即禁止在谈判之初损人利己,使对方处于不利的谈判地位,而使己方处于有利的谈判地位;其二,最小最大相对让步原则,即关于分配合作利益的协议或公正的限制性条款仅当它使各方的最大相对让步减至最小时才是可接受的。第四,这些限制性的条款就构成了和日常道德不同的理想道德的原则。就道德能否从自利理性中推导出来的问题而言,前两项任务最重要。那么,哥梯尔是否完成了前两项任务呢?

哥梯尔称他所采纳的理性理论为"最大限度的理性概念"(the maximizing conception of rationality)。按照这一概念,如果采纳行动 A 能够最大限度地实现行动者甲某所选择的目的,甲某就有充分的理由采取行动 A,即甲某采取行动 A 是符合理性的。① 哥梯尔对甲某所选择的内容毫无限制,故可以包含许多不同的理性原则。甲某可以选择个人利益作为其行动的最终目的,也可以选择共同利益作为其行动的最终目的。这两个目的是不同的,故所代表的理性原则也不同。而哥梯尔想证明行动者选择共同利益作为最终目的更合乎理性。众所周知,在"囚徒困境"的情景中,不合作、告密、违反协议最符合行动者的个人利益。哥梯尔认为,在这种情景下,选择个人利益为最终目的的行动者会面临一个问题:合作、遵守协议能够产生"合作盈余"(a cooperative surplus)(即合作所产生的利益大于或不小于不合作给各方所带来的利益)②,而不合作、违反协议却不能。哥梯尔认为这足以让追求个人利益的行动者感到不安。这就迫使他们达成协议,同意对个人无限追求个人利益的行为加以限制。哥梯尔的论证可以表述如下:

前提一:如果合作能够产生合作盈余,理性的最大限度追求者就有充分的理由接受合作的协议,以限制他们无限追求个人利益的行为。

前提二:合作能够产生合作盈余。

---

① 参见 David Gauthier, *Morals by Agreement*, New York: Oxford University Press, 1986, p. 22。

② 参见 *Morals by Agreement*, p. 141。

　　结论:理性的最大限度追求者有充分的理由接受合作的协议,以
限制他们无限追求个人利益的行为。①

这是一个有效的论证,即前提真,结论一定为真。对前提一,我们毫无异
议,因为如果合作能够保证,合作盈余也能得到保证,这将符合每个行动
者的个人利益,理性的最大限度追求者当然有充分的理由合作。问题是
前提二是否为真。合作盈余的实现取决于合作能否实现和保持。合作能
否实现和保持取决于行动者有无充分的理由遵守协议或保持合作。如果
行动者并无允足理由遵守协议,保持合作,那么合作就无法实现。而合作
盈余就只能是"水中月,镜中花"。因此,关键在于遵守合作协议能否得
到保证。如果能,遵守协议就符合理性,则合作以及合作盈余就能实现。
反之,遵守协议则不符合理性,合作或合作盈余就无法实现。

　　霍布斯解决协议遵守问题的办法是设立一个具有绝对权威和力量的
君主或政府来迫使各方遵守合作协议。哥梯尔不满意这种解决方案,他
想证明:单凭理性的力量,无须任何外部的力量,就足以证明遵守协议的
合理性。为此,他引进了一个新的理性概念,即"有限制的最大限度"
(constrained maximization)。哥梯尔认为有两种"最大限度"的理论:直截
了当的最大限度(straightforward maximization)和有限制的最大限度。它
们可以分别定义如下:

　　　　直截了当的最大限度理论认为:甲某有充分的理由采取行动 A,
　　当且仅当,采取行动 A 能最大限度地、最大可能地实现甲某基于个
　　人利益的选择。

　　　　有限制的最大限度理论认为:甲某有充分的理由采取行动 A,当
　　且仅当,采取行动 A 符合合作协议,并且协议各方遵守协议,即使采
　　取行动 A 并不能最大限度地实现甲某基于个人利益的选择。

直截了当的最大限度理论是西方公认的理性决策理论,有限制的最
大限度理论则是哥梯尔自己的理性理论。遵守协议的合理性只能建立在

―――――――――――

　　① 参见 David Gauthier, "Morality, Rational Choice, and Semantic Representation: A
Reply to My Critics", *Social Philosophy & Policy*, Vol. 5, No. 2 (1987): pp. 175-176。

后者的基础上,而非前者。后者与哥梯尔最初提出的理性的最大限度原则有何不同呢? 理性的最大限度原则有两种解释:一种是利己主义的解释,即行动者最大限度追求的是她自己的个人利益。直截了当的最大限度理论采取的是利己主义的解释。另一种是非利己主义的解释,即行动者最大限度追求的是她的人生理想。如果哥梯尔选择第一种解释,他将无法推导出为什么要对最大限度地追求个人利益的行为加以限制,因为限制和最大限度地追求个人利益是不相容的。他只能选择第二种解释。非利己主义的最大限度理论对人生的理想又有两种可能的解释:一种对人生的理想的解释将限制性的条件与个人的良心、道德感等"内在约束力"联系起来。一种对人生理想的解释并不把良心、道德感等因素考虑进去,限制性的条件纯粹源于个人的人生理想。哥梯尔的人生理想指的是后一种人生理想。对于人生理想的具体内容,哥梯尔没有任何规定。人们可以将直截了当的最大限度理论包含在自己的人生理想之中,也可以将有限制的最大限度理论包含在自己的人生理想之中。哥梯尔必须证明,为什么人们必须将有限制的最大限度理论包括进自己的人生理想之中,即为什么有限制的最大限度理论优于直截了当的最大限度理论。

哥梯尔的证明大体如下:有限制的最大限度追求者,即奉行有限制的最大限度理论者,比无限制追求最大限度者,总体上,更能最大限度地实现其期望的效用值。其原因在于一个人的行为倾向或品行是可以为人所知的,即对他人来说是透明的。因而,有限制的最大限度追求者在社会上更受欢迎,能吸引更多的合作者,从而比无限制最大限度追求者更能从合作中获得好处。哥梯尔认为,甚至在"一次性的囚徒困境"情景中,遵循有限制的最大限度的理性原则也是合乎理性的。[①] 问题是,在"一次性的囚徒困境"情景中,如果违反协议能给行动者带来更多的期望效用值,行动者为何还要遵守协议呢?

---

① 参见 David Gauthier, "Uniting Separate Persons" in *Rationality*, *Justice and the Social Contract*, ed. David Gauthier and Robert Sugden, New York: Harvester Wheatsheaf, 1993, pp. 185–187。

假定有两位农场主甲和乙处于自然状态下（即处于没有警察、军队等维持治安的国家机器的状态下）。由于他们经常受到贪婪匪徒的威胁和袭击，甲和乙达成一个防御协定：当一方遭到袭击时，另一方应该及时援助。假定甲方遭到匪徒袭击，乙方面临两种选择：或遵守协定援助甲方，或违反协定按兵不动。作为一个有理性的人，乙应该怎样做才最合乎自己的利益呢？假定他们从行动中所得到的益处可以用期望效用值（expected utilities）来衡量，则其行为的后果以及可能给各方带来的利益可以用下图来表示：

甲

		遵守协定	违反协定
乙	遵守协定	6　　　　6	10　　0
	违反协定	0　　　　10	1　　1

图中数值代表了定约人不同行为（遵守或违反协定）对各自产生的期望值（即各自可能得到的好处）。数值越高，则益处越大，因而定约人更有可能采取相应的行动。其中每个方框中左下角的数值代表了乙可能得到的益处，每个方框中右上角的数值则代表了甲可能得到的好处。

如上图所示，如果甲乙双方都遵守协定，则各自所获的期望值为6。如果甲方违反协定而乙方遵守，则甲方所获的期望值为10，而乙方则为0，反之亦然。如果双方都违反协定，则双方所得到的效用值为1，低于双方都遵守协定所得到的效用值6。

如果这只是"一次性的囚徒困境"情景，则甲乙都应选择违反协定才是合乎理性的。因为，不论另一方采取什么行动，违反协定的好处总是大于遵守协定的好处。如果对方遵守协定，则违反协定可使己方获得最大的好处，即获得效用值10。如果对方也违反协定，则己方违反协定可以避免最糟糕的情形，即一无所获的情形出现。尤其是，如果己方后于对方行动，则违反协定肯定最符合己方的利益。

让我们假定甲某在上一次袭击中遵守诺言，帮助了乙某抵抗了袭击。

又假定,这一次匪徒们袭击甲某。再假定,乙某知道政府将很快派出军队清剿匪帮,这样乙某再也不需要甲某的帮助,因为匪徒即将被消灭。那么,按照有限制的最大限度原则,乙某遵守协议,援助甲某是合乎理性的,因为乙某知道甲某在上次袭击中帮助了他,虽然乙某这样做并没有最大限度地扩大个人的利益或个人的期望效用值。那么,为什么乙某这样做是合乎理性的呢?哥梯尔认为,这是因为保持有限制追求最大限度的品行是合乎理性的。但为什么保持这种品行是合乎理性的呢?哥梯尔证明如下:

前提一:如果这一次乙某保持遵守协议的行为倾向(即品行)是不符合理性的,那么上次在他遭受袭击前保持遵守协议的倾向也是不符合理性的。

前提二:如果上次在他遭受袭击前保持遵守协议的倾向是不符合理性的,那么乙某不通过自己的行为倾向让甲某知道他是一个有限制的最大限度追求者是合乎理性的。

前提三:如果乙某不通过自己的行为倾向让甲某知道他是一个有限制的最大限度追求者是合乎理性的,那么乙某通过自己的行为倾向使甲某在上次袭击中不遵守协议援助他也是合乎理性的。

前提四:但是,乙某通过自己的行为倾向使甲某在上次袭击中不遵守协议援助他是不合乎理性的。

结论:因此,这一次乙某保持遵守协议的行为倾向是符合理性的。①

哥梯尔关于在"一次性囚徒困境"情景中保持有限制追求最大限度的品行是合乎理性的论证是难以让人信服的,因为前提一为假。理由在于:这一次乙某是处于"一次性的囚徒困境"情景中,而上一次乙某是处于"重复性的囚徒困境"情景中。这一次,即使乙某遵守协议,表现出有限制地

---

① 参见 David Gauthier, "Uniting Separate Persons" in *Rationality*, *Justice and the Social Contract*, ed. David Gauthier and Robert Sugden, New York: Harvester Wheatsheaf, 1993, p. 186。

追求最大限度的倾向,他也无法从将来的合作中获得好处。而且,即使他不遵守协议,他也不会因此而受到惩罚。故他没有理由表现出遵守协议的倾向。相反,这一次改变他的有限制地追求最大限度的倾向是合乎理性的。而上一次,乙某通过遵守协议表现出有限制地追求最大限度的倾向是合乎理性的,因为这样做他可以从将来的合作中获得好处,而且可以避免不遵守协议可能受到的惩罚。

在"重复性的囚徒困境"情景中(决策的情景只是一系列的"囚徒困境"情景中的一环,而当事人或行动者并不知道究竟有多少类似的情景还会发生),亦即正常的情况下,哥梯尔关于有限制地追求最大限度的理论似乎更为成功。有人也许会认为,即使是在"重复性的囚徒困境"情景中,如果甲某是一个无可救药的"急功近利者",而乙某并不知道甲某是否可以救药,对乙某而言,遵守协议,保持有限制地追求最大限度的倾向,也不符合理性。但这一反驳假设了两个条件:其一,游戏中只有两个行动者;其二,其中一个是无可救药的"急功近利者"(即所有其他的交往者都是无可救药的"急功近利者")。如果游戏中的交往者超过两个,并且并非所有的交往者都是无可救药的"急功近利者",则保持有限制追求最大限度的品行或倾向优于无限制地追求最大限度的品行或倾向。

让我们在农场主的例子中再加上另一个农场主丙某。假定丙某是一个有限制的最大限度追求者,他还没有加入甲某和乙某的防守协议。又假定甲某是一个无可救药的"急功近利者",但乙某是一个有远见的理性主义者,即有限制的最大限度追求者。乙某可以通过一到二次合作的代价弄清甲某是一个无可救药的"急功近利者"。这样,乙某就会放弃与甲某的合作,转而寻求新的合作者。在我们设定的情况下,即寻求同丙某的合作。丙某非常愿意同乙某签订防守协议,而不是甲某,因为乙某已经证明自己是一个有限制的最大限度追求者,而甲某则证明自己是一个不值得信任的、无限制追求自己利益的利己主义者。这样,乙某和丙某就会达成新的防御协定,并且通过相互合作,分享合作的好处。而甲某则被排除在合作之外,无法分享合作的好处。这样,从长远的观点来看,乙某和丙某从相互合作中所获得的好处要远远大于甲某从利己主义的行为中所获得的好处。总的说来,一个人有充足的理由将有限制的最大限度原则包括在自己的人生理想中仅当在实现他的人生理想的过程中所得到的好处(即与有限制最大限度追求者打交道所获得的好处)大于他的损失(与急功近利主义者打交道所遭受的损失)。社会中有限制最大限度追求者越多,一个人就越有理由成为一个有限制最大限度追求者。哥梯尔认为,有限制最大限度追求者从合作中所得到的好处大于所得到的损失,故保持一个有限制最大限度追求者的倾向或品行是合乎理性的。

哥梯尔的这一结论得到了某些计算机实验的支持。1979 年,有一位名叫罗伯特·艾克斯洛德(Robert Axelrod)的政治科学家,主持了一系列的比赛,以探讨合作的逻辑。他要求人们提交能够在游戏中彼此对抗的计算机程序。在一次比赛中,有一位据说是世界上最了解"囚徒困境"问题的政治科学家,名叫阿拉托·拉帕帕特(Anatol Rapoport),提交了一个"针锋相对"(Tit-for-tat)的程序。这个程序规定:第一次与对方玩游戏时都与对方合作。从第二次开始,只是重复对方上一次的行为。艾克斯洛德要求参赛者击败"针锋相对"的程序。62 个程序参加了比赛,也许包括"急功近利者"或"纯道德者"的程序,但最后的胜利者仍然是"针锋相对"的程序。

艾克斯洛德在解释"针锋相对"程序成功的原因时说:"'针锋相对'的程序之所以取得如此的成功是因为她将与人为善,以牙还牙,宽恕原谅和清楚明白结合起来。她的'与人为善'使她避免了不必要的麻烦。她的'以牙还牙'使对方不敢轻易背信弃义。她的'宽恕原谅'有助于恢复相互合作。她的'清楚明白'使对方能够明白她的态度,从而有助于建立长期的合作。"①

综上所述,哥梯尔关于道德和遵守道德的合理性在"重复性的囚徒困境"情景中得到了很好的证明,而"重复性囚徒困境"更接近日常实际情况。虽然如此,哥梯尔的理论仍然有其局限性。

---

① Robert Axelrod, *The Evolution of Cooperation*, New York:Basic Books, 1984. 转引自 Matt Ridley, *The Origins of Virtue*, New York:Viking Penguin, 1997, pp. 60-61。

首先,哥梯尔将所有道德原则都归结为"协议原则"或"协议道德",但并非所有的道德原则都可以归结为"协议道德"。即使他的论证完美无缺,也只能证明一部分道德的合理性。约翰·罗尔斯(John Rawls)提出的假设性社会契约论在一定的程度上可以克服这一缺陷。

其次,即使这一部分道德原则的合理性也是有条件的,即大部分其他交往者必须是有限制的最大限度追求者或可以教育好的无限制的最大限度追求者。如果绝大多数的交往者都是无可救药的无限制最大限度追求者,则哥梯尔的证明也不能成立。

最后,他的理性原则并非如他所希望的那样是唯一的理性原则。相当一部分当代西方哲学家认为,道德的合理性直接建立在与行动者无关的理性原则或理由的基础上,他们称这样的理由为"中立于行动者的理由"(agent-neutral reasons)。公众利益、公平原则都可以看做是合理性的原则,因为它们都有其价值。实际上,哥梯尔在论证道德的合理性时,有时求助于共同利益,有时求助于不偏不倚的立场(impartial position),如相等理性(equal rationality)和阿基米德支点(the Archimedean point)等,但这些不同于哥梯尔的理性原则的假设无法用哥梯尔的理性原则加以辩护,也无法还原成与行动者相关的理性原则。这些都说明哥梯尔的理性原则不可能是唯一的理性原则。

第四节　自利理性与道德理性的不可通约性

那么,什么样的理性原则才可以作为人们行动合理性的最终依据呢?怎样在自利理性和道德之间寻求一种可以比较、评判的基础呢? 许多当代西方哲学家希望能找到一种能够证明某一种行动理由(通常是道德理由)总是优于另一种行动理由(通常是自利理由)的方法。也就是说他们希望找到某种一劳永逸的方法来解决道德和理性的冲突。这种解决方法要求实践理性的根据是客观的,建立在这一基础上的理由是不依任何人的欲求而存在的,故对每个人都是有效的。如果有人不根据其理由行事,那么他就是反理性的(irrational),至少不是完全有理性的。

一、寻求客观的根据

在认识领域里,寻找这样一种客观的根据或基础似乎没有多大的问题。库尔特·贝尔(Kurt Baier)①曾经举过这样一个例子。约翰有一种不可动摇的信念:相信杰克是他的亲生儿子,尽管他的、他妻子的和杰克的血型证明杰克不可能是他的亲生儿子。假定约翰知道生物学和遗传学的有关知识并了解有关的情况,如果约翰依然不肯放弃他的信念,那么我们可以在认识论的意义上说约翰是不理性的或反理性的。② 认为约翰是不理性的客观根据就是生物学和遗传学的有关事实。一般说来,认识理性的最终根据是客观事实或有关客观事实的证据,如果有人否认或拒绝接受建立在这一根据上的理由,我们就可以说他是不理性的。比方说,"避免自相矛盾"就是一条客观的原则,如果有人否认它,他就是不理性或反理性的。客观的根据使认识或科学领域里完满的论证成为可能。西方道德哲学家希望能够在实践理性的领域里找到类似的根据,库尔特·贝尔称之为"实践理性的最终根据"(the ultimate ground of practical reason)。他认为"实践理性的最终根据"应该是某种有价值的东西,它在实践领域中所起的作用就类似于客观事实在认识领域中所起的作用,具有决定性的意义。③ 我们认为这一根据无法和认识领域里的客观根据相比较,因为对什么是真有价值或最有价值的东西可以有不同的理解,然而并没有一种完全客观的方法证明某一种理解就一定优于另一种理解。

---

① 陈真在以前的著作中曾将 Kurt Baier 译为科特·拜尔,现依新华社编的《英语姓名译名手册》(1985 年修订本)改为库尔特·贝尔。

② 关于贝尔的例子,参见 Kurt Baier, *The Rational and Moral Order*, Chicago:Open Court, 1995, pp. 90-91。

③ 参见 Kurt Baier, *The Rational and Moral Order*, Chicago:Open Court, 1995, p. 119。

二、最终的原则

在我们比较各种行动理由以决定哪一种理由更有理由时,我们常常会进行论证。在比较哪一种论证更有说服力时,我们要判断论证是否有效。如果两种论证都有效,我们就必须检查论证的前提是否为真。在实践理性的范围内,当关于事实的前提全部为真时,争议就会集中在价值判断的前提上。而当价值判断是最终的价值判断或最终的价值原则时,问题就变成哪一条原则更合理,更有价值。布鲁士·罗素(Bruce Russell)曾举过一个例子,他说道:

> 假定你儿子抢了一个富人的一些珠宝,警察正在追捕他。他请你帮助他逃到巴西。你知道你有办法安排好一切从而使你和你儿子都不会被警察抓到。你还知道如果你儿子被捕,关进监狱,他的一生从此就毁了。帮助你儿子逃跑是错误的[即不道德的],但为什么不能说你最有理由做的事情就是帮助你儿子逃脱正义的制裁呢?①

我们也许会说为什么不能说你最有理由做的事情就是把你儿子交给警察,而不是逃脱正义的惩罚呢? 双方的论证可以分别表述如下:

P1:如果行动 A 能最大限度地增进行动者的个人利益或满足其反复思考的目的,行动者最有理由选择行动 A。

P2:帮助你(即行动者)儿子逃脱正义的制裁最能满足你反复思考的目的。

P3:因此,你最有理由帮助你儿子逃脱正义的制裁。

M1:如果行动 A 能最大限度地维护社会正义,保护社会的利益,履行对他人的义务,行动者最有理由选择行动 A。

M2:不帮助你(即行动者)儿子逃脱正义的制裁能最大限度地维护社会正义,保护社会的利益,履行对他人的义务。

---

① Bruce Russell, "Two Forms of Ethical Skepticism" in *Ethical Theory*: *Classical and Contemporary Readings*, ed. Louis P. Pojman, Belmont: Wadsworth, 2002, p. 523.

M3:因此,你最有理由不帮助你儿子逃脱正义的制裁。

这两个彼此对立的论证都是有效的论证。如果我们对 P2 和 M2 都无异议,则问题的焦点就集中在 P1 和 M1 上了,它们实际上分别代表了自利理性的原则和道德的原则。前者认为对行动者的价值或满足行动者的理性反思的要求是行动的最终目的,后者则认为对社会有价值或满足社会需要才是行动者的最终目的。这样,究竟行动者最有理由做什么的问题就变成了哪一条原则更有道理,哪一个目的更有价值的问题。那么我们究竟有没有标准来决定这一点呢? 我们似乎并没有完全客观的基础来决定这一点。

三、不可通约性

决定两个比较的对象(或行动的最终目的或欲望)之间谁更有价值或谁更合乎理性取决于两者之间是否存在着进行比较的可通约的客观基础。如果没有可通约的客观基础,那么我们就没有办法客观地决定谁更有价值或谁更合乎理性。如果这一假设是正确的,如果我们能证明道德的理由和自利理性的理由是不可通约的,我们就可以证明我们没有客观的方法决定它们之间的优劣。让我们假定 P 代表自利理性的原则,M 代表道德的原则,这一想法可以表达为如下的论证:

(1)我们能够客观地决定 P 和 M 谁更有价值或谁更合乎理性,当且仅当,P 和 M 客观上是可通约的。

(2)P 和 M 客观上是不可通约的。

(3)因此,我们不能够客观地决定 P 和 M 谁更有价值或谁更合乎理性。

这是一个有效论证。要想否认结论,必须否认前提(1)或(2)。让我们先考虑前提(2)。要想决定前提(2)是否为真,我们必须首先弄清"可通约的"含义。两个比较的对象是"可通约的"指的是它们之间存在着一个可通约的基础。可通约的基础有两种:基数标度(cardinal scales)和次序标度(ordinal scales)。

1. 基数标度

让我们假定有两个比较的对象,A 和 B。A 和 B 可以是目的、所欲、事物、价值等。那么建立在基数标度上的第一种"可通约性"可以定义如下:

> A 和 B 是可通约的,当且仅当,它们可以通过价值单位的基数标度精确地衡量,或者 A 和 B 之间的价值可以换算。

按照这一定义,实践中的有些选择是可以换算的,故可以通约。比方说,有两所大学愿意雇用我,一所大学给我的年薪是＄30,000;另一所大学给我的年薪是＄35,000。如果收入是我选择的唯一基础,那么这两种选择的价值可以通过钱的单位精确地衡量,故两者是可通约的。当存在着基数标度时,决定何种选择最合理只是一个数学计算问题。

但至少在某些情况下,有些选择没有这样的基数标度。贝尔曾经举过一个例子。假定有一对夫妇毕业后找工作。女的想到美国东北部去,因为那儿有所学校为她所提供的年薪最高。但那儿愿意接受男方的学校的名气和给男方提供的年薪远不如德州愿意接受男方的学校高。而德州愿意接受女方的学校的名气和给女方所提供的年薪远低于东北部的学校。故女方愿意去东北部的学校。在这种情况下,如果男的要在去哪所学校之间作出选择,他必须考虑各种因素,如学校的名气、年薪、爱情、有无人可帮助做家务等。[①] 但这些因素之间是否存在着一个基数标度或可以换算的价值基础则是非常可疑的。

那么在 P 和 M 之间是否存在着一个价值单位的基数标度或它们之间的价值是否可以换算就更为可疑了。比方说,在扩大行动者的个人利益和扩大社会的利益之间究竟是否存在着一个价值单位的基数标度就非常可疑。正如罗伯特·诺扎克(Robert Nozick)所论证的那样,一个人是独立的,他生命的价值只属于他自己。没有人能以社会的名义或他人的

---

① 关于贝尔的例子,参见 Kurt Baier, *The Rational and Moral Order*, Chicago: Open Court, 1995, pp. 136–138。

名义强迫他作出自我牺牲。①

许多哲学家和经济学家都认为，为了比较两个对象的价值，价值单位的基数标度并不是非要不可的。比方说，如果我们必须在守约和救人之间作出选择，尽管它们之间不存在基数标度，我们还是可以决定哪一种选择更合理，更有价值。这时我们选择的标准不是根据价值的量，而是根据价值的质，即我们根据次序标度来进行选择。

2. 次序标度

建立在次序标度基础上的"可通约性"可以定义如下：

A 和 B 是可通约的，当且仅当，存在着一个价值的次序标度或价值排序，按照这一价值次序标度或价值排序我们可以决定 A 和 B 价值的优劣。

按照这一定义，上述例子中，男方可以根据次序标度或价值排序来作出选择。比方说，他可以根据爱情高于一切的次序标度来决定何种选择对他更有价值。

我们应该注意到，道德价值和自利价值是可以内化于行动者的，即行动者可能认为道德和自利理性都是有价值的。在这种情况下，可以有一个个人的价值排序，比方说，道德的价值优于自利的价值。但这样一种排序完全是主观的、任意的，总是存在着另一种主观的价值排序；比方说，自利的价值优于道德的价值。如果有人说决定行动者最有价值或最有理由做何事是由行动者的主观价值排序所决定的，那么这样的回答是不能令人满意的。因为，第一，我们想知道，当道德和自利理性冲突时，客观上行动者最有理由做什么，不管行动者的欲求、目的和信念是什么。第二，当两种价值排序相冲突时，我们想知道哪一种排序更合理。为了决定哪一种排序更合理，我们又回到了原来的问题：道德(或道德价值)和自利理性(或自利价值)，究竟哪一条原则(哪一种价值)给行动者提供了行动最

① 参见 Robert Nozick, *Anarchy*, *State*, *and Utopia*, New York: Basic Book, 1974, pp. 32-33。

充分的理由。由于 P 和 M 分别代表了行动的最终目的、最终的价值，两者之间似乎并没有一个更高的价值标准或价值的次序标度来决定其价值的优劣。

四、证明道德价值优越性的尝试

许多西方哲学家极力想寻找一种比较理由的基础。他们或者想证明道德的理由可以还原为自利的理由，或者想证明自利的理由可以还原为道德的理由，或者想寻找第三种评价的基础，但他们全都失败了。

科夫卡（Gregory Kavka）、哥梯尔、贝尔是道德理由可以还原为自利理由的代表。科夫卡极力将道德理由还原成自利理由，这样我们就可以将自利理由作为比较道德理由和自利理由的可通约基础。但他仅仅只证明了道德的理由对有道德的人来说可以成为自利的理由，因为有道德的人在做不道德的事时会受到良心等内在约束力的惩罚，故不道德的行为不符合他们的利益。① 然而他的论证对有理性但不道德的人来说则是无效的，因为他们不受内在约束力的束缚，不会因不道德的行为而受良心的惩罚。如果道德的理由真能还原成自利理性的理由，道德的理由也应该对他们同样有效。

哥梯尔也想从自利理性中推导出道德的原则，②但他理论中的有些假设，如"无人应该损人利己"，就无法完全从自利理性中推出。

贝尔则认为系于社会的理由（society-anchored reasons）（通常是道德的理由）完全可以建立在系于自我的理由（self-anchored reasons）（即与行动者相关的内在理由）的基础上。他想证明，任何行动的理由必须是每一个人（不是个别的人或某些人，而是每一个人）所能有的、最好的、可能的、系于自我的理由。他认为，如此，道德的理由就可以完全和与行动者

---

① 参见 Gregory Kavka, "The Reconciliation Project" in *Morality*, *Reason and Truth*, ed. D. Copp and D. Zimmerman, Rowman and Allanheld, 1984。

② 参见 David Gauthier, *Morals by Agreement*, Oxford：Clarendon Press, 1986。

相关的理由一致,从而得以辩护。① 我们认为"每一个人所能有的、最好的、可能的、系于自我的理由"不能等同于"某一具体个人所能有的、最好的、系于自我的理由"。比方说,在类似"囚徒困境"的情景中,"每一个人所能有的、最好的、可能的、系于自我的理由"是合作,不要出卖对方,然而"对游戏双方具体个人所能有的、最好的、系于自我的理由"则是不合作,出卖对方。如果这两条理由真的是一致的话,它们就不应该冲突。

达沃尔(Stephen Darwall)则想将以"自我为中心"的理由(即与行动者相关的理由)还原成道德的理由。他认为某种公正的、不偏不倚的理由是实践理性真正唯一的理由。② 如果他的理论能成立的话,某种道德的理由(即不偏不倚的理由)就可以成为道德理由和自利理由通约的基础。但他的证明并不成功,因为一个人可以有不偏不倚的理由不损人利己,但他可以有自利的理由损人利己。

内格尔(Thomas Nagel)和邦德(E. J. Bond)则似乎想寻找第三种比较两种不同理由的基础:动机基础。内格尔想证明如果主观的理由(即自利的理由)能够成为行动者的行动动机,客观的理由(利他或道德的理由)也能。③ 但内格尔的这一想法难以成立。首先,这一假设为假。因为主观的理由能成为理性利己主义者的动机,但客观的理由(即道德的理由)未必能成为他的行动动机。其次,即使这一假设为真,道德的理由和自利理由都能成为行动者的行动动机,但我们怎样才能决定哪一种理由更能成为行动者的行动动机呢? 事实上,当两种理由发生冲突时,有时道德的理由成为行动者行动的动机,有时自利的理由成为行动者的行动动机。那么我们究竟有什么根据决定哪一种理由更有理由呢?

邦德认为当道德的理由和自利的理由发生冲突时,当一个人认识到自利的价值同时也认识到道德的价值时,如果他是一个完全有理性的人,

---

① 关于贝尔的核心论证,见 Kurt Baier, *The Rational and Moral Order*, Chicago：Open Court, 1995, pp. 191–192。

② 参见 Stephen L. Darwall, *Impartial Reason*, Ithaca：Cornell University Press, 1983。

③ 参见 Thomas Nagel, *The Possibility of Altruism*, London：Oxford University Press, 1970。

那么道德的理由应该成为他行动的动机。① 如果这一断定是真的,那么道德的理由就优于自利的理由,因为道德的理由比自利的理由更能成为人们行动的动机。问题是,自利的理性主义者会说,一个完全的理性主义者,当他认识到道德的价值和自利的价值时,自利的理由会成为他的行动动机。因此,自利的理由比道德的理由更能成为人们的行动动机。邦德和他们的争论最终会导致争论怎样定义一个完全有理性的人。而这将使我们回到原来的争论:哪一种理由,哪一种根据,更具有理性的力量。我们又回到原来的起点:我们有何根据、有何基础来评定哪一种理由更具有理性的力量?

功利主义的哲学家也许会认为我们可以从功利的角度来比较两种理由的理性力量,也就是说,功利可以成为各种理由通约的基础。按照哪一种理由行事能够给社会带来更多的好处,哪一种理由就更有理由。但这一理论有很多无法克服的问题。比方说,如果我们牺牲一个正常人可以救活其他五个病人的话,我们就有理由牺牲一个正常人,救活其他五个病人。但我们显然无法接受这样的结论。这至少说明,有时候在社会的利益和个人的利益之间没有可通约的基础。

五、一种理由优于另一种理由的例子

布鲁士·罗素(Bruce Russell)在《两种形式的伦理学怀疑主义》一文中举了不少一种理由优于另一种理由的例子。其中一个例子说,有一位理性但冷酷无情的人为了省下几个硬币,趁无人注意,从一个婴儿手中抢走一个棒棒糖。罗素认为在这种情况下,道德的理由,即不应该抢走婴儿的棒棒糖的理由,超过自利的理由。也就是说,不抢走棒棒糖更符合理性。还有一个例子说,一位学生只有作弊才能考进医学院。假定她作弊的后果仅仅只影响了另一位考生,但这位考生并不在乎是否能进医学院。

① 关于邦德的论证,参见 E. J. Bond, *Reason and Value*, Cambridge: Cambridge University Press, 1983, 特别是 pp. 81–83。

又假定她考进医学院后能够成为一名合格的医生。再假定她事先知道这些可能发生的事。罗素认为这个例子表明自利的理由（即作弊的理由）优于道德的理由（不作弊的理由）。在前面提到的父亲和儿子的例子中，罗素认为，如果我们不能肯定地说自利的理由优于道德的理由，至少，我们并不能证明道德的理由优于自利的理由。

如果我们接受罗素的这些例子并认为不可反驳，那么自利理性的原则和道德原则之间是否存在着客观的可通约的基础便不是我们客观评价它们的充分必要条件。但我们根据什么接受这些例子呢？接受的基础是什么呢？

六、第三种可通约的基础

有的哲学家想在道德的根据和自利的根据之外寻找价值或理性比较的基础。这一基础既不是基数标度也不是次序标度。它可能是某一种价值或某一种标准，也可能是一组价值或标准。

富特（Philippa Foot）①似乎认为这种基础应该是实践理性，道德的原则和自利的原则只是实践理性的不同方面，谁也不能代替全部的实践理性。她认为我们不能说按照个人利益行动总是符合理性的，我们也不能说按照道德行动总是符合理性的。要具体情况具体分析。但我们怎样具体的情况具体的分析以决定行动者最有理由做何事呢？她认为意志的善（the goodness of the will）是一条连接和贯穿实践理性不同方面的轴线。具有某种道德的品质，或者说按照意志的善行事是我们生存的必要条件，就像植物吸水、鸟儿垒巢、狼成群以捕食、母狮教幼狮捕食等是它们生存的必要条件一样。但问题是，在"囚徒困境"的情景下，"意志的善"怎样帮助我们决定最有理由做的事情呢？"意志的善"无法回答。

---

① 笔者之一（陈真）以前曾将 Foot 译为"傅特"，现依新华社编《英语姓名译名手册》（1985 年修订本）改为"富特"。

茹丝·张(Ruth Chang)认为在两个对象之间进行价值比较需要一个涵盖两个对象价值的价值,她称之为"比较的涵盖价值"(the covering value of the comparison)。那么什么是道德理性和自利理性目的的涵盖价值呢?她认为像"所有的情况都考虑在内,最有理由的行动理由","所有的情况都考虑在内,更好"等词语就隐含了这样一种价值。① 她似乎将道德的价值和自利的价值看做是这种涵盖价值的不同方面。正像科学家用不同的原则,如简单性,精确性,预测性,来给一个具体的假说总的评价,我们也可以用不同的原则,如道德和自利理性的原则,来对我们最有理由做什么给一个总的评价。但我们认为,在科学和实践理性之间至少一点是不同的。在评价科学假说时,有一条占主导地位的原则,即假说的预测能力或所推导的观察陈述范围的大小。当其他的原则,如简单性和精确性冲突时,我们可以求助于假说的预测能力来解决问题。但在实践理性中,尤其是当道德的原则和自利理性的原则冲突时,似乎并没有这样一条原则可以求助。

那么,"所有的情况都考虑在内,最有理由的行动理由"究竟有什么含义呢?茹丝·张似乎认为它有一种凌驾于道德理由和自利理由之上的意义,是行动者在考虑、权衡了道德的理由和自利理由之后所认为"最有理由采取某一行动的理由"。如果道德和自利理性不相冲突,行动者"最有理由采取某一行动的理由"可以是道德的理由,也可以是自利的理由,也可以两者兼而有之。但当道德和自利理性相冲突时,"最有理由采取某一行动的理由"可以是道德的理由,也可以是自利的理由,究竟如何,取决于具体的情况,但不可能两者兼而有之,或两者之外的第三种理由。那么,在一给定的情况下,我们究竟怎样才能决定那一种理由(道德的或自利的理由)是"最有理由的理由"呢?张引入了"平常—突出的测试"(nominal-notable test)方法来决定究竟那一

---

　　① 此处和以下关于张的论证,参见 Ruth Chang, "Introduction" to *Incommensurability*, *Incomparability*, *and Practical Reason*, ed. Ruth Chang, Cambridge, Mass. : Harvard University Press, 1997。

种理由最有理由。

让我们先考虑一下怎样比较莫扎特和米开朗基罗的创造性。莫扎特是著名的音乐大师,而米开朗基罗则是绘画和雕塑的天才。音乐和美术是两种不同的艺术,各自的创造性标准完全不同。怎样比较这两种不同的创造性呢? 让我们假设有一位很平常、很糟糕的画家,名叫"吴天才"。如果我们将他和莫扎特比较,显然莫扎特的创造性远超过"吴天才"。因为,莫扎特充分满足了音乐创造性的标准,而"吴天才"则远远没有满足美术创造性的标准。让我们假设有一位比"吴天才"稍好一点画家,"吴天才第二",再假定又有一位比"吴天才第二"稍好一点的画家"吴天才第三",如此等等。在"吴天才"和米开朗基罗之间有许许多多个"吴天才第X",创造力一个比一个更接近米开朗基罗。如果我们能将莫扎特和"吴天才"相比较,我们同样也能将莫扎特和"吴天才第二"、"吴天才第三"等进行比较。如果我们能够将莫扎特和这些许许多多的"吴天才"相比较,最终我们也能够将莫扎特和米开朗基罗进行比较。这一论证的要点在于我们可将同类的比较对象按其价值标准先从低到高地分级,建立一个连续体,然后将已分级的不同类的比较对象的连续体从低到高彼此对应起来。比方说,将最糟糕的画家和最糟糕的音乐家对应起来,将次糟糕的画家和次糟糕的音乐家对应起来,将最好的画家和最好的音乐家对应起来,等等。这样我们就可以在这种一一对应的连续体之间建立起桥梁,从而使我们能够对这些不同类的对象进行比较。

茹丝·张认为我们同样可以用"平常—突出的测试"方法在道德和自利理性之间建立起比较的桥梁,从而找到涵盖二者的价值。我们可以将自利的行为按照自利的价值从最平常到最突出分成若干等级。我们也可以将道德的行为按照道德的价值(社会价值)从最平常到最突出分成若干等级。这样,最平常的自利价值和最平常的道德价值相等,最突出的自利价值和最突出的道德价值相等。处于中间的各种级别的自利价值和处于中间的各种级别的道德价值一一对应。从张的论述中,我们可以得出评价道德价值和自利价值的标准:"一般而言,在比较道德价值和自利价值时,一个突出的自利价值比一个平常的道德价值更有价值。一个突出的道德价值比一个平常的自利价值更有价值。"按照这一理论，在医学院考生的例子中，考生有"突出的"自利理由作弊，但只有较"平常的"道德理由不作弊，因此，考生最有理由采取的行动是作弊。然而对真正讲道德的人来说，考生依然有"突出的"道德理由不作弊，因为如果我们允许这一例外的话，就有可能动摇禁止作弊的道德要求，而这是不符合公众利益的。这样争论就会转向怎样才能决定价值的"平常"和"突出"。

七、理性反思的共识

那么,我们怎样才能决定一种价值是"平常"还是"突出"呢? 在布鲁士·罗素的例子中,我们凭什么认为行动者有"突出的"道德理由不抢走婴儿的棒棒糖呢? 我们实际上诉诸我们的直觉或道德感。什么是直觉? 直觉可以定义为一种能够认识自明真理或自明命题的能力。所谓自明真理指的是这样一种命题,一旦理解了其意义,马上就知道其为真,用不着证明,也无法证明。比方说,A = A 就是自明真理。在逻辑、数学中,毫无疑问,我们可以找到这样的不证自明的真命题。但在道德领域里,有无这样不证自明的真理呢? "不要伤害无辜的人","人人平等","不要对无辜的人做邪恶的事",等等,似乎是不证自明的。它们究竟是不是不证自明的也许还有待商榷。但问题是:在决定一种价值(理由)是否优于另一种价值(理由)时,人类究竟有无普遍的直觉? 在自然科学中,人们可以通过普遍接受的观察命题来决定理论的真假、优劣。但在道德领域里,我们有没有对一种价值优于另一种价值的普遍的直觉呢? 在罗素一种理由优于另一种理由的例子中,抢走婴儿的棒棒糖是错误的对某些人来说也许是不证自明的,但对有些人来说也许就不是。你的直觉也许不同于我的直觉。在这种情况下,似乎并无一种普遍存在的直觉。在缺乏这样一种普遍直觉的情况下,我们究竟应该怎样决定理由的优越性呢? 我们只能求助于"理性反思的共识",即得到辩护的公众舆论。理性反思的共识是由社会中绝大多数有理性的并且了解所有与问题有关的信息的人的直觉所决定的。① 我们想进一步指出,即使是理性反思的共识也不是价值或理由的纯客观的通约基础。它只是用群体的主观性代替了个体的主观性,但依然是主观的。我们完全可以设想,在不同的文化背景下,不同的社会中有理性的人们会有完全不同的直觉判断。因此,要想在道德领域里寻找和认识领域里相类似的客观基础是不太可能的。即使罗素一种理由优于另一种理由的例子成立,也不能证明本节第三部分开头的论证前提(1)为假,因为其成立的基础依然是主观的,只是用群体的主观性代替了个体的主观性而已。

实际上,西方许多哲学家在论证实践理性基础时,往往求助于某种社会契约论,即有理性的人们的共识,作为解决各种道德问题和实践理性问题的基础,其本质和我们所讲的"理性反思的共识"并无根本不同。如哥梯尔、罗尔斯(John Rawls, 1921—2002 年)、斯坎伦(Thomas Scanlon)等都持类似的观点。这些观点都无法提供完全脱离人们欲望、要求的价值判断基础。当然,对人们欲求的依赖并不等于价值的要求便没有任何客观性了,因为主体依赖性的(subject-dependent)理由,如欲望,也可以是客观的,也可以是独立于认识者的意志、愿望的,只是这种客观性不同于自然科学中的那种独立于主体的那种客观性罢了。

第五节　斯坎伦的非自利契约论

托马斯·斯坎伦(1940—　　)是当代西方著名的道德哲学家,哈佛大学哲学系教授。1982 年,在他的文章《非自利的契约论和功利主义》中,第一次提出了他的契约论。为了有别于他之前的自利的契约论(Contrac-

---

① 参见 Zhen Chen, "What Does the Agent Have Most Reason to Do When Morality and Prudence Conflict?" in *Southwest Philosophy Review*, Vol. 16, No. 1, January, 2000, pp. 187–188。

tarianism），他将他的契约论称之为"Contractualism"（"非自利的契约论"）。① 1998 年，他发表了他的第一部专著《我们相互间的责任》，对他自己的契约论理论进行了系统的表述和总结。著名哲学家 R. 杰伊·华莱士对这部著作的意义及其在西方的影响作了如下评价："毫无疑问，T. M. 斯坎伦的权威性的著作《我们相互间的责任》是近几年所出现的最为成熟的、最重要的道德哲学著作之一。它提出了道德哲学所有主要方面的根本性的问题。我希望并且期望在今后数年的时间里，它对道德哲学的状况和发展方向将产生决定性的影响。"②

一、道德的研究内容和真的根据

在斯坎伦看来，每一门学科都有其考虑或研究的对象或内容（the subject matter）。他将这一研究内容又称之为真的根据。比方说，在数学中，有一部分信念（命题）被假定为是客观的（如几何学中的公理），其余信念（如定理）的真假取决于这些被公认的信念的真假。这些被公认的客观的信念就被称之为决定其余信念或真或假的根据。数学哲学就是要探讨这些认为理所当然的根据究竟是否可以成为根据。在道德哲学中也有着相似的研究内容，它们构成决定道德判断真假的根据。

那么怎样发现和决定这些客观的根据？在数学中，真信念不靠经验，虽然经验可以帮助我们发现这些真信念。对真的根据为什么可以成为真

---

① "自利的契约论"（contractarianism）和"非自利的契约论"（contractualism）之间的区别主要表现在：按照自利的契约论，契约或道德是以各方基于个人利益的谈判为基础的，而按照非自利的契约论，情况并非如此，契约或道德可以是基于某种道德的理想或他人无法反驳的理由。前者是沿着霍布斯关于道德的学说发展而来，后者秉承卢梭的社会契约论的传统和康德的道德学说发展而来。关于两者的区别，参见 Stephen Darwall 为他所编辑的 *Contractarianism/ Contractualism*（Blackwell, 2003）一书所写的导言（见该书第 1—8 页），尤其是第 1 页和第 4—5 页。该导言已译成中文，见达沃尔：《自利的契约论和非自利的契约论》，陈真译，《世界哲学》2005 年第 4 期。还可参见 Thomas Scanlon, *What We Owe to Each Other*, Cambridge, Mass. : The Belknap Press of Harvard University Press, 1998, p.5。

② R. 杰伊·华莱士（R. Jay Wallace），"Scanlon's Contractualism", *Ethics* 112, April 2002, p.429。

的根据,我们可以提出各种理论。每一种理论都对数学中的真命题提出某种客观的,至少主体之间所共同具有的根据。而怀疑主义和主观主义无论在数学哲学中还是道德哲学中都较缺少吸引力。斯坎伦的非自利契约论就是想为道德判断寻找某种客观的,至少是主体间所共同具有的根据。①

斯坎伦认为道德理论的主要部分应该回答什么是对的,什么是错的。他将他的理论称做是关于对错道德的理论。对错的道德应该回答如下的问题:道德上的对的(或错的)行为的本质是什么? 什么东西使一个行为成为对的(或错的)行为? 为什么一个行为是对的就能给行动者提供采取这种行为的充分理由? 换句话说,当道德的理由和其他的理由发生冲突时,如当道德的理由和行动者的个人利益发生冲突时,为什么道德的理由压倒或者优于其他的理由? 这个问题有时又叫做道德的优先性问题。

要想回答这些问题,哲学家们首先要回答我们据以回答上述问题的根据是什么? 道德实在论者认为我们回答的根据是关于道德的客观的事实,即独立于任何人的欲望、要求和信念的事实。道德主观论者则认为根本就不存在这样的道德事实。比方说,“说谎是错误的”就不是一个关于事实的判断,因为“错误的”不是一个可观察的属性,也不可能还原为可观察的事实和属性。在道德主观论者看来,道德的问题纯粹是人们主观个人的看法,没有客观的评判标准。

二、非自利的契约论

契约论者则认为道德上行为对错的根据只能是人们之间所达成的协议或者契约。那么达成这种协议或契约还有没有进一步的根据呢? 如果

---

① 上述讨论,参见 T. M. Scanlon, "Contractualism and Utilitarianism" in *Utilitarianism and Beyond*, ed. Armartya Sen and Bernard Williams, Cambridge University Press, 1982。该文重新收入 Stephen Darwall, Allan Gibbard and Peter Railton (eds.), *Moral Discourse and Practice*, New York: Oxford University Press, 1997。本节对该文的引用和有关注释皆出自 *Moral Discourse and Practice*。

有,这些根据是什么呢? 托马斯·霍布斯认为是利己主义者的个人利益,或者更准确地说是利己主义者之间的共同利益。大卫·哥梯尔则认为是有限制的个人利益追求者的欲求。约翰·罗尔斯则认为是"无知之纱"背后的理性行动者的欲求。斯坎伦则认为道德上行为的对错或道德原则的根据就是人们之间所达成的协议、契约,即人们相互间的责任和人们之间共同持有的理由和看法。这些正常的人们所无法反驳的理由就构成了对错道德的基础,以及回答道德优先性的基础。也就是说斯坎伦将"理由"(reason)看成是基本的(primitive)、不可还原的概念,即无法通过其他更基本的术语或概念加以定义。在斯坎伦看来,任何试图解释或定义理由的企图都会导致某种循环的定义。① 道德上的对错以及其他的概念如价值等都只能通过人们无法合理地拒斥的理由来加以界定和说明。

在斯坎伦看来,道德的根据不是主观的,但也不是自然主义者或效果主义者(consequentialists)所认为的那样和物理属性一样客观。道德的根据不是某种形而上学的存在,也不是不证自明的真理。道德的根据就是人们之间共同持有的、无法合理反驳的理由和看法。道德要求的规范性(normativity)就是源自人们之间的这种契约、协议或共识。斯坎伦曾将他的契约论的观点表达如下:

　　　　一个行动是错误的,如果在特定的情况下,它不为关于一般行为管辖的任何规则系统所允许,而这一系统,作为知情的、非强迫的、普遍的协议[契约]的基础,人们无法合理地拒斥。②

比方说,杀人取乐是错误的,因为它不为任何一个关于一般行为管辖的规则系统所允许。人们无法合理地拒斥一个禁止杀人取乐的规则。③

　　斯坎伦对他的观点作了进一步的解释。他认为"知情的"意在排除建立在迷信和假信念基础上的协议。"非强迫的"不仅意在排除强迫性的协议,也意在排除迫使弱势的一方所接受的协议。"人们无法合理地

---

① T. M. Scanlon, *What We Owe to Each Other*, Cambridge, Mass. : The Belknap Press of Harvard University Press, 1998, p. 17。

② 参见 *Moral Discourse and Practice*, p. 272。

③ 同上书,pp. 277–278。

拒斥"中的"合理"一词意在排除不合理的拒斥。由于我们的目的是发现作为知情的、非强迫的、普遍的协议的基础的原则,在这样的前提下,如果拒斥某一条原则仅仅因为实施这一原则对某人不利,但不实施这一原则对其他人更为不利,则此人拒斥这一原则就是不合理的。①

那么,斯坎伦为什么给一个道德上错误的行为下定义,而不给一个道德上正确的行为下定义呢? 一方面可能是因为道德上正确的行为可以通过道德上错误行为的定义来下定义。如"不去伤害无辜的人是道德上正确的行为",这一意思可以表达为"不去不伤害无辜的人(即伤害无辜的人)是错误的行为"。另一方面则是因为斯坎伦将他的契约论作为替换"哲学功利主义"的理论提出来的。按照他的看法,哲学功利主义是"一个关于道德研究内容的特殊的哲学论题,按照这一论题,唯一的道德事实是关于个人福祉(individual well-being)的事实"②。这里所指的个人福祉的事实应该指的是所有个人福祉之总和的事实。换一种通俗的说法,按照这种"哲学功利主义",在考虑到每个人福祉的基础上,凡符合绝大多数人的最大福祉的行动就是道德的行动。在通常的情况下,这样一个论题显然是有吸引力的。但正是使它具有吸引力的这一部分理论也是这一论题的问题所在。朱迪思·贾维斯·汤姆森(Judith Jarvis Thomson)曾在她的一篇著名的文章中举过一个例子。假如有一位著名的外科移植手术专家,有 5 位病人,如果不能及时给他们做移植手术,他们都会死去。又假如有一位健康的人前来检查身体,恰好他和 5 位病人的血型都一样,器官移植后也不会产生排斥反应。③ 按照"凡符合绝大多数人的最大福祉的行动就是道德的行动"的理论,这位外科医生显然应该将这位健康的人肢解,以拯救 5 位病人。但这和我们的道德观念是明显相冲突的。那么怎样保留该理论的合理部分,克服其不合理的部分,斯坎伦认为我们需要从理论上说明在什么样的情况下,我们可以决定一个行动是错误的。

---

① 参见 *Moral Discourse and Practice*, p. 272。

② 同上书, pp. 270–271。

③ 参见 Judith Jarvis Thomson, "Killing, Letting Die and the Trolley Problem" in *The Monist*, Vol. 59. 2 (1976)。

也就是说,在什么样的情况下,我们不能运用"凡符合绝大多数人的最大福祉的行动就是道德的行动"这一原则。这也许是斯坎伦最初提出自己的理论时只对错误的行为下定义的原因之一。①

那么,斯坎伦为什么要用人们"无法合理拒斥的理由",而不用人们"可以合理接受的理由"来决定对和错呢?斯坎伦举了一个例子来说明他为什么要这样表述。假定有这样一条规则(principle),按照这一规则,有一部分人要作出很大的牺牲。又假定这种牺牲是可以避免的,也就是说有某种替换的规则,按照这些替换的规则,没有人需要作出重大的牺牲。然而,我们完全可以想象,那一部分要作出重大牺牲的人是自愿的,他们愿意接受上述的规则,因为他们认为这样做对整个社会而言有更大的好处。斯坎伦认为,在这种情况下,我们不能说他们这样做是不合理的。也就是说上述规则在这种情况下是合理的。但另一方面,如果他们不想作出这样的牺牲,他们拒斥上述的规则又不能说是不合理的。也就是说,他们的拒斥是合理的。斯坎伦认为,道德上的论证和批评应该建立在拒斥的合理性(reasonableness of rejection)的基础上,而不是接受的合理性(reasonableness of acceptance)的基础上。② 比方说,社会上的富人自愿将自己的一部分财产捐给社会,帮助穷人,促进公益事业。他们这样做当然是令人欣慰的, 也可以说是合理的。但他们如果不愿意这样做,我们不能因此而认为他们的行为就是不合理的、不道德的。为了说明斯坎伦的理论,我们不妨将他的理论和罗尔斯的差异原则做比较。按照罗尔斯的理论,社会上的弱势群体是可以合理地拒斥对自己不利的规则。但这样有可能导致出现要求强势群体作出巨大的牺牲而弱势群体的状况改进又十分有限的情况。这样就忽视了强势群体也有合理拒斥的权利。斯坎伦的观点是:社会中的每一个人或群体,不论强势还是弱势,都有合理否决的权利。③ 那么,何谓合理? 何谓不合理? 如果按照某一条规则,强

---

① 参见 *Moral Discourse and Practice*, p. 273。
② 同上。
③ 同上书, p. 281。

势群体可以获得巨大的利益,而弱势群体什么都得不到,或者得到的非常有限,则这样的规则就不合理,弱势群体就可以合理地加以拒斥。如果按照某一规则,强势群体必须作出巨大牺牲,而弱势群体状况的改进又十分有限,则这样的规则也不合理。强势群体因此可以合理地对此加以拒斥。

简言之,一条规则的对或错取决于它的不可拒斥性。但有可能出现这样的情况:有许多规则可能都无法合理地加以拒斥,但彼此之间又是不相容的。在这种情况下,我们并不能作出这样的推论:即由于它们都通过了不可拒斥性的检测,道德上它们不可能是错误的。那么怎样决定其对错呢?斯坎伦认为哪一种规则道德上是可以接受的,哪一种道德上是不可接受的,这要由人们约定俗成的习惯来决定。这样,斯坎伦就将某种道德相对论引入了他的契约论。① 比方说,一方面,禁止任何情况下的卖淫似乎是无法合理地加以拒斥的;但另一方面,在特定的条件下,某些妇女不卖淫就无法生存,不让她们这样做几乎就等于断了她们的生路。在这种情况下,我们似乎也无法合理地拒斥她们为了生存所被迫作出的选择。按照斯坎伦的看法,当两条不相容的原则都通过了不可拒斥性的检测,怎样取舍是由人们约定俗成的习惯所决定的。

三、道德的范围

按照斯坎伦的观点,一个行动的对错是由人们无法合理拒斥的理由所决定的。无法合理拒斥这些理由的人们则构成了一个道德的圈子,或道德的共同体,斯坎伦将之称之为"道德的范围"(scope of morality)。在这个道德的范围内,人们彼此之间都负有责任、义务。那么,怎样决定"道德的范围"?怎样决定契约签约者的资格?斯坎伦认为如果道德的辩护对一个生命体(a being)是讲得通的,那么它就是属于这个道德圈子里的。怎样决定道德的辩护对一个生命体是否讲得通呢?斯坎伦列举了

---

① 参见 *Moral Discourse and Practice*, p. 273。

如下的必要条件。①

(1)这个生命体要有某种利益(a good),也就是说事情可以变得对它更好,也可以变得对它更差。有了这一条件,契约或协议的受托者(trustee)接受对它有好处的事情,而不是对它不利的事情,才能讲得通。

(2)这个生命体的利益和我们自己的利益有足够的相似性,这样我们就可以进行比较。只有在这样的前提下,受托者代表它拒斥一些事情或条件才能得到合理的说明。

(3)这个生命体构成了一个看问题的角度,世界看来是个什么样可以从它的角度来确定。没有这一条,一些假设性的道德辩护对它就无法讲得通。

斯坎伦认为第二、第三项条件是为了排除代表植物或蚂蚁的受托者(因为它们的利益无法和我们的利益相比较,故无法从它们的角度看问题),但代表婴儿和动物的受托者则不在此列。根据这三项条件,斯坎伦认为他的契约论可以说明为什么一个生命体感觉疼痛的能力在许多人看来是构成其道德地位的一个重要因素,因为一个能感觉疼痛的生命体才能有它自身的利益,这一利益可以和我们自己的作比较,它也构成了一个知觉的中心,从此出发,道德的辩护才有可能讲得通。

四、评 价

斯坎伦认为他的理论的优点之一就是能够解释人们道德行为的动机。当代西方元伦理学争论的一个重要问题就是如何解释道德怎样才能成为人们行动的动机。道德是属于实践理性的范畴。道德的理由也就是人们行动的理由。但如果道德的理由根本就无法打动行动者(the agent),那么根据"应该"("ought")蕴涵"能够"("can")的原则(按照这一原则,凡应该做的一定是能够做的。凡不能够做的,也就不应该做,即

---

① 以下条件参见 *Moral Discourse and Practice*, pp. 274-275。

没有理由做),道德的理由就不能成为行动的理由,道德要求的合理性就无法得到充分的证明。由于斯坎伦一方面认为大多数的人都希望将自己的行动建立在他人无法合理拒斥的理由的基础上;另一方面他将"道德的范围"定在那些道德的辩护对他们能够讲得通的人们的身上。因而,斯坎伦就可以解释道德的理由(辩护)何以能够打动这些人按照道德的要求行事。在《我们相互间的责任》一书中,斯坎伦发展了他的动机理论。他的基本思想是:合理的理由对真正有理性的人来说是能够独立形成行为的动机的。① 这一思想对休谟和其他内在主义者所主张的理论提出了挑战。按照休谟和某些内在主义的理论,只有人们的欲求而非与人们欲求无关的理由,才能成为人们行动的动机。

斯坎伦对他的非自利的契约论曾作了这样的概括:"思考对和错,从最基本的层面上考虑,就是根据那些有着恰当动机的人无法合理拒斥的理由,思考面对他们我们能够辩护些什么。"②杰拉尔德·德沃肯(Gerald Dworkin)认为这一理论只能说明道德的理由对那些"有着恰当动机的人",对那些寻求共同契约和共识的人有约束力,但对那些没有恰当动机的人,道德的理由或"契约"则缺少约束力。③ 比方说,社会上的强势群体和弱势群体需要达成某种共识或"契约"以维护某种理想的人与人之间的关系。假定这种共识或"契约"要求强势群体从经济上和政治上尽可能地善待弱势群体。如果强势群体希望寻求这样的"契约",这样的"契约"对他们当然有约束力,即他们无法合理地拒斥这样的"契约",因为他们希望寻求这样的共识。但假设其中一部分人没有这样的愿望,我们很难说他们不愿受此"契约"的约束是不合理的、非理性的。④ 如果道德的规则要由人们无法合理拒斥的理由来决定,当人们没有相似动机的时候,道德的规则就很难决定了。

---

① 详见 T. M. Scanlon, *What We Owe to Each Other*, chapter 1。

② T. M. Scanlon, *What We Owe to Each Other*, p.5.

③ 参见 Gerald Dworkin, "Contractualism and the Normativity of Principles" in *Ethics* 112, April 2002: pp.471—482。

④ 关于斯坎伦对此的回答,参见 *Ethics* 112, April 2002, pp.520—521。

我们认为这里的主要问题是怎样确定什么是合理的,什么是不合理的,即怎样确定合理性(reasonableness)或不合理性(unreasonableness)的标准。按照斯坎伦的理论,契约的每一方都有对规则或道德规则的否决权,但又不是每一个人都可以任意否认规则。因为在斯坎伦看来,这种否决或拒斥的前提必须是合理的。但在富人和穷人之间的利益冲突中,怎样的规则才算是合理的?怎样才能确定其合理性?斯坎伦语焉不详。值得指出的是,斯坎伦是反对直觉主义的,他不认为规则都是不证自明的。规则的合理性必须根据具体的情况,通过一条一条的理由加以证明。这样,合理性的说明取决于论证的理由。那么,什么是理由?斯坎伦认为理由是一个基本的概念,无法通过其他概念定义和说明。如此,他对合理性的标准问题还是语焉不详。

我们想提出的第二个问题是,理由果真是最基本的概念吗?果真无法通过更基本的概念来下定义吗?斯坎伦认为契约论依赖于合理性或非合理性的概念,即什么样的东西是可以合理接受的,什么样的东西是可以合理地加以拒斥的。怎样决定"我"对某一条规则的拒斥是不合理的呢?他认为这"不仅取决于该规则所允许的行动在绝对的意义上对我可能有多大的伤害,也取决于在实行这一规则的情况下和用其他规则取代这一规则的情况下怎样将这种可能的损失和对他人可能造成的损失进行比较。"[1]显然,怎样决定一个行动的合理性必须要考虑到相关人的利益(价值)。我们认为对人们利益和愿望的考虑最终决定一个行为或规则的合理性。我们和斯坎伦之间的区别在于:斯坎伦将这种考虑(consideration),亦即理由,看成是基本的,不可进一步还原的或定义的,而价值则是通过理由来定义和说明的。[2]与此相反,我们认为这种考虑或理由还有进一步的根据,这就是价值。人们的利益和欲求都是属于价值的范畴。实践理性或理由需要通过价值的概念才能得到理解和说明。由于人们之间的利益不可能总是一致的,个人和整体的利益也不总是一

---

①　参见 *Moral Discourse and Practice*, p. 274。

②　详见 T. M. Scanlon, *What We Owe to Each Other*, chapter 2。

致的。在这种情况下,有人就需要作出让步和某种程度上的牺牲。做多大的让步和牺牲才是合理的,没有什么纯逻辑的方法来加以证明。人们就需要讨论(类似谈商业合同时的谈判)、辩论,以达成共识。契约论的理论意义也就在于此。

第六节　荣辱感的实践理性基础

具有道德意义的"荣辱感"应当是合理的,亦即应当建立在得到辩护的道德体系的基础上,或者说合理的"荣辱感"所蕴涵的道德内容应当是合理的、经得起推敲的。由于道德是由人们的行为规范或做人的规范所组成,对它们的辩护最终会导致对实践理性的探究。对经得其推敲的道德内容的辩护,对道德正当性和合理性的证明,可以说服或坚定绝大多数人对道德的信念,进而形成正确的"荣辱感"和行为动机。

合理的"荣辱感"也是以社会主义的核心价值体系为依据的荣辱感。怎样证明和确立社会主义核心价值的具体内容,怎样证明其客观性或独立于主观意愿的正当性和合理性,当代西方伦理学的种种研究成果,特别是契约论的研究成果,值得我们借鉴。我们认为决定道德核心部分的合理性的最终依据是看道德要求是否反映了人们的整体利益,是否公平处理了人们之间的利益关系。其中有两个客观的价值原则值得我们注意。一个是个人自由的原则,即每个人都有按照自己的意志和愿望做自己喜欢做的事情,他人无充分理由不得干涉。这一原则在现实社会中主要体现在宪法所保护的各种公民的个人权利上,如物权法便是体现这一原则的一种法律。一个是公平、平等或正义的原则,即每个公民都享有平等的权利和义务。而保障这些平等的权利和义务主要是代表人民利益的政府的责任。这些价值原则的合理性决定了建立在这些原则基础上的"荣辱感"的合理性。这种合理性也表现为某种客观性,即违背了这些基本价值原则的要求,一个社会就不可能长治久安,各种社会矛盾就会激化,既不利于政权的巩固,也不符合社会中每一个人的利益。这便是社会的整体利益之所在,这便是不依赖于我们主观意志的道德的客观性。所以,相对于认知领域,相对于自然科学,道德虽然有着某种"投射"性的特征,但依然具有不依赖人们的意志为转移的那种"客观性"。建立在这些基本客观价值基础上的爱国主义等其他的价值观,以及建立在所有这些价值基础上的"荣辱感"或"荣辱观",也是具有客观的意义的。

"荣辱感"是一种心理的状态。正当的"荣辱感"不仅依赖于"荣辱感"所蕴涵的道德内容必须是合理的,而且这种心理状态本身也是合理的道德内容能够付诸实施的心理基础。西方哲学家对道德的实践理性基础的研究表明:对道德进行辩护的力度和效果最终取决于被说服者的内部条件,即心理状态,尤其是对待是非的态度。一个极端的利己主义者,一个对他人和社会毫无任何责任心的人,无论怎样对其进行"劝善"的工作,效果都是非常有限的,我们只能通过完善法治的办法来迫使他们不得不按照合理的道德要求办事,使得违反道德要求和人们整体利益的行为也不符合行动者自己的个人利益。另一方面,这也说明对道德的辩护和说理不能完全取代正当合理的"荣辱感"的培养,对这个问题的探讨显然需要另外一种不同的研究理路,这便是我们下面两章将要介绍的道德心理学和美德伦理学的研究理路。

第 三 章
荣辱与情感理性

    "荣辱感"是涉及道德的一种情感,和道德心理学的研究有着密切的联系。在某种意义上,"荣辱感"的正当性不仅涉及"荣辱感"所蕴涵的道德规则和道德体系的正当性,也涉及情感的正当性或合理性。"合理性"(rationality)有时也称为"理性"。西方哲学的主流传统是否认情感的理性因素,认为理性只能来自情感之外,这一传统可以追溯到柏拉图的《国家篇》。在《国家篇》中,追求快乐的欲望似乎具有某种"原罪"的地位,只有理智(即理性)才能赦免这种原罪。这种欲望和激情只有受到理智的制约,才能具有某种正当性。理性的因素来自情感(激情或欲望)之外。但另一方面,柏拉图的《普罗泰戈拉篇》、《美诺篇》等对话中的苏格拉底又明显地认为人的本性是追求美好的事物,厌恶邪恶,因此,无人有意犯错,犯错皆因无知。如此,和欲望有关或受欲望支配的情感似乎具有某种天生的向善的正当性。柏拉图或苏格拉底的这一看法引起了当代西方哲学家关于不能自制的行为究竟是否可能的激烈争论。当代西方美德伦理学家,特别是许多女性哲学家,开始强调情感本身在道德行为或体现美德的行为中的作用,她们倾向于认为人类的善的情感是人类得以生存的与生俱来的品质,这种品质本身就可以构成合理行为的理由,无需另外寻找更进一步的理由。对西方哲学家这些工作的批判和借鉴以及深入研究,将会极大推进我们对作为"荣辱感"的正当性的理性基础之一——情感理性——的认识。

第一节 柏拉图论理智、激情与欲望

柏拉图(Plato,公元前 427—前 347 年)在西方被称为"哲学之父"。他的对话集确立了西方哲学研究的主题,奠定了整个西方哲学发展的基础。英国哲学家怀特海认为整个西方哲学史不过是柏拉图对话的注解罢了。他说道:"欧洲哲学传统最稳定的一般特征,是由对柏拉图的一系列注释所组成的。"①柏拉图一生以追求知识的确定性为己任,这是柏拉图为何重视数学知识的原因之所在,因为只有数学(包括几何学)才具有永恒不变、客观的、普遍必然的性质。据说他所创立的柏拉图学园门前写着这样的话:"不懂几何者,莫入此门。"②柏拉图认为惟有理性,而非感官或感觉经验,能够帮助我们获得这种确定性的认识。柏拉图和孔子一样,热衷于政治事务,目的是为了公正地治理城邦,而现实的统治都是不义的。他认为只有在正确的哲学指导下才能分辨正义和不正义。因此,只有当哲学家成为统治者,城邦治理才能是真正正义的。所以他的哲学和政治紧密相连。他试图以哲学指导政治。他的哲学和政治理想集中体现在他的代表作《国家篇》中。③

在《国家篇》中,柏拉图用他对政治的分析作为对个人的正义或美德分析的基础。他认为一个人的灵魂的组成和结构类似于一个国家的组成

---

① Alfred Whitehead, *Process and Reality*, New York:The Free Press,1978,p.39. 此处译文参见汪子嵩、范明生、陈村富、姚介厚:《希腊哲学史》卷二,人民出版社 1993 年版,第 596页。类似的提法还可参见 Samuel Enoch Stumpf, *Philosophy: History & Problems*, fifth edition, McGraw Hill, 1994, p.531。

② 参见《希腊哲学史》卷二,第 613 页。此处原来的译文为:"不懂几何学者不得入内。"

③ 旧译《理想国》,英文则译为 *The Republic*(《共和国》)。其希腊原名 Politeia 并无理想之意,尽管柏拉图在其中所描述的确实是一个理想的国家,他的哲学思想等也都带有浓厚的理想的成分。参见《希腊哲学史》卷二,第 603、771—772 页。

和结构。一个国家由具有不同美德的阶级所组成,当这些阶级各司其责、和谐相处之时,一个国家便处于正义的状态。对国家正义的分析也可以用于个人正义的分析,即个人灵魂的分析。因此,我们在了解柏拉图关于个人正义及其灵魂的看法之前,最好先了解一下他对一个国家正义状态的看法。

一、一个国家的正义

《国家篇》讨论的主题是"什么是正义"。柏拉图认为一个好的或正义的城邦或国家应当具有智慧、勇敢、节制等美德,[①]当一国之内具有这三种美德的阶级能够同心协力、取长补短、和谐相处的时候,这个国家便具有了第四种美德,即正义。

"美德"在古希腊代表了长处、优点、能力之意。因此,上面的这四种美德也是指的一个好的国家所应具备的四种优点或长处。这些优点或长处指的是一个国家所具有的能力。一个国家具有这四种优点和长处是因为构成该国的不同的人具有这四种不同的优点和长处。正是构成一个国家的人具有了这些不同的长处和优点,因而这个国家也就具有相应的长处和优点。柏拉图在《国家篇》中逐一讨论了这四种美德。

第一个美德是智慧。智慧和我们通常所说的知识是有区别的。前者代表的是一种能力,而后者代表的则是一种命题知识。一个人即使熟读孙子兵法,具备用兵的命题知识,但并不意味着他必然就会用兵,必然就具有用兵的智慧。在当代西方的哲学文献中,尤其在当代西方知识论中,

---

① "节制"的希腊文为"sophrosyne"($\sigma\omega\varphi\rho\sigma\acute{\upsilon}\nu\eta$),英文通常译为"temperance"(节制),也有的译为"self-discipline"(自律)。公认译得较好的、权威的 The Collected Dialogues of Plato(edited by Edith Hamilton and Huntington Cairns, New Jersey: Princeton University Press, 1961)则将其译为"soberness"(清醒,克制,审慎,适度)。汪子嵩等人著的《希腊哲学史》则将其译为"自制"。有关解释参见《希腊哲学史》卷二,第375—376页。为了和后面的不能自制(akrasia)的问题中的"自制"相区别,故在此处按照传统的译法将其译为"节制"。

"知识"主要指的是命题知识。古希腊的哲学家（包括柏拉图）对"智慧"和"［命题］知识"之间的区别不是很严格或不是很清楚，他们常常在二者的意义之间游离。在柏拉图的对话中，常常有这样的情况，先是讨论智慧，突然就变成了知识，反之亦然。在《国家篇》中也是如此。但作为国家的美德的智慧更多的似应指的是一种能力，而不仅仅是命题知识。故，我们在理解柏拉图所说的"知识"时，我们应当记住，当他提到"知识"时，他的"知识"也许包含了"智慧"（一种运用命题知识和分析处理问题的能力或技能）的含义。在柏拉图看来，一个国家的智慧不是指它具有某一类的知识，如木匠的知识，或铜匠的知识，或种庄稼的知识，而是指管理城邦、处理内外关系的知识、保卫国家、统治国家的知识。这种知识只有少数人，如完整意义上的卫士或统治者才具有。①

第二种美德是勇敢。一个国家具有勇敢的美德是因为她的某一部分的人（军人或卫士）拥有这种美德。一个人是勇敢的是说他"在任何情况下"都能够保持对什么样的事情应当害怕的信念，这种信念是法律通过教育所建立起来的。柏拉图所说的"在任何情况下"的意思是指："勇敢的人无论处于痛苦还是快乐，处于欲望还是恐惧，都不会从灵魂中排除这种信念。"②

第三种美德是节制。一个国家的节制和个人的节制不同，它无法通过国家的某一部分具有，从而使得整个国家具有。它必须是整个国家的全体人民，包括统治者和被统治者，都能够节制。统治者能够用理性和正确意见指导和管理国家，被统治者能够接受统治。这样，统治者和被统治者和谐一致，这个国家才能具有节制的美德。③

如前所述，具有以上三种美德的人们如果能够就各自所具有的智慧、节制和勇敢等美德，充分发挥自己的特长，做好自己份内的事，为国家作出最好的贡献，一个国家便具有了第四种美德——正义。各人做好自己

---

① 参见 Plato, *Republic*, 428a—429a。

② 参见 Plato, *Republic*, 429c—d。

③ 参见 Plato, *Republic*, 430e—434c。

份内的事,不去干涉别人的事,彼此自我节制,和谐相处,整个社会便处于一种和谐平衡的状态,这既是一个国家的正义状态,也是一个国家的正义原则。如果木匠超出自己的本分去做鞋匠的事情,商人因为有钱而操纵选举,试图登上军人的位置,或军人试图成为立法者或卫士,那便是不义。①

二、一个人灵魂的正义

柏拉图认为,一个具有美德的人也就是一个正义之人。一个人灵魂的正义也和一个国家的正义的情况类似。一个正义的国家有智慧、勇敢和节制,这三种美德背后所代表的是理智、激情和欲望,而这三种成分也正是一个人的灵魂的三个组成部分。一个正义之人,一个具有美德的人,和一个正义的国家一样,当灵魂中的这三个部分处于一种和谐统一的关系中时,一个人便达到了正义或一种美德的状态。在《国家篇》中,柏拉图认为国家的道德品质来源于个人。国家的品质,如智慧、激情、欲望等都只能来自个人,都可以在个人身上找到根源。② 因此,探讨正义之人的灵魂对柏拉图来说便显得格外重要。

在柏拉图看来,人的灵魂由三个部分组成,即理智(*logistikon*)③、激情(*thumos*)和欲望(*epithumêtikon*)。在柏拉图的早期对话《斐多篇》中,灵魂是不可分的,没有组分,无法摧毁,因此也是永恒不朽的。而激情和欲望则属于肉体,它们时时干扰灵魂的思考和对真理的追求。在《国家篇》中,理智则扮演着原来灵魂的角色。它的主要功能是"计算"或"推理",通过计算推理而实现智慧的深谋远虑。和理智相对的或对立的则

---

① 参见 Plato, *Republic*, 433a—434c。

② 参见 Plato, *Republic*, 435e—436a。

③ 许多英文著作将其译为"reason"(理性)。也有的英文著作将其译为"calculation"(计算,思考),例如, *The Cambridge Companion to Plato's Republic*, edited by G. R. F. Ferrari, Cambridge: Cambridge University Press, 2007, p. 165。理智、知识和计算(度量)在柏拉图那里都是属于同一范畴的东西。

是欲望。在《高尔吉亚篇》中,柏拉图将欲望分为两类:一类是追求好的事物的欲望(*boulesthai*);另一类则是追求快乐的欲望(*epithumia*)。在亚里士多德那里,前一种欲望被确定为理性的欲望,后一种欲望被确定为非理性的〔注意:"非理性的"英文译文为"non-rational",而不是"反理性的"(*irrational*)〕欲望。在《国家篇》里和理智相对立的欲望则是后一类追求快乐的欲望(*epithumia*)。如果欲望不服从理智,不认真地计算一番,一个人的灵魂就可能处于一种不义的状态,他就失去正义的美德。灵魂中的第三个成分则是激情。柏拉图在谈到激情的时候并没有明显的贬义。在柏拉图看来,激情如果不被教育带坏,本性上是理智的盟友。① 比如,当欲望不服从理智的时候,激情往往会表示愤怒。但如果一个人做错了事情,尽管他感到了痛苦,但却不会愤怒。只有当他认识到所受的痛苦是错误的时候(也就是理智发挥作用的时候),他才会愤怒激动起来。这说明激情往往是伴随着理智,并站在理智一边,是理智的盟友。正像国家是由统治者、卫士和工农群众三个部分所组成一样,一个人的灵魂也是由理智、激情和欲望三个部分所组成。理智在灵魂中起着领导的作用,激情服从它并作为它的助手。欲望在灵魂中占据最大部分,就如同工农在一个国家中占据最大部分一样,贪得无厌,因此,必须受到理智和激情的制约。能使快乐和痛苦服从理智的激情就是勇敢。能够认识到灵魂中三个部分各自的利益便是智慧。当理智发挥领导的作用,激情和欲望能够服从理智并且彼此和谐相处的时候,灵魂便处于正义和健康的状态。处于这种灵魂状态的人便是能够有节制的人。如果灵魂中的各个部分互相斗争、争夺领导权、主导权,灵魂便会处于不义的状态。由此可见,灵魂的正义状态和国家的正义状态的原则是一致的。②

---

① 参见柏拉图:《理想国》译者注①,郭斌和、张竹明译,商务印书馆 1986 年版,第165 页。

② 以上参见 *Republic*, 439d–445a,尤见 441c–442b。

三、"爱欲"和激情的合理性

如前所述,柏拉图在谈到激情的时候并没有明显的贬义。他在其他的对话篇中还谈到了另一种激情,即"爱"或"爱欲"(erôs)。在《国家篇》中,柏拉图事实上将灵魂的三个组成部分(理智、激情和欲望)解释为"爱"的三种不同的形式:对知识的渴望(desire for learning)、对荣誉的向往(desire for honor)、对快乐和财富欲求(desire for pleasure and wealth)。对灵魂的理智部分而言,欲望的对象是"认识真理"。① 柏拉图认为哲学家作为知识的真正恋人(the true lover of knowledge),其对知识和真理的"爱欲"或哲学的激情不可能得到释放,"直至他心灵中的那个能把握真实的,即与真实相亲近的部分接触到了每一事物真正的实体,并且通过心灵的这个部分与事物真实的接近,交合,生出了理性和真理……"②由此可见,没有"爱欲"的激情,也就没有爱智慧的激情,甚至也就没有所谓"哲学"("哲学"的本意便是对智慧的"爱")。对爱欲的激情不是消灭它,甚至也不是压抑它,而是引导它。真正的哲学家会将"爱欲"引向知识一类的事物上去。③ 显然,在柏拉图看来,激情或爱欲乃是灵魂中不可缺少的组成成分,它不仅无法消灭,而且是获得知识或真理的必要条件,因为它构成灵魂追求知识的动力,甚至灵魂中的理智本身也可以理解为一种欲望。

问题是,当作为理智的欲望——对知识的渴求和追求快乐、财富的欲望发生冲突时,前者是否能够总是战胜后者? 当一个人明明知道吸烟对自己有害的时候,他是否能够依据自己理智的判断行事,比如,戒烟? 这就导致一个自苏格拉底和柏拉图以来一直困扰着西方哲学家的问题,即不能自制究竟有无可能?

---

① 参见 Plato, *Republic*, 581b。

② 参见 Plato, *Republic*, 490b。译文见柏拉图:《理想国》,郭斌和、张竹明译,商务印书馆 1986 年版,第 238 页。

③ 参见 Plato, *Republic*, 485d。

第二节　不能自制的问题

"不能自制"的希腊文为 *akrasia*，有时也拼写为 *acrasia*。它由一个表示"缺、失"的前缀"a"和意为"力量"、"控制"或"主宰"的词根 *kratos* 所组成。英文哲学文献中常常将其译为"incontinence"、"lack of self-control"、"weakness of will"、"deficient self-control"等。苗力田将其译为"不自制"。有些中文译著则从英文著作中转译为"意志软弱"。与它对立的词是"自制"（*enkrateia*），英语中常将其译为"self-control"、"continence"、"strength of will"等。① "自制"是指的一种能够面对相反的诱惑做自己相信总体上最好的事情。按照亚里士多德的说法，一个能够自制的人是一个在绝大多数人都会屈服的诱惑面前能够主宰或抵制这些诱惑的人。而一个缺乏自制的人则是一个在绝大多数人都能主宰或抵制的诱惑面前屈服的人。② "不能自制"的意思是指违反行动者自己最佳的或更好的判断的行为。也有人认为它代表了一种性格上的缺陷。而所谓"不能自制的问题"则是指：行动者违反自己最佳判断的行事究竟有无可能？

一、苏格拉底：无人自愿作恶

不能自制的问题最初源自柏拉图的《普罗泰戈拉篇》。在该篇对话中，苏格拉底提到了普通大众的一个看法，即："许多人知道什么是最好

---

①　参见 Robert Audi, ed., *The Cambridge Dictionary of Philosophy*, 2nd edition, Cambridge: Cambridge University Press, 1999, p.16。

②　参见 Aristotle, *Nicomachean Ethics*, 1150a11 - 13。当然，这种说法是否成立可以商榷。

的,只是不愿意去获取它。做好事的大门对他们敞开着,但他们却去做其他事。"①在他们看来,自愿求恶是可能的。苏格拉底对此进行了反驳。他认为"无人自愿作恶",也就是说,对一个理智的人来说,违反自己最佳判断行事(即不能自制的行为)是不可能的。苏格拉底说道:"我本人确信无疑,没有一个有理智的人会相信有人会有意犯罪,或有意作恶或干不体面的事情。"②在柏拉图的其他对话篇中,书中的主角苏格拉底也有类似的思想。比如,在《美诺篇》中,苏格拉底提到无人欲求恶事。③ 在《高尔吉亚篇》中,苏格拉底力图证明人不可能自愿作恶。他认为行动和行动的目的是有区别的。人们采取目前的恶的行动或痛苦的行动(如,吃药),是为了以后更大的幸福(如健康)。行动本身也许是不情愿的(如喝苦涩的药水),但为了某种目的(如健康),则不得不喝下苦水。行动者的行动不是为了行动而行动,而是为了某种目的而行动。而这种目的对行动者来说一定是有利的、好的(亦即善的),否则,不会采取目前不能带来快乐的行动。故,僭主或修辞学家(雄辩家)虽然作恶,但并非自愿,他们的行动的最终目的都是为了追求对自己有利的、好的事情。从行动最终目的的意义上讲,无人欲求恶事,自愿求恶的事情是不可能的。④ 在《普罗泰戈拉篇》中,苏格拉底则进一步提出作恶皆因无知(即在目前行动和行动的后果、在短期的快乐和长期的快乐等问题上无知或误判)。在《拉凯斯篇》中,柏拉图借尼希亚(Nicias)之口,转述了苏格拉底的名言:"凡人之善在于他有智慧,凡人之恶在于他的不智。"⑤为何"无人自愿作恶"? 为何不能自制是不可能的呢? 在《普罗泰戈拉篇》中,苏格拉底提出了一番论证。他从普通大众(主张不能自制是可能的人)也能接受的

---

① Plato, *Protagoras*, 352d. 译文见王晓朝译:《柏拉图全集》人民出版社 2002 年版,卷一,第 477—478 页。

② Plato, *Protagoras*, 345d—e. 该篇对话的引语,除非特别注明,均参照 *The Collected Dialogues of Plato* (edited by Edith Hamilton and Huntington Cairns, New Jersey: Princeton University Press, 1961) 中的英文译出。

③ 参见 Plato, *Meno*, 78a—b。

④ 参见 Plato, *Gorgia*, 467c—468d。

⑤ 参见 Plato, *Laches*, 194d。

前提出发,即追求快乐、避免痛苦乃人之本性,当人不得不在两种恶之间选择时,当人可以选择小恶之时,没有人会选择大恶。苏格拉底还进一步证明,快乐本身乃是好事或善事,痛苦本身则是坏事或恶事。这样从人的本性出发,理智的人都会寻善避恶。但为何有些人追求大家看起来是恶的事情呢? 苏格拉底提出的解释是,这是因为他们缺少对事物善恶(快乐和痛苦)本质的认识。他们将某些短期的快乐视为了善事,忽略了它们会带来长远痛苦的后果,误将本质上是恶的东西(即会带来长远痛苦的短期快乐)视为了善事,而将能带来长远快乐的短期痛苦误以为是坏事或恶。这是一种严重的无知。在苏格拉底看来,一个人如果明知有更好的行为,但却采取了与其相悖的行为,此人一定是在与行为相关的价值判断方面犯了错误。因此,凡真正知道善恶对错之人,必然行善,凡作恶者皆因无知。故,不能自制的行动是不可能的。苏格拉底的论证可以大致表述如下。①

(1)每个人的本性或每个人自愿的行动(在最终目的的意义上)都是为了追求快乐,避免痛苦。

(2)快乐本身都是善的,而痛苦本身都是恶的。②

(3)因此,每个人的本性或自愿的行动都是寻善避恶(亦即无人自愿求恶)。

(4)如果一个人真的知道善恶(即具备测度和计算善、恶的技艺,知道什么样的行动代表长远的利益和幸福,什么行动代表短期的利益和幸福等),他一定会寻善避恶。

(5)一个人自愿作恶。

(6)因此,他一定是由于无知。

上面的(3)和(6)表达了苏格拉底的一个核心的看法,即无人自愿求

---

①　参见 Plato, *Protagoras*, 351c—358e。关于究竟应当如何理解苏格拉底的论证,西方学界颇有争论。这里只是一家之言。

②　更准确地说,苏格拉底的意思是说"快乐本身或最终能够导致快乐的结果或快乐大于痛苦的行动都是善的,而痛苦本身或最终导致痛苦或痛苦大于快乐的行动都是恶的。"参见柏拉图的《高尔吉亚篇》和《普罗泰戈拉篇》。

恶,作恶皆因无知。苏格拉底的论证是颇有争议的,至少前提(1)、(2)和(4)都是有疑问的。前提(1)看上去像是一个心理学利己主义的命题,即每个人自愿的行为的最终动机都是为了追求自己的快乐。许多见义勇为、舍生取义的行动,许多帮助他人的自愿的行为,包括动物界某些"利他"的行为都说明这一命题难以成立。前提(2)的主要问题是:能够给个人带来快乐幸福的行动未必就和代表一个社会的整体利益的善一致。尽管苏格拉底和柏拉图坚信二者是一致的,但当代西方元伦理学研究的结果表明二者不可能完全一致。① 因此,前提(2)面临着许多反例。例如,希特勒也许为了自己的或某些人的终极快乐而实行灭绝犹太人的政策,这明显是"恶"事,绝非什么"善"事。前提(4)是争论的核心,也是最有争议的一个前提。我们日常的经验似乎是否定前提(4)的,因为生活中常常出现这样的情况:一个人即使真的知道了何为善恶,即使知道了什么代表长远的利益和幸福,什么代表短期的利益和幸福,他也未必会寻善避恶。由于上述论证建立在许多可疑的前提或假设上,故难以成立。

尽管苏格拉底否定不能自制行动的理由不能成立,但并不说明没有其他的更好的理由。下面我们将介绍当代西方哲学家对不能自制问题的看法和理论。

二、严格意义上的不能自制

人类不能自制的行为似乎是普遍存在的。我们自己本身似乎也常常犯不能自制的毛病。我们明知做一件事情不对,但依然做了。我们明知抽烟不好,但依然抽了。我们明知上网成瘾不利于学习工作但依然无节制地上网。我们中间有些人明知贪污腐化不对,但依旧照贪不误。我们明知扩大贫富差别不利于社会的长期稳定,但我们的许多作为依然是扩大而不是缩小人们之间的收入差别。我们明知建立化工厂会破坏一个村庄或一个地区的环境,我们依然建了。我们这个世界明知再不减少碳的

---

① 参见本篇第二章关于"荣辱"和实践理性的有关介绍和讨论。

排放,全球环境的变暖或变化会产生不可预测的后果,我们依然不愿作出减少碳排放的承诺。我们明知核武器和大规模杀伤性武器可以毁灭地球和人类,我们依然积极研究、发展和改进这些武器。我们明知我们的许多做法后果极其严重,但我们依然故我。总之,我们明知故犯。但究竟什么是严格意义上的不能自制? 我们有必要从哲学上进行认真的探讨。

按照苏格拉底的看法,不能自制的行为必须是自愿的、自由的、没有外来压力的行为。米尔将严格意义上的不能自制的行为定义为:"一种自由的、有意的行为,该行为和行动者采取行动时明确意识到的信念相反,按照该信念,采取行动 A(或不采取行动 A)最符合他自己的价值观、欲求、信念等,而不是,比如,最符合他所不赞成的普通大众的评价性视角。"①我们不妨将行动者在采取行动之前,关于当时所应采取的最佳行动(即将所有相关因素考虑在内,最符合他自己的价值观、欲求和相关认识的行动)的信念称为行动者的"最佳判断"。这样,严格意义上的不能自制行为就可以定义为同时满足如下二个条件的行为:

(1)自由的(有意的);

(2)和行动者的最佳判断相悖(比如,按照行动者的最佳判断应当采取行动 A,但行动者有意采取了与此相反的行动)。

如果不能满足上述条件中的任何一个条件,行动者的行为都不能看成是不能自制的行为。比如,一个吸烟者也许确实认为吸烟不符合自己的长远利益,但无法控制住自己吸烟的欲望,身不由己。这种情况不能算严格意义上的不能自制,因为吸烟者的行为不是自由的,违反了上述的第一个条件。如果一个吸烟者确实意识到吸烟对自己身体有害,但认为放弃吸烟以及吸烟所带来的快乐,忍受戒烟所带来的痛苦,生活变得就没有多大的意义,自己宁可少活几年,也要吸烟。这位吸烟者的行为也不能算严格意义上的不能自制,因为行动者的行为没有满足上面的第二个条件——行动者的行为没有违背行动者自己的最佳判断,而是按照自己的

---

① Alfred Mele, "Weakness of Will", *Encyclopedia of Philosophy*, ed. Donald Borchert, 2006, Vol. 9, p. 729.

最佳判断采取了自己认为的最佳的行为。

第三节　不能自制的不可能性

有些西方哲学家,如黑尔(R. M. Hare),根据上面的两个条件认为,不能自制的行为是不可能的,因为行动者不可能同时满足上面的两个条件。行动者的行为如果违背了自己的最佳判断,那么,他的行为就不可能是自由的。这样,行动者的行为要么是自由的,这样,他的行为一定符合自己的最佳判断,因而不是不自制的行为;要么不符合行动者自己的最佳判断,那么他的行为就是不自由的,因而也不能算不能自制的行为。后一种情况就像希腊神话中的人物美狄亚(Medea)的行为一样,她明知杀害自己的孩子是一种罪恶,当她乞求自己的手不要去杀害自己的孩子,但她无法摆脱向丈夫复仇的怒火,她的意志完全为复仇的情绪所支配,按照黑尔的看法,她心理上是不自由的——她完全无法抵制她周身愤怒的引诱,从而杀害了她和伊阿宋所生的孩子。① 因此,不能自制的行为是不可能的。黑尔的论证可以表示如下:

(1)不能自制的行动 A 是可能的,当且仅当 A 是自由的(有意的)且与行动者的最佳判断相悖。

(2)但 A 不可能既是自由的(有意的),又与行动者的最佳判断相悖。

(3)因此,不能自制的行为是不可能的。

这里争论的焦点在于前提(2)的真假。黑尔支持(2)的主要理由是:

R:凡与行动者的最佳判断相悖的行为都是不自由的行为。

黑尔是规定主义的主要代表人物。按照规定主义,任何发自内心的道德判断或价值判断都意味着判断者对判断所推荐的行动的赞同,因此

---

① 参见 R. M. Hare, *Freedom and Reason*, Oxford: Clarendon Press, 1963, pp.78–79。

也都意味着判断者有采取相关行动的意向。① 比如,一个人如果发自内心地认为"一夜情是不道德的",那么他一定不会有实施一夜情的动机以及采取一夜情的行为。在黑尔看来,一个道德的或规范性的判断必然意味着一种对判断者和他人的命令或规定,而一个人不可能真诚地赞同这样一个命令而不执行它,除非我们由于某种不可抗拒的身体的和心理的原因而无法执行它。黑尔说:"说出下面这段话就如同说出一个重言式的真理(tautology):我们不可能真诚地赞同一个向我们自己提出的第二人称的命令但与此同时又不执行它,如果此刻正是执行它的时机并且执行它完全是在我们(身体和心理的)能力的范围之内。"②黑尔提出了类似如下的论证来证明命题 R:

(1)行动者认定 A 是最佳行动的最佳判断概念上蕴含行动者有采取行动 A 的意向。

(2)凡有依据最佳判断采取行动 A 的意向但却不采取行动 A 的行动者身体上或心理上不具有采取行动 A 的能力。

(3)身体上或心理上不具有采取行动 A 的能力的行动者是不自由的,亦即不得不采取目前的相关的行为。

(4)因此,凡与行动者的最佳判断相悖的行为都是不自由的行为。③

上面的三个前提都遭到人们的反驳。前提(2)是一个非常关键的前提,但显然面临许多反例。比如,一位高水平的篮球运动员在三米线内摆脱了对方球员防守的情况下投篮不中,他有投中的意向,但却没有投中,但这并不能说明他不具有投中的能力。这一反例中的行动者的意向始终不变,即始终是投中篮筐。但严格意义上的不能自制的行动往往会涉及

---

① 参见 R. M. Hare, *The Language of Morals*, Oxford: Clarendon Press, 1952, pp. 168–169, *Freedom and Reason*, Oxford: Clarendon Press, 1963, p. 55 和 *Objective Prescriptions and Other Essays*, Oxford: Clarendon Press, 1999, p. 109。

② R. M. Hare, *The Language of Morals*, Oxford: Clarendon Press, 1952, p. 20.

③ 参见 R. M. Hare, *Freedom and Reason*, Oxford: Oxford University Press, 1963, chapter 5 和 Alfred Mele, "Weakness of Will" in *Encyclopedia of Philosophy*, ed. Donald Borchert, Farmington Hills, MI: Thomson Gale, 2006, vol. 9, p. 729。

行动者意向的改变,比如,一位学生明知上网和自己最佳判断(比如,认真准备第二天的考试最符合自己的利益和愿望)相悖,但依然上网。这其中涉及由原来的按照最佳判断行事的意向转向上网的意向。这样(2)可以修正为:

(2′)有依据最佳判断采取行动 A 的意向但却不得不改变其意向的行动者不具有采取行动 A 的能力。

以避免上面的反例。但行动者意向的改变有两种情况:要么行动者意向的改变伴随着行动者最佳判断的改变,要么行动者意向的改变并没有涉及行动者最佳判断的改变。如果是前一种情况,行动者的意向并没有违背行动者自己的最佳判断,故不能算是不能自制的行为。如果是后者,则前提(1)就无法成立,因为尽管行动者在作出最佳判断时有采取行动 A 的意向但却改变了,但最佳判断依然不变。如此,最佳判断概念上并不必然蕴含判断者采取最佳判断所认定的最佳行动 A 的意向。

前提(3)也面临着反例。即使行动者不能够采取行动 A,我们也需要证明他为何"不得不"选择行动 B,而不是行动 C、D 等。假定一位学生知道上网过多对自己的学业和前途不利,尤其是期末考试复习期间,他的最佳行动应当是学习,而不是上网。即使他因寝室内其他同学嘈杂的说话声而无法学习,我们也需要证明他为何"不得不"上网,比如,证明他无法到其他地方学习,或无法请寝室同学保持安静,等等。也就是说,即使不能按照最佳判断行事,也不意味着目前的选择就是不自由的,不是自己所希望的行为。由于上面论证的三个前提都面临着各自的问题,因此,难以成立。①

此外,(2′)也面临着反例。尽管在许多情况下,比如吸毒或抽烟,行动者违反最佳判断的行为都是"身不由己",但并非任何违反自己最佳判断的行为都是"身不由己"。换一句话说,一个在身体上和心理上自由的人是否总是会选择自己认为最佳的行为是颇有疑问的。奥斯汀(J. L.

---

① 参见 Alfred Mele, "Weakness of Will" in *Encyclopedia of Philosophy*, ed. Donald Borchert, Farmington Hill, MI: Thomson Gale, 2006, Vol. 9, pp. 729–730。

Austin)提出了如下的反例：

> 我特别喜欢吃冰淇淋。贵宾席上的法式半球形的冰淇淋是一人
> 一份。我颇想自己取用两份且真的要了两份，于是屈从于诱惑，甚至
> 可以想象……我的行为违背了我本来的原则。但我自己真的就身不
> 由己了吗？我真的就狼吞虎咽，将餐桌上的冰淇淋一扫而光了吗？
> 我真的就无视同事们诧异莫名的神色我行我素了吗？完全不是。我
> 们常常冷静地屈从诱惑，甚至手段圆滑。①

类似的例子似举不胜举。

加里·沃森(Gary Watson)提出如下论证来证明与行动者自己的最
佳判断相悖的行动是不自由的行动：②

（1）行动者屈从于与自己的最佳判断相悖的欲望既无法通过他
选择不抵制而得到解释，也无法通过他的该谴责的抵制不力而得到
解释。

（2）唯一的解释是行动者无法抵制(unable to resist)，即不具有
抵制与最佳判断相悖的欲望的能力。

（3）因此，凡与行动者最佳判断相悖的行动都是不自由的。

沃森支持前提(1)的理由是，行动者选择满足不抵制与最佳判断相
悖的欲望无法解释不能自制的行为，因为选择不抵制的行为意味着要改
变行动者的最佳判断。而一旦改变了原来的判断，则其行为也就不再是
与最佳判断相悖的行为，因此也就不再是不能自制的行为。行动者抵制
不力也无法解释不能自制的行为(即行动者屈从于与自己的最佳判断相
悖的欲望的行为)。抵制不力不可能是由于行动者认为不值得抵制，因
为值得抵制的信念隐含在行动者的最佳判断之中。抵制不力本身也无法
通过所谓对抵制所需要的努力估计不足而得到解释，因为估计不足和

---

① J. L. Austin, "A Plea for Excuses" (1956/7) in *Philosophical Papers*, ed. J. O.
Urmson and G. J. Warnock, 3rd edition, Oxford: Oxford University Press, 1979, p. 198.

② 参见 Gary Watson, "Skepticism about Weakness of the Will", *Philosophical Review* 86
(1977) 和 Alfred Mele, "Weakness of Will" in *Encyclopedia of Philosophy*, ed. Donald
Borchert, Farmington Hill, MI: Thomson Gale, 2006, Vol. 9, p. 730.

"意志软弱"或"不能自制"不是一回事情。① 因此,唯一的解释是行动者无法抵制,亦即行动者是不自由的。

米尔(Alfred Mele)认为沃森的理由难以成立。选择不抵制并非必然意味着改变原来的判断。米尔认为所谓不能自制的行为可以分为两种。一种情况是,行动者认为选择行动 A 最佳,并因此而采取行动 A,但接着在不改变原来看法的情况下,行动上又退却。一种情况是,行动者认为选择行动 A 最佳,但并没有因此而采取行动 A,行动者并没有从知(信念)而转向行(意向)。假定酒徒张三喝了一小杯茅台酒并且需要开车回家。他认为此刻最好是换成喝茶,但既没有这么做,也没有做的意向,而是头脑清醒地有意识地又喝了另一杯。张三的行为究竟是否是自由的行动是一个未决的问题。如果张三认为最好不喝第二杯酒,但并没有照此办理,那么,他可能无法抵制喝酒的欲望,但这并非因为他无法贯彻他不喝酒的选择。如果张三不作出这样的选择,那么他并非无法贯彻它。如果并非无法贯彻它,沃森认为行动者改变了他原来的判断的理由就无法成立。

米尔认为问题的关键是一个人作出关于最佳行动的最佳判断和贯彻最佳判断的意向或欲望并非总是一致的。他举了一个例子来说明这一点。假定乔在新年前夕考虑戒除吸烟的嗜好。但究竟应当怎样去做才能做得最好,颇费思量。他确信他非戒烟不可,但无法肯定马上就戒是否是戒烟的最佳选择。他担心现在就戒会将自己逼疯。他最后确信半夜时分开始戒烟最好。但他对戒烟还没有下最后的决心。这个例子想说明一个人关于行动的最佳判断和贯彻最佳判断并非是一回事,形成判断和形成贯彻判断的意向在现实中可以是不同的过程,因此也是可以分开的。是否形成贯彻判断的意向也不是以改变最初的最佳判断为先决条件。而沃森没有提出任何论证来证明选择不贯彻最佳判断或选择不抵制与最佳判断相悖的行动何以需要改变原初的最佳判断。②

---

① 参见 Gary Watson, "Skepticism about Weakness of the Will", *Philosophical Review* 86 (1977), pp. 336–338。

② 参见 Afred Mele, "Weakness of Will" in *Encyclopedia of Philosophy*, ed. Donald Borchert, Farmington Hill, MI: Thomson Gale, 2006, Vol. 9, p. 730。

我们认为,违背行动者最佳判断的行为不是如同黑尔和沃森所认为的是不自由的行为。违背最佳判断的行为,至少在许多情形下,恰恰说明行动者具有自由意志,否则,行动者只能按照最佳判断行事岂不是另外一种不自由的行为? 如果我们假定行动者遵从最佳判断的行为是一种自由的行为,那么,这同时也就意味着行动者可以采取其他的,甚至是相反的行为,也就是说,不能自制的行为是可能的。

第四节　不能自制的可能性

戴维森(Donald Davidson)是当代西方哲学家中试图系统分析不能自制的可能性的主要代表人物之一。有两种意义上的不能自制:一种是一般意义上的不能自制,一种是道德意义上的,亦即特殊意义上的不能自制。戴维森讨论了一般意义上的不能自制。他将不能自制的行动定义如下:①

> 行动者的行动是不自制的,当且仅当:
>
> (a)行动者有意采取行动 x;
>
> (b)行动者相信还有另一可供选择的行动 y;
>
> (c)行动者综合所有相关的因素判断:行动 y 比行动 x 更好。②

条件(a)要求不能自制的行动本身须是有意而为之,而不能是无意碰上的。比如,一位母亲检查熟睡婴儿时小心翼翼地避免制造任何杂音以免惊醒了婴儿(这一行动含有她对此时此景应当采取的行动的最佳判断),然而,她突然不小心打了一个很响的喷嚏,这一行为不是有意而为之,故不能算不能自制的行动。又比如,一位围棋手在和另一位旗鼓相当

---

① 参见 Donald Davidson, "How Is Weakness of the Will Possible?" (1970), reprinted in Davidson's *Essays on Actions and Events*, Oxford: Clarendon Press, 1980, p. 22。

② (c)是最佳判断的一种表达形式。

的棋手下棋时认为最好不要将子下在对方感到"舒服"的位置,他认为将子下在 A 点一定会使对方感到难受,故有意将子下在 A 点,却不知这正中对方下怀。这位围棋手的行动和他的"最佳判断"相悖,但也不能算不自制,因为让对方感到"舒服"并非其本意。按照条件(a),不能算不能自制的行动。条件(b)似乎包含了这样的意思,即不能自制的行动也应当是自由的,即行动者可以选择 x,也可以选择 y。条件(c)则是代表了行动者关于此时此刻最佳行动的"最佳判断"。按照戴维森的上述定义,不能自制的行为并非逻辑上不可能。戴维森举了一个例子来说明不能自制的行为。假如我已经上床入睡,突然记起,还没刷牙。在我看来一晚上不刷牙不会影响到我牙齿的健康,但反而会影响我一夜的安睡。综合所有相关的考量,我得出结论我待在床上更好。尽管如此,我依然勉强起床,进卫生间刷牙。按照上面的定义,我的行为是不自制的。又比如,一位男士返回公园将一棵可能对行人造成危险的树枝扶回原来的位置,他也知道他的善行不会有人看见。他有将树枝移去的动机,因为它有可能威胁到行人的安全。但他也有不返回公园的动机,毕竟,这会花去时间和精力,平添许多麻烦。按照他自己的判断,不返回公园优于返回公园,即他最好的行动应当是不返回公园。尽管如此,他还是返回了公园,排除了树枝对行人可能造成的危险。简言之,他的行动与他自己的最佳判断相悖。①

但为何许多人认为不能自制是不可能的呢? 按照戴维森的分析,这是因为有两个看上去似乎合理的假设导致人们认为不能自制是不可能的,这两个假设是:

P1:如果行动者想采取行动 x 更甚于采取行动 y 且行动者相信自己可以自由地选择采取行动 x 或 y,那么当他有意采取行动 x 或 y 之时,他会有意采取行动 x。

P2:如果行动者判断采取行动 x 比采取行动 y 更好,那么他想采

---

① 参见 Donald Davidson, *Problems of Rationality*, Oxford: Clarendon Press, 2004, p. 174。

取行动 x 更甚于想采取行动 y。①

由 P1 和 P2,可以得出:

　　　　P:如果行动者判断采取行动 x 比采取行动 y 更好且行动者相信
　　　自己可以自由地选择采取行动 x 或 y,那么当他有意采取行动 x 或 y
　　　之时,他会有意采取行动 x。

然而,人们通常将不能自制的行为理解为满足如下命题的行为:

　　　　A:如果行动者判断采取行动 x 比采取行动 y 更好且行动者相信
　　　自己可以自由地选择采取行动 x 或 y,那么当他有意采取行动 x 或 y
　　　之时,他会有意采取行动 y。

P 和 A 逻辑上似是不相容的,如果前者为真,后者就不可能为真,反之亦然。也就是说,P 逻辑上蕴含着对不能自制行为的否定。这正是所谓不能自制的问题。那么,怎样解决这一问题? 最常见的解决这一问题的方法是放弃或否定 P(或 P2),亦即证明 P(或 P2)为假。戴维森承认人们可以轻而易举地做到这一点。但否认 P(或 P2)往往导致所谓极端外在主义的观点。按照极端外在主义,道德判断或评价性判断并不蕴含行动者采取相应的行动或具有相应的行动动机。这样,在极端外在主义者看来,作出一个评价性的判断和是否按照该判断所建议的行动行事是两个不同的事情,二者并无必然的联系。因此,存在着不能自制的行动不足为奇。但问题是,不能自制的行动并非是一个不足为奇的事情,人们对违反最佳判断的不能自制的行动确实感到困惑:一个理智的人怎么能够采取和自己的最佳判断相悖的行动呢? 外在主义似乎无法解释人们的这种困惑。② 而内在主义似乎可以很好地解释人们的这种困惑:因为评价性的判断意味着判断者赞同该判断所推荐的行动,具有按照该判断行事的动机,但另一方面人们似乎常常不按照自己的最佳判断行事,于是"困惑"

---

①　参见 Donald Davidson, "How Is Weakness of the Will Possible?" (1970), reprinted in Davidson's *Essays on Actions and Events*, Oxford: Clarendon Press, 1980, pp. 22-23。

②　关于外在主义的问题,可参见 Sarah Stroud, "Weakness of Will", *The Stanford Encyclopedia of Philosophy* (*Fall* 2008 *Edition*), Edward N. Zalta (ed.), URL = <http://plato.stanford.edu/archives/fall2008/entries/weakness-will/>。

产生。戴维森试图在保留在他看来有点不证自明的 P（或 P2）的前提下来解决不能自制的问题。① 他的解决方法是区别有条件的（conditional）和无条件的（unconditional）评价性判断，并进而证明 P（或 P2）和不能自制的行为是相容的，从而解决不能自制的问题。②

所谓有条件的判断是指相对于或根据某个或某些考量、证据或理由 r 的判断。比如，综合所有相关因素（all things considered）的评价性判断，就是一种有条件的、相对于行动者已知的所有相关的因素的判断。为了理解这种判断，从而理解不能自制行动的可能性，我们不妨先考察一下综合所有相关因素的评价性判断形成的逻辑的过程。我们判断行动 a 比行动 b 更好往往是根据某个考量或理由 r。我们可以将这种初始的（*prima facie*）评价性判断表达如下：

R1：根据理由 r^1，行动 a 比行动 b 更好。

比如，根据价钱的考量（在同等条件下，越便宜的东西越好），购买 A 牌的电视比购买 B 牌的电视更好。我们还应当注意到，根据其他的考量，行动 b 也许优于行动 a：

R2：根据理由 r^2，行动 b 比行动 a 更好。

比如，根据图像的质量（B 牌电视的图像质量比 A 牌的电视更好），购买 B 牌的电视比购买 A 牌的电视更好。我们还可以有许多不同的考量或理由，如电视的式样，功能，音响等，这些不同的考量也许会导致不同的，甚至彼此冲突的关于行动的评价。在不得不作出行动选择的情况下，我们必须权衡不同的理由或考量，作出内容更为详尽的评价，比如：

---

① 按照 Sarah Stroud 的看法，严格地讲，戴维森并未完全接受 P1 和 P2。参见 Sarah Stroud, "Weakness of Will", *The Stanford Encyclopedia of Philosophy* (*Fall* 2008 *Edition*), Edward N. Zalta (ed.), URL = < http://plato. stanford. edu/archives/fall2008/ entries/ weakness–will/>,注 11。

② 关于两种评价性判断的区别，参见 Donald Davidson, "How Is Weakness of the Will Possible?" (1970), reprinted in Davidson's *Essays on Actions and Events*, Oxford: Clarendon Press, 1980, pp. 37–41。

R：根据理由 r^1，r^2...r^n，行动 x 比行动 y 更好。

假定 e 代表所有的行动者所相信的和他的决策相关的因素的集合，则综合所有相关因素的评价性判断可以表示如下：

ATC：根据所有的证据 e，行动 a 比行动 b 更好。

以上是有条件的、相对的评价性判断。另一种判断则是"无条件的"或"竭尽所能的"（all-out）判断。这种判断往往是一种直截了当的判断，即：

U：行动 a 比行动 b 更好。

我们必须注意：命题"ATC"和命题"U"的含义是不同的，前者和后者并无逻辑上的联系，由"根据所有的证据 e，行动 a 比行动 b 更好"，逻辑上并不能得出"行动 a 比行动 b 更好"。我们不妨借助于认知推理的一个例子来说明二者之间的区别。假定大侦探波洛正在调查一件谋杀案。他发现如下事实（证据）：谋杀的武器是马斯塔德上校的，马斯塔德上校有不在现场的证明，等等。假定他作出如下判断：

根据所有的已知的证据，马斯塔德上校有犯罪嫌疑。

但这并不等于马斯塔德真有犯罪嫌疑或真的是罪犯，或者说，我们并不能由此必然推出马斯塔德上校就是谋杀者。同样，从 ATC 判断，我们也无法必然推出 U 判断。①

根据有条件的评价性判断和无条件的评价性判断之间的区别，我们可以将前面的命题 A 重新表述如下：

A'：如果行动者判断，根据所有的证据 e（即综合所有相关因素），采取行动 x 比采取行动 y 更好且行动者相信自己可以自由地选择采取行动 x 或 y，那么当他有意采取行动 x 或 y 之时，他会有意采取行动 y。

这本质上正是前面戴维森对不能自制的定义。按照这一定义，行动

① 这个例子取自 Sarah Stroud，"Weakness of Will"，*The Stanford Encyclopedia of Philosophy*（*Fall* 2008 *Edition*），Edward N. Zalta（ed.），URL = < http://plato. stanford. edu/archives/fall2008/entries/weakness-will/>。

者的最佳判断是相对于"所有的证据 e"的、有条件的判断,而在命题 P 中的最佳判断则是直截了当的、无条件的或竭尽所能的判断。由于在命题 P 和命题 A 中的评价性判断的含义不同,故我们一方面可以保留对命题 P 的信念,另一方面又可以承认不能自制行为的可能性,即 P 和 A 可以同真,从而解决了不能自制问题的困惑。

从戴维森的分析我们可以看到,他所定义的不能自制的行为并非是一种完全没有任何理由或根据的行为。按照戴维森的说法,"一个意志软弱的[不能自制的]行动发生在一种冲突的语境之中;不能自制的行动者有他所相信的理由支持和反对某一行动。他基于他的所有理由判断,某一个行动是最好的,然而却采取了另一行动;他的行动'和他自己的最佳判断相悖'。在某种意义上,我们可以很容易地解释他为何采取了他所采取的行动,因为他有他行动的理由。"①如同我们前面所分析的,这种理由并非逻辑上必然和无条件的、竭尽所能的判断不相容。因此,不能自制的行动者并非犯了"一种简单的逻辑错误"②,并非自相矛盾。虽然如此,戴维森认为不能自制的行动者在理性方面依然有缺陷,因为 ATC 的判断毕竟给行动者提供了采取某一行动 a 的充分的理由。不能自制的行动违反了一种规范性的原则,戴维森将这一原则称为"自制原则"(Principle of Continence),按照这一原则,"一个人不应当有意采取某一行动,当一个人基于一个人所能够认识到的所有的考量判断另一个可行的行动更好。"③正是在不能按照充分理由行事的意义上,戴维森认为不能自制的行动者没有理由采取他所采取的行动,因此,他的行动是不理性的(irrational)。

黑尔对此会做何回答呢? 黑尔认为,在直觉的层面上,道德上不能自

---

① Donald Davidson, *Problems of Rationality*, Oxford: Clarendon Press, 2004, p. 200.

② Donald Davidson, "How Is Weakness of the Will Possible?" (1970), reprinted in Davidson's *Essays on Actions and Events*, Oxford: Clarendon Press, 1980, p. 40.

③ Donald Davidson, *Problems of Rationality*, Oxford: Clarendon Press, 2004, p. 201. 自制原则的最早表述见 Donald Davidson, "How Is Weakness of the Will Possible?" (1970), reprinted in Davidson's *Essays on Actions and Events*, Oxford: Clarendon Press, 1980, p. 41。

制的行动是可能的。在直觉的层面上,人们将道德原则作为"所予"(given)加以接受,"知道"说谎是不对的,但在某些情况下依然说谎。但他认为即使是在直觉的层面上,道德原则依然有其"规定性",这种规定性一方面表现在行动者没有按照道德原则行事会感到内疚,另一方面没有按照其行动的原则依然在行动者的内心发挥着作用。当然行动者内心面临两种原则而只能按照其中一种原则行动的时候,行动者的行动揭示了行动者最后所"规定"(或赞同)的原则。① 按照黑尔的这种分析,他似乎认为戴维森所说的不能自制的行为并非是违背行动者的最佳判断的行为,因为行动者的行动本身揭示了他所最后赞同的原则或综合所有相关因素所下的最后的判断。如此,一般意义上的不能自制的行动依然是不可能的(尽管在直觉的层面上,道德上的不能自制是可能的)。

对戴维森的解答的主要反对意见是:戴维森并没有真正完全证明不能自制的可能性——他只是证明了行动者违背有条件的评价性判断的可能性,但他并没有证明行动者违背自己的无条件的评价性判断的可能性。而只要戴维森还想保留命题 P(或 P1 和 P2),他就很难证明行动者何以能够违背自己的无条件的评价性判断的可能性。戴维森之后的许多哲学家试图从某种外在主义的立场来解决不能自制,特别是后一种不能自制的问题,即证明违反竭尽所能的判断的不能自制的可能性。他们认为评价和行动动机之间并无必然联系。如斯托克(Michael Stocker)就认为"动机和评价并非如人们所常认为的那样处于一种直截了当的关系之中","它们之间的相互关系充塞了大量的复杂的心理构造,如情绪,精力和兴趣"。② 如同我们前面所谈到的,米尔认为作出一个评价性的判断和贯彻该判断的意图或动机可以是行动中不同的过程,也就是说,它们并非一回事,它们之间也没有逻辑上的必然的联系。他提出许多理由来说明

---

① 参见 R. M. Hare, "Weakness of Will" in *Encyclopedia of Ethics*, ed. L. Becker, New York: Garland, 1992; reprinted in Hare, *Objective Prescriptions and Other Essays*, Oxford: Clarendon Press, 1999, pp. 113–114。

② Michael Stocker, "Desiring the Bad: An Essay in Moral Psychology", *Journal of Philosophy* 76 (1979): pp. 738–739.

为何行动动机和行动者的判断会分道扬镳。某种唾手可得的报酬或奖励和行动者通过反思赋予它们的价值在行动动机方面可以不成比例,也就是说,前者可以在行动者内心产生很强的动机,尽管行动者认为它们只是较弱的行动理由。① 对戴维森的解答的另外一个主要的反对意见则是:戴维森所说的不能自制的行动未必就是不理性的行为,它们有可能是潜在的合乎理性的行为。

第五节　休谟论理性与情感

大卫·休谟(1711—1776 年)是西方哲学史上最著名和最有影响的哲学家之一。休谟道德哲学的核心思想是:道德原则不是建立在纯理性或直觉的基础上,而是建立在感觉或情感的基础上。休谟在《人性论》中力图证明两点。他说道:"我将力求证明,第一,理性单独决不能成为任何意志活动的动机,第二,理性在指导意志方面并不能反对情感。"②休谟所说的"理性"或"纯理性"指的是认知理性。

一、理性是情感的奴隶

在休谟看来,道德是关于行动的,而认知理性从来就不可能主动促使我们采取行动,不可能成为我们行动的动机,因为认知理性的作用仅限于观念之间的关系和经验事实的判断。而关系和事实的判断本身并不能产生我们行动的动机。促使我们采取行动的是对快乐或痛苦的期望,包括对他人痛苦的同情。情感或激情(passions),而不是认知理性,是由于对

---

① 参见 Alfred Mele, *Irrationality*, Oxford and New York: Oxford University Press, 1987, chapter 6。

② 休谟:《人性论》,关文运译,商务印书馆 1996 年版,第 451 页。

快乐和痛苦的期望或展望所唤起的。认知理性所能做的只是告诉行动主体他所采用的获取快乐的手段是错误的,或者说,还有更有效的手段,而对情感本身是无法批评的。休谟这里所提出的思想是:理性只能对关于事实的命题的真假问题作出判断,而道德不是关于真假的,是受情感所左右的。故,理性对于道德,至少对于道德的辩护是无能为力的。因此,休谟说出了一段名言:"当一个情感既不建立在虚妄的限设上,也没有选择达不到目的的手段时,知性就不能加以辩护或谴责。人如果宁愿毁灭全世界而不肯伤害自己一个指头,那并不是违反理性。如果为了防止一个印第安人或与我是完全陌生的人的些小不快,我宁愿毁灭自己,那也不是违反理性。我如果选择我所认为较小的福利而舍去较大的福利;并且对于前者比对于后者有一种更为热烈的爱好,那也同样不是违反理性。"①"理性是、并且也应该是情感的奴隶,除了服务和服从情感之外,再不能有任何其他的职务。"②在某种意义上,休谟将情感看得高于认知理性,因为他说"理性是、并且也应该是情感的奴隶"。用现代的话来说,他将包含情感因素的实践理性或情感理性看成是高于认知理性的。这一看法在某种意义上具有合理性,因为人的任何认识活动最终要变成能够服务于人类利益的行动才能变得真正有意义,而在休谟看来,情感在这一从"知"到"行"的转变过程中起着决定性的作用。

休谟关于理性与情感的区别以及关系的思想成为后来事实与价值区别的主要的思想来源。尽管休谟认为理性是情感的奴隶,但这并不意味着他的道德学说是反理性主义的,或者说,没有任何的规范性,因为他所说的"理性"其实是认知理性,而认知理性和实践理性的区别后来在康德那里才开始明确起来的。当然,在道德和实践的领域里,也有认知问题,这种认知不仅仅是经验事实的认知或先验命题的认知,也包括道德、善恶的认知,后面的这种认知则是属于实践理性的范畴。休谟则认为道德"认知"主要受情感左右,而不受认知理性的影响,认知理性是情感的奴

---

① 休谟:《人性论》,关文运译,商务印书馆 1996 年版,第 454 页。
② 休谟:《人性论》,关文运译,商务印书馆 1996 年版,第 453 页。

隶。休谟的这些思想其实在某种程度上已经包含了实践理性和情感理性的萌芽,因为他认为认知理性在指导意志方面并不能反对情感。换句话说,情感具有初始的(prima facie)合理性,其辩护或反驳的路数不同于认知理性的路数。休谟的这一思想为后来的西方元伦理学的非认知主义发挥到极致。

二、情感的评价

如果认知理性对于情感的产生与选择无能为力,那么,我们对情感有无可能进行非认知意义上的评判呢?休谟显然认为是可以的。休谟研究道德和情感的方法纯粹是经验主义的,即依据经验事实的。但他依然采用了某种规范性的概念,即美德与恶习(vices)。他认为对道德判断的解释最终可以归结为对人们心理倾向(disposition)的解释。

在休谟看来,道德评价就是道德判断,反之亦然。休谟关于道德判断的本质的看法至少有三种解释:非命题的,情感的描述,心理行为倾向的解释。按照心理倾向的解释,我们说一个品性(trait)是好的,就是说这个品性具有倾向性的属性,这种属性能够引起具有某种品质的人的赞许。

在休谟看来,我们对人或他们品性的评价源于我们的情感(sentiments)。美德或恶习是这样的品性,对它们的思考,可以产生赞许(approval)或不赞许(disapproval)。所谓道德情感(sentiments)就是我们今天所说的情绪或情感(emotions)。赞许相当于某种快乐,不赞许相当于某种痛苦或不舒服。这和亚里士多德的幸福目的论对美德的解释不同。道德情感通常都是冷静的,虽然有时可以因情因景而强化。它们通常是快乐和痛苦,但这种快乐和痛苦与骄傲和卑谦(humility)、爱和恨的四种激情(passions)有关:当我们对另一个人产生赞许的感觉时,我们往往倾向于爱他或尊重他。当我们对自己身上的品性的赞许时,我们会有骄傲的感觉。这里所讲的骄傲有点类似于我们所讲的"荣",卑谦接近于"辱"。

　　问题是：我们的情感是有可能出错的。我们常常会一怒之下作出后悔不迭的事情。我们有时候也会感情用事，感情用事的结果也往往是不好的，或事与愿违的。如果美德真的就是我们情感上的赞许感，那么，"感情用事"这些通常看起来属于"恶习"或"缺陷"的性格或行为也会成为美德了。休谟的回答是：道德的情感和个人普通的情感有区别，这个区别便是道德的情感必须是站在共同观点的立场上所产生的情感。我们只有持客观的（disinterested）态度和站在公正立场上所产生的情感才算是道德的情感，这种情感才能成为我们判断美德和恶习的依据。

　　那么，这种赞许或不赞许的道德情感究竟是指的什么情感呢？研究休谟的专家们有不同的解读。有的认为，休谟所说的道德情感本身由骄傲、卑谦、爱和恨四种激情所组成。有的认为，休谟的道德情感不过是易于引起上面这四种情感的快乐（相当于赞许）和痛苦（相当于不赞许）。不过，不管怎样，休谟的道德情感似应包含如下要素：第一，它或是赞许，或是不赞许；第二，赞许相当于快乐，不赞许相当于不舒服（uneasiness）或痛苦；第三，它必须是站在共同观点的立场上，或客观的、不带个人好恶的立场上看问题所产生的情感。

三、判断美德与恶习的标准

　　尽管理性无法判断情感的好恶，但情感却可以帮助我们区别具有德性的（virtuous）品性（即美德）和具有恶性的（vicious）品性（即恶习），或者说事实上我们是根据我们的情感来决定一个品性是美德还是恶习。我们根据我们感到赞许的情感来决定一个品性（trait）是美德，我们根据我们感到不赞许的情感来决定一个品性是恶习。我们赞许行为，如果该行为源于我们所赞许的品性。我们赞许的品性（即美德）有很多，它们必须具备下列条件之一，或具有下列特征之一：①它使拥有者即时（立马）感到惬意；或，②让他人感到惬意；或，③对拥有者有用（长远的观点看有利于拥有者）；或，④对他人有用。这些条件与其说是对美德的定义，不如说是对美德经验现象的概括。① 恶习则相应有相反的特征:①使拥有者不惬意;②让他人不惬意;③对拥有者没有好处;④对他人没有好处。

由于是对经验的概括,这就有一个问题:凡现实的未必就是合理的。事实存在的,未必就是应当的。满足这些条件的未必就一定是美德,不满足的未必就是恶习。比如,常识的和经验的往往会不一致,会产生彼此的矛盾。比如,上述标准彼此会产生矛盾,即能够满足其中之一的标准,未必就能够满足另一个标准。那么,究竟怎样才能确定一个品性是美德?休谟实际上并没有提出一个连贯一致的标准。休谟也许只是想说明,上述条件中至少应当有一个条件是美德的必要条件,而非充分条件。

休谟在《人性论》中还详细讨论了产生道德情感的原因。他最终认为道德情感或道德上赞许和不赞许的情感源于人们一种心理结构,一种心理机制——同情心。这一结论和中国先秦时期孟子的看法一致。

第六节　富特的"与生俱来的善"

菲利帕·富特(Philippa Foot)1920 年出生在英国,是当代英美最著名和最有影响的一位女性哲学家。她是当代美德伦理学的奠基者之一,她的亚里士多德式的自然主义在 20 世纪最后 20 多年的时间里重新点燃了人们对美德伦理学的兴趣。她也是 20 世纪下半叶在英美道德哲学的核心争论中始终占据显著的和持续地位的为数不多的几位哲学家之一。她曾在美国许多著名大学执教,如康奈尔大学、加州大学伯克利分校、麻省理工大学、普林斯顿大学、纽约大学、斯坦福大学等。1991 年在加州大学洛杉矶分校退休。

富特虽然写了不少极具影响的、涉及英美现实道德问题(如流产和安乐死)的文章,但她对当代英美哲学的主要贡献却是在道德基础理论

---

① 参见休谟:《道德原则研究》,曾晓平译,商务印书馆 2007 年版,第 114 页注①。

方面。她的著述主要探讨了三个互相联系的主题:美德是道德的核心,伦理学的自然主义,和实践理性在道德生活中的地位。她的思想的发展可以分为早期,中期和后期三个不同的阶段。她一生最后的思想成果反映在她的《与生俱来的善》(*Natural Goodness*)(2001)一书中。

在 20 世纪 50 年代,富特写了许多文章反对史蒂文森等人所代表的非认知主义的思想。按照非认知主义,道德话语不过是人们情感或承诺的表达,而不是对行动和行动选择性质的描述,无所谓真假。如此,道德判断似乎便不具有自然科学的那种客观性。富特极力反对这种思想倾向。她认为道德必须考虑人类福祉或兴盛的需要,道德判断的真假是由人类彼此需要的事实所决定的。这一观点被看做是一种自然主义的观点,因为按照这种观点,道德必须和某些自然的或客观的事实(如人类彼此互相需要等)相联系,必须在意我们的行动对他人的影响。这种自然主义是一种以美德为核心的自然主义。富特认为:"一个完满的道德哲学应当从一个关于美德和恶习的理论出发。"①道德行为的最终标准是人类自然而然的需要。而人们的美德便是那些帮助我们实现或满足这些需要的品质。

富特一生思想经历了不同阶段的变化,但从来没有放弃以美德为核心的自然主义。这种自然主义可以追溯到亚里士多德的伦理学。但她的亚里士多德式的自然主义面临着严重的挑战。富特最初认为,如果拥有美德并按照美德行事是人类福祉的必要条件,那么拥有美德并按照美德行事也应当符合美德拥有者的利益或福祉。但我们的日常经验告诉我们美德并非总是符合按照美德行事的行动者的利益。有些美德,如正直或作为美德的正义(justice),往往不符合行动者的利益,因为正义总是在某些方面限制我们追求我们自己个人利益的行为。因此,要么正义不是一种美德,要么美德并非必然符合我们自己的利益。这种两难被称为"塞

---

① Philippa Foot, "*Virtues and Vices*" *and Other Essays in Moral Philosophy*, Oxford, U. K.: Oxford University Press, 2002, p. xi.

拉西马柯"(Thrasymachus)的挑战。① 无论是哪一种情况,我们都无法真心地将正义作为一种有利于行动者的美德而加以推荐。我们也不得不承认符合正义的德行并非是任何人任何时候都有理由采取的行为,因为符合正义的德行并非总是合乎行动者的利益。

富特早期(20世纪50年代末)对此的回答是:不义的行为往往得不偿失,不义或作为不义之人的潜在的代价过高而不值得去尝试。富特后来认识到这一回答建立在一个错误的假设的基础上。正义固然是一种美德,因为它对整个人类幸福是必不可少的,但将美德增进美德拥有者的利益视为美德服务于人类幸福的唯一方法则是一种错误。正义涉及的是人类的共同幸福。如果每个人都打算作弊、说谎、偷窃,人类的生活便会变得糟糕。因此,美德和人类的福祉有着密切的联系。但我们并不能由此得出个人的不义行为必然不利于行动者自身。富特的这一思想转变标志着她开始过渡到她思想发展的中期阶段。②

富特曾接受过一种源于康德的正统的观点,即道德判断给每一个人以行动的理由。一个人有理由采取行动仅当采取这样的行动可以有助于实现他或她的利益或目的。由于按照正义或仁爱等美德行事并非必然提升行动者的利益或目的,因此,行动者并非总是必然有理由按照美德要求行事。富特得出的结论是:对道德的坚持并非源自实践理性的权威,而是源于某些偶然的依恋(attachments)和信仰(devotions),如对公共利益的热爱,对残忍行为的厌恶等。因此,道德的理由是"有条件的"或"假言的"(hypotehtical),而非"无条件的"或"绝对的"(categorical)。③

但富特最终还是放弃了上述在西方哲学传统中根深蒂固的想法,这标志着她思想发展的第三个阶段。在这一阶段,她提出了一种全新的实践理性的思想:将美德和实践理性联系起来。在她看来,作为不义的恶习

---

① 详见 Plato, *Republic*, Book I.

② 参见 Philippa Foot, *"Virtues and Vices" and Other Essays in Moral Philosophy*, Oxford, U. K.: Oxford University Press, 2002, pp. xii–xiii.

③ 以上参见 Philippa Foot, "Morality as a System of Hypothetical Imperatives" in *Philosophical Review* 84 (1972)。

是一种自然的或天生的缺陷。打个比方,当一头母狮从不知道如何照料幼狮时,我们认为这是母狮的一种缺陷,而不义作为一种恶习就类似这样的缺陷。恶习,或者说道德的缺陷,涉及个人的意志,涉及个人对理由的承认和反应等心理方面的机制,而美德则是一种善的选择的形式(a form of goodness in choosing)。美德和恶习都涉及选择某些考量,而非另一些考量作为行动和欲求的理由。富特认为我们并没有一种单一的实践理性。实践理性包含不同的方面。道德的原则和自利的原则只是实践理性的不同方面,谁也不能代替全部的实践理性。我们不能说按照个人利益行动总是符合理性的,我们也不能说按照道德行动总是符合理性的。要具体情况具体分析。但我们怎样具体的情况具体的分析以决定行动者最有理由做何事呢? 这就涉及我们选择的意志。那么,怎样区别哪些选择的意志体现了美德、哪些选择的意志体现了恶习呢? 她认为意志的善(the goodness of the will)是一条连接和贯穿实践理性不同方面的轴线。具有某种道德的品质,或者说按照意志的善行事是我们生存的必要条件,就像植物吸水,鸟儿垒巢,狼成群以捕食,母狮教幼狮捕食等是它们生存的必要条件一样。这种意志的善是人类得以生存的与生俱来的善的本能。这种有助于整个人类生存的本能的意志是实践理性最后的依据。① 富特将实践理性和美德联系起来的思想彻底颠覆了传统的实践理性的概念。按照传统的观念,对实践理性阐释和解说完全独立于关于美德的阐释和解说。对道德的辩护,包括对美德的辩护,均需按照实践理性的标准进行。富特在《与生俱来的善》中推翻了这种看法。她认为传统的看法是一种错误的看法,因为所谓实践理性就是要在行动的选择中推理正确,而如果我们不能解说什么是一个人的正常的功能,我们就不可能说明什么是行动选择中的正确推理。② 这样,按照富特的观点,实践理性的阐明依赖于我们对美德和恶习的自然主义的理解。由于对与生俱来的善的解

---

① 参见 Foot, "Does Moral Subjectivism Rest on a Mistake?" in *Oxford Journal of Legal Studies*, Volume 15 (Spring 1995), pp. 1–14; reprinted in Philippa Foot, *Moral Dilemmas and Other Topics in Moral Philosophy*, Oxford: Clarendon Press, 2002。

② 参见 Philippa Foot, *Natural Goodness*, Oxford, U. K. : Clarendon Press, 2001。

释和人的本能有着密切的关系,而人的本能在某种广泛的意义上是人的情感的来源之一,因此,富特的理论也可以看做是对情感理性的某种辩护。

富特的理论面临至少如下诘难:第一,究竟怎样清楚地说明在何种意义上善是自然的或与生俱来的(natural)。富特承认,关于什么是理性的/合理的,什么是不理性的/不合理的争论无法仅仅通过自然科学的方法加以解决。第二,具体的文化显然都是通过其成员形成其道德的内容和对道德的理解,但似乎并非任何文化的道德都是合理的,尽管生活在这些文化中的人似乎也应当具有"与生俱来的善"。第三,在"囚徒困境"的情景下,"与生俱来的善"或"意志的善"究竟怎样帮助我们决定最有理由做的事情?"与生俱来的善"或"意志的善"似乎无法回答。

第七节　荣辱感的情感理性基础

在某种意义上,人的道德情感或者说人关心他人的善念,如同富特所说,是与生俱来的。建立在这种善念基础上的行动理由具有初始的合理性,即在没有发现充分的否定性的理由之前,它们可以视为合理的,可以成为我们行为的理由。这种出自我们人性的情感的理由构成了所谓情感的理性或情感理性的基础。情感理性的研究和"荣辱"有何关系?情感理性的最大特点是具有"动态"的特征,能够打动和影响人们的行为,因为建立在人关心他人或族群的善念基础上的理由本身就包含了行动者的行动动机。在培养正确的或正当的"荣辱感"或"道德感"的过程中,情感理性发挥了重要的作用,我们甚至可以说正当的"荣辱感"或"道德感"本身也是情感理性的一部分,它们构成我们道德行为的行动动机和理由。

基于人们善念或仁爱之心的情感之所以具有初始的合理性是因为这种善良的仁爱之心是人类种族在千百万年长期进化的过程中,在为了生存而和大自然斗争的过程中所形成的,它使人们能够在面对共同困难的时候互相帮助,从而帮助人类在物竞天择的自然界,以及一个族群在人类社会中,得以生存下来。它根植于人性之中,没有它,人类也许无法生存到今天。因此,当行动者的私利有可能损害到同伴或他人的利益时,这种善念便会起到某种平衡的作用,它支配着我们的情感,平衡着我们的情感(比如利己和利他的情感),它本身初始的合理性也使得我们的许多情感也具有初始的合理性。本篇第二章中我们所看到的西方哲学家为道德所作的辩护已经为这种初始的合理性做了最好的注脚。

但另一方面,人性是可塑的,是可以随着环境的改变而改变的,具有初始合理性的情感也是会改变的,这种改变未必总是朝着合理的方向发展。有的人以奢华炫富为荣,有的人以勤俭节约为耻,便是这种情况的例证。因此,情感的初始合理性本身也需要不断地得到实践理性的检验和矫正。这种矫正是必要的,因为,如同我们本篇第一章中所看到的那样,当我们发自内心地进行道德判断的时候,我们常常是将自己的情感"对象化"或"客观化"(objectify)到我们周围的对象。如果我们的"荣辱感"或道德情感是不正当的、错误的,我们对我们周围的对象就有可能作出错误的心理反应并将我们错误的反应"投射"到我们所判断的对象上,从而作出错误的道德判断,而这种错误的道德判断会导致人们错误的行为。故,树立正确的荣辱感和荣辱观对于我们的道德认知和道德行为的重要性几乎是不言而喻的。而"正确的"的荣辱感的证明需要客观的依据,需要实践理性的证明。

情感理性本身需要得到实践理性的进一步检验与矫正,但它毕竟有一套自己的概念系统,是一种不同于通常所说的认知理性和行动理性的理性,尽管它在某种意义上可以归于更为广义的实践理性一类。这三种理性都具有初始的合理性,并且无法互相取代。它们共同构成人类理性的基础。西方哲学家过去有意无意忽略了情感理性的地位和作用,我们有必要重新认识情感理性的作用,借鉴西方哲学家的相关研究,开展我们自己的独创的研究,充分了解情感理性和其他两种理性之间的关系,为树立正确的"荣辱感"奠定扎实的理论基础。对情感理性的研究,无疑,对于我们更加自觉地培养和树立正确的"荣辱感"具有十分重要的理论意义和现实意义。

第 四 章

荣辱与美德

　　与人们的良心或良知或恻隐之心联系在一起的"荣辱感"可以成为我们考虑道德问题的起点之一。但这种建立在人性的心理反应基础上的"荣辱感"并不足以构成我们日常行为和道德判断的依据，因为在我们现实的生活中，充满了种种诱惑，它们会影响和改变我们最初的"道德感"，这种改变可能会使之更合理，但也可能会使之蜕化变质。为了使一个人始终能够保持正当的"荣辱感"，我们必须研究和荣辱感密切联系的美德——一种内化于行为主体的、稳定持续的、长期发挥作用的道德动机或心理状态。对美德的研究，对西方美德伦理学研究成果的借鉴，对于树立正当的"荣辱感"的长效机制具有十分重要的意义。

　　对美德问题的研究一度为当代西方哲学家所忽视。他们只注重道德证明的逻辑的推演，而忽视人们日常生活中道德动机的形成。在第二章中，我们介绍了西方哲学家为道德行为所作的种种辩护。我们发现从逻辑上看，这些辩护是否能够起作用首先得看听者本身是否是理性的，是否是有一定良知的，是否是可以转化的利己主义者。简言之，这些辩护都预设了人性的理性和道德性。但这些预设本身似乎也值得进一步反思。我们需要直接讨论人性的应然性(ought)或美德问题，直接讨论我们究竟应该成为一个什么样的人的问题。讨论人性的应然性问题或美德问题还有进一步的理由：为了对一个行动的道德属性给予充分的评价，我们也应当考虑行动者的动机。此外，有些行为很难用"正确"或"错误"来判断，也很难用规则加以表达,即使用规则表达了,也不是每个人都能运用自如。比如,在日常生活中,我们称赞一个人,说他做事有分寸、得体、恰如其分,这似乎难以用"正确"的概念加以概括和表达,因为如果有人做不到这些,我们似乎不能说这些人的行为就是错误的,虽然我们可以说这些人有缺陷、不完满。而且,即使我们将这种"应然"的行为用规则加以表达,比如用亚里士多德的"中道"学说加以表达,"凡事都应取中道",但这似乎不是愿意接受和遵守这条"规则"的每一个人都可以做到的,而"不应杀害无辜的人"则是任何人,只要愿意,就可以做到。一句话,我们不仅需要为我们的道德行为进行摆事实、讲道理的辩护,我们还需要研究怎样做人的问题。

不讨论怎样做人的伦理学实践上所面临的问题是:一个人即使充分了解了有关的道德规则,但他未必能够成为一个有道德的人。一个人的良心和道德动机似乎和这个人是怎样一个人有关,而一个人是怎样一个人和他的教养有关,和他懂得多少道德规则并无必然的联系。一个普通的人对道德的了解都不是从学习道德规则开始的,而是从怎样做人开始的。我们常常教育孩子要懂礼貌,做人要不卑不亢等。这些做人的道理并不是像功利主义和义务论所表达的规则如"不许说谎"等那样具有很强的可操作性。这些道理比较模糊、不确定。如,什么叫做"懂礼貌"就没有一字不改的规则,做到它需要一种掌握分寸的智慧,如果分寸掌握不好就会将"礼貌"变成"巴结"。不卑不亢也是一样,如果掌握不好分寸,就有可能将"不卑不亢"变成"冷酷"、"无礼"。这些做人的道理都没有什么严格的可操作性。而且,就道德教育而言,教育孩子做什么样的人远比给孩子上道德规则课要来得有效和直接。简言之,我们必须研究怎样解决行动者的价值取向问题,解决行动者的行动动机问题,否则,哲学家们围绕着道德问题所做的大部分研究就会显得苍白无力,因为如果人们缺少相应的动机,这些理论说得再好也无法打动人,无法成为人们行动的准则。

有鉴于以往伦理学理论忽视做人问题研究的种种缺陷,安斯克姆(G. E. M. Anscombe)、麦金太尔(Alasdair MacIntyre)、威廉斯(Bernard

Williams)、赫斯特豪斯(Rosolind Hursthouse)等哲学家都不约而同地指向了亚里士多德的美德伦理学。他们提出了重新回到亚里士多德的口号。[①]

第一节　亚里士多德的美德伦理学[②]

亚里士多德认为伦理学是研究人类品质的学问,在他看来,伦理学就是美德学,也就是美德伦理学。[③] 这和今天许多西方伦理学家对伦理学的理解很不相同。他的美德伦理学和其他规范伦理学的一个主要不同之处在于:他用以评价品德和行为的基本概念是"高尚"和"卑鄙",而其他规范伦理学的基本概念是"正确"和"错误"。正确的行为或者道德上可以接受的行为未必高尚,而卑鄙的行为未必错误。"高尚"和"卑鄙"蕴涵了某种理想,"正确"和"错误"则蕴涵了某种"法则"。又由于亚里士多德的伦理学是以目的论为基础的,即将某种理想的状态看成是人所追求

---

① 参见 G. E. M. Anscombe, "Modern Moral Philosophy" in *Philosophy*, 1958, Alasdair MacIntyre, *After Virtue*, Notre Dame, IN: University of Notre Dame Press, 1984, Bernard Williams, *Ethics and the Limits of Philosophy*, Cambridge, MA: Harvard University Press, 1985, Rosolind Hursthouse, "Normative Virtue Ethics" in *How Should One Live*?, ed. Roger Crisp, Oxford: Clarendon Press, 1996, pp. 19 – 36 和 Rosolind Hursthouse, *On Virtue Ethics*, Oxford: Oxford University Press, 1999。

② 本节的主要内容选自陈真的《亚里士多德美德伦理学思想述评》,《江海学刊》2005 年第 6 期。

③ 西方和国内许多学者喜欢强调亚里士多德的学说是美德学,而不仅仅是美德伦理学。笔者以为没有这种必要。第一,在古希腊,伦理学就是美德学。"伦理学"一词源于希腊文的"品质"(ethike)。因此,研究品质原本就是 Ethics 的应有之意。第二,亚里士多德将美德分为理智美德和伦理美德,并非想强调前者不属于伦理学,而是想强调后者是一种习惯,因为希腊文中,"伦理"一词源于"品质",而"品质"一词又源于另一个希腊文"习惯"(ethos)。在他看来,理智美德依然属于伦理学研究的对象。(参见 *Nicomachean Ethics*, 1103a 15—20。)附带说一下,Irwin 将"理智美德"和"伦理美德"分别译为"思想美德"和"品质美德"。麦金太尔关于"品质美德"的英译和 Irwin 一致。见他的 *After Virtue*。

的目的,所以,他的美德伦理学以理想为基础,而其他规范伦理学则以法则为基础。

一、目的论

亚里士多德的伦理学是以类似生物学的形而上学的目的论为基础的。在他看来,自然界的每一个事物都有自己的目的(telos)或最后的原因,这个目的或原因也解释了它实际的活动,并提供了评价它的活动和发展的标准。橡实的目的是要长成橡树,后者成为它自然的目的。这个目的也构成了评价它活动和发展的标准:即它应该长成橡树,如果不能长成橡树,它一定就是有缺陷的。

人作为自然界的一个物种,按照其本性也有其目的或最后的原因,这个目的也提供了评价人的活动和发展的标准。这个最终的目的就是至善。[1] 人按照其本性就是要实现和达到至善。一个人如果不能实现至善,那么他一定也是有缺陷的。至善这个目的决定人性中的哪些心理特征成为值得赞赏的美德,哪些成为值得鄙视的恶习。有助于至善目的的人的品质就是美德,反之,则是恶习。和柏拉图的最高的"善"不同,亚里士多德的"至善"是一种与人有关的并由人的本性所决定的具体的善,而柏拉图的善是一种独立于人类而存在的善。前者是可以描述的,后者是不可描述的。

达沃尔(Stephen Darwall)对亚里士多德的目的论提出了一种解释。按照这种解释,一个物种的"目的"包含两重含义:第一,对一个物种和它的目的的表述应该正确地描述了它在世界中真正的位置和目的。对它和它的目的的表述应该符合世界的实际情况。第二,对它和它的目的的表

---

① 参见 *Nicomachean Ethics*, 1094a 20—25。"至善"的译文据 Terence Irwin 的英文译文"the best good"。W. D. Ross 的英文译文为"the chief good"("首要的善"或"首善")。而苗力田的中文译文则是"最高的善",但他有时也译为"至善"(见亚里士多德:《尼各马科伦理学》,苗力田译,中国人民大学出版社 2003 年版,第 2 页)。

征也规定了该物种应该怎样行动的标准。事实和价值同时体现在世界自身。①

在亚里士多德那里，我们是什么和我们应该是什么实际上是同一个问题。我们是什么的事实本身就决定了我们应该是什么，就像一个东西是橡实的事实本身就决定了它应该长成橡树，而不应该是别的什么东西。一个人是人类的一个成员的事实本身就决定了他或她应该是什么，并且我们应该做的体现在我们的本质、我们作为人的目的当中。

但"是什么"和"应该是什么"并非是同一个问题。"是什么"未必就"应该是什么"。比如，据说有些强奸犯的基因或内分泌异于常人。但即使这个说法是真的，我们似乎也无法得出这些强奸犯就"应该"是强奸犯。当代美德伦理学强调研究我们"应该是什么"的问题，这种研究预设了我们"是什么"并非是不可改变的。不管我们是什么，我们都应该思考我们究竟应该成为什么。中国古代的荀子认为，尽管人之初，性本恶，但这种"是"，并不能决定我们"应该"是什么。我们"应该是什么"不同于我们"是什么"。

亚里士多德的目的论所代表的自然主义和20世纪初摩尔开始的反自然主义的思潮是相抵触的，和当代西方许多伦理学家坚持的事实判断和价值判断区别的立场也是格格不入的。亚里士多德认为人的行动的目的类似橡实的"目的"，根植于作为一个物种的人的本身，和人的主观愿望没有什么关系，或者说，人的愿望由人种的生物属性所决定。但现代一些西方伦理学家则认为"目的"是由人的欲望所决定的，而人的欲望并非是由人的生物属性所决定。按照现代科学的观点，声称一个事物恰当行动是没有什么意义的。摩尔以来的西方元伦理学家也认为，从伦理学的观点看，事物自身的状况和它们应该怎样是没有必然联系的。②

我们的认识和科学的假说应该尽可能地代表或符合世界自身的情

---

① 参见 Stephen Darwall, *Philosophical Ethics*, Colorado：Westview Press, 1998, pp. 194–195。

② 参见 Stephen Darwall, *Philosophical Ethics*, p. 195。

况,这是我们认识和科学假说的目的。如果我们的认识和假说不能代表或符合世界自身的情况,我们的认识和假说就有问题。但当我们考虑我们的行动,考虑我们的欲望、意向、计划、规范性命题时,这个关系就颠倒过来,让世界符合我们的欲望、要求,而不是相反。如果世界不能符合我们的欲望、意向,那么,从我们的观点看,根据我们的意向,世界就没有像它应该的那样存在。① 比如,我们希望减少贫穷,如果这个世界的贫困现象不但没有减少,反而增加了,那么,这个世界就没有像它应该的那样存在。这种认识和行动的区别实质上是事实和价值、实然(being)和应然(ought)的区别。许多当代西方哲学家认为这种区别是无法否认的。

假定"至善"不是人的有意识的追求,而是人的某种生物学意义上的本能所决定的目的,亚里士多德的这种目的论确实有点让人费解。达沃尔认为,17 世纪以后,亚里士多德的目的论已经没有多少追随者了。② 但也不能说亚里士多德的目的论在今天就完全没有市场。有的学者试图将伦理学建立在进化论和自然选择的生物学理论的基础上。按照这种理论,自然选择和进化能够确定物种的自然功能和目的,自然物种似乎有某种目的,通过进化以适应环境。人作为自然物种也是一样。这种理论的问题是:第一,混淆了生物对环境的缺少自由意志的适应和人具有自由意志的适应。第二,生物对环境的适应并非是一种有"目的"的活动。第三,在自然选择的过程中,生物有可能不能适应环境而遭到淘汰,进化未必是朝着对生物的生存有利的方向发展。

二、至 善

亚里士多德认为伦理学和政治学的目的不是知识,而是行动(1095a 5)。而所有的行动都是有目的的,这个目的就是某种善(1094a 1—3)。问题是,这些善是因为我们的追求而成为善,还是因为它们本身的善使我

---

① 参见 Stephen Darwall, *Philosophical Ethics*, p. 194。
② 参见 Stephen Darwall, *Philosophical Ethics*, p. 195。

们去追求？亚里士多德显然认为是后者。我们对善的追求，对善的欲望是因为善的本身所引起的，我们的欲望反映了善，而不是制造了善。所有的事物都追求的那个最高的善就是至善（1094a 20—25）。所以，"至善"的第一个含义就是行动的最终目的。

亚里士多德认为行动目的就是善，但为什么他认为必须存在着"至善"？有一种推论认为，这可能是因为我们可以确定许多内在的善，如智慧和荣誉都有内在的价值，这些内在价值之间并没有柏拉图所认为的共性。当各种不同的内在的善（如快乐和知识）彼此冲突时，怎样确定哪个善是应该追求的？我们似乎需要一个更根本的目的，更进一步的善来决定我们的取舍：哪一个内在的善应该追求取决于哪一个善更有助于实现这个更根本的目的。这个根本的目的就是至善，至善即行动的最终目的。①

但达沃尔指出，这个推理有两个问题。第一，如果我们在彼此冲突的内在的善之间作出选择是根据它们对实现至善的贡献，我们等于将内在的善当成了工具的善。第二，亚里士多德会将自己的观点（善是具体的、可描述的）和他所反对的柏拉图的观点（善是一致的、不可描述的）混为一谈。②

和柏拉图不一样，亚里士多德认为善的意义是具体的，可描述的，而非抽象、单一的（1096a 25—30，1096b 23—25）。比如，医术中的善就是健康，战术中的善就是胜利。如果"至善"不是一种共性的善，那么它是什么呢？亚里士多德认为"至善"就是幸福或处于发展的巅峰状态。对他来说，人的行动的最终目的、至善和幸福都是可以互相替换的概念。非至善不能成为最终目的，非幸福不能成为至善。所以，不了解亚里士多德的幸福的含义就无法了解他至善的含义。

---

① 参见 *Nicomachean Ethics*, Book I, chapters 5–7。

② 参见 Darwall, *Philosophical Ethics*, p.194。

三、幸　福

亚里士多德关于幸福有一个总的说法：幸福就是生活优裕，行为良好（1095a 19—20），也可以译为生活过得不错，做事非常成功。① 他认为每个人都应该寻求他自己的幸福。他的这一观点被称做幸福主义（eudaimonism）。追求幸福似乎无可非议，但什么是幸福的生活，什么构成幸福生活，则是一个争论不休的议题。有的人认为快乐即幸福，有的认为荣耀即幸福，有的认为财富即幸福。

亚里士多德认为构成幸福生活的首要条件在于美德或优点，即幸福是合乎美德的灵魂的现实活动。作为合乎美德的生活，幸福也是内在的、难以剥夺的、自足的生活，其他的东西，比如快乐、荣耀和财富，都只是伴生的或外在的（1097a 31—1097b 7，1097b 20—21）。他认为合乎美德的活动是幸福生活的组成部分，而不是达成幸福生活的手段。只有财富、朋友、权势等才是达成幸福的手段。

为什么幸福的生活是合乎美德的生活呢？我们需要从美德一词的希腊文原义来理解。美德的希腊文原意是特长、功能之意。亚里士多德认为对所有具有功能或具有进行活动能力的事物来说，善或好等应然性就存在于功能之中。比如，演奏竖琴就有许多规范性的或评价性的标准。从事演奏竖琴的活动必须遵循这些标准。比如，用竖琴晾衣服就物非所用，这不是竖琴的功能所应包括的。善或好的评价就是根据这些标准，即

---

① 亚里士多德的"幸福"一词的希腊文是 eudaimonia，英文常常译为 happiness（幸福）。但由于英文中的 happiness 常常和快乐有关，比如，密尔就将幸福理解为快乐，而亚里士多德明确表示 eudaimonia 不等于快乐。故许多学者认为 happiness 并没有准确翻译亚里士多德原来的意思，也有人将其译为 flourishing（繁荣兴旺）或 well-being（福祉）。但有一点是明确的，亚里士多德的"幸福"概念和密尔的"幸福"概念是不一样的，前者的概念具有某种客观性，而且侧重个人幸福，而后者和主体的主观状态有关，指的是群体幸福。

根据是否完满地执行竖琴的功能所决定(1098a 8—15)。① 总之,如果一个事物有某个功能,它的幸福或善就在于它完满地履行了它的功能。

每个自然的事物都有某种功能和目的,人类也一样。人的功能就隐含在他们的目的之中。那么,人的功能或人的目的和其他自然物的目的有何不同?"人的功能就是灵魂遵从理性或要求理性的活动"(1098a 7—8 据 Terence Irwin 的译文译出)。人的活动是一种包含理性要素的积极的生命活动。亚里士多德认为,如果一个事物的善存在于很好地执行了它的功能(做了它所应该做的事情),那么,"人的善最终将表现为灵魂遵从美德的活动,如果美德不只一种,则表现为[通过思考]遵从最好和最完全的美德的活动"(1098a 17—19)。我们的行动总是有某种理由的,遵从我们的理由,平衡我们的理由,遵从美德,平衡美德,人的善就表现在很好地执行了这些功能。因此,幸福生活就存在于合乎美德的生活之中。

亚里士多德认为幸福不等于快乐。只有"那最为平庸的人,才把幸福和快乐相等同"(1095b 10—15)。他注意到快乐是幸福生活的结果或标志,但却不是幸福生活的组成部分。快乐伴随幸福生活而生,但不是幸福自身(1174b 34)。为什么快乐只是伴生的呢?乐趣不过是某种活动(如演奏乐器)的一部分,其前提是欣赏音乐,而能够欣赏音乐是一种优点或美德。有德者的"德"可以给他带来幸福并使之快乐(1099a 7—15)。

幸福也不等于荣耀和财富。因为幸福和善是某种内在的难以剥夺的东西,它存在于具有美德的人的自身,不依赖于任何其他的东西。而荣誉则是外在的,依赖于他人,即给予荣耀的人。他人的尊重本身并不具有自身价值。我们将荣誉只看成是我们自身价值的一种证据。我们更在乎我们所尊重的人的尊重,因为我们将他们的尊重看成是我们自身优点的证据。如果我们基于这样的理由而在乎他人的尊重,那么,他人的尊重就不具有自身的价值,具有自身价值的是我们自身的优点(1095b 22—34)。

---

① 据 Ross 和 Irwin 的英文译文,该处所举的例子是竖琴,但据苗力田的译文,此处的例子是长笛。

财富和权力也只有工具价值,也只是内在价值存在的证据。它们是外在的,而非我们所追求的善。

幸福虽然是某种内在的、难以剥夺的、自足的东西,但也需要外在的善来补充,如朋友、财富和权势。其中有些东西,如果缺少了就会损害人的尊荣,比如高贵出身、成群子女、英俊相貌等。子女亲友如果极其卑鄙,也会影响到人的幸福。如此,幸福似乎不是每个人都能有的。所以有人将幸福和幸运等同(1099b 1—9)。但亚里士多德又认为:"人们有充足理由主张,通过努力获得幸福比通过机遇更好。"(1099b 20—21)这些外在的东西只是我们达成幸福的工具。

亚里士多德还认为真正的幸福生活不是一时的幸福,而是注定终身如此的生活(1101a 17—18)。这样,综上所述,他似乎认为幸福的生活应该是合乎美德而且现实的生活,拥有充分的外在的善(荣耀和财富等),并且长久不衰。

亚里士多德的幸福的概念和密尔的幸福概念是不一样的。前者的幸福是客观的,而非主观的体验,后者的幸福则是主体自身主观体验,主体幸福与否取决于主体快乐与否。此外,前者的幸福是个体的幸福,而密尔的幸福概念是社群的,或者说是整体的。这也许使得前者的幸福概念更易为一般人所接受。但亚里士多德的幸福概念和利己主义的幸福概念又不相同,因为他强调个人的幸福和他人的幸福是紧密联系在一起的,一个只顾自己,不关心他人,一个缺少美德的人是无法真正获得幸福的(1097b 10—15)。所以,个人的幸福在于合乎美德的生活。

亚里士多德将幸福生活和美德紧密联系在一起的思想,他关于外在的善对幸福(合乎美德的生活)形成的重要作用的思想,今天看来,也有非常重要的意义。关于前者,它使得美德有可能成为人们自愿追求的对象,因为美德和幸福相关,一个有德行的人不必是苦行僧,不必是让人欣赏但不愿效仿的对象。关于后者,则涉及幸福和美德形成的物质条件,乃至幸福和美德形成的环境。中国人说的"饥寒起盗心"表明的也是类似的意思。这些条件不必是出身高贵、子女成群、相貌英俊,但保持人最起码尊严的物质生活条件显然还是必要的。

亚里士多德幸福观的主要问题是:他所列出的幸福生活的三个条件似乎极难同时满足,按照这样的标准,几乎没有多少人会是幸福的。此外,这三个条件,特别是前两个条件有时似乎是自相矛盾、不可调和的。如果幸福是内在的、自足的、合乎美德的,那么它就是非机遇的,和外在条件无关,人人都可以获得。但如果幸福又依赖外部的条件,如财富和相貌,则幸福就取决于运气、机遇,并非人人都可以获得,这和他的许多说法又是相矛盾的。

四、美德和中道

亚里士多德认为美德是一种主要由于习惯而形成的品质。美德不是感受或情感(feelings 或 passions),因为感受或情感谈不上高贵或卑鄙,感受或情感是受予的,不可选择的,只有以什么方式去感受才谈得上好坏(1105b 30—1106a 5)。美德也不是官能(capacities 或 faculties),因为官能是天生的(没有官能我们无法感受),也无法评之以高贵或卑鄙(1106 a 6—10)。美德是品质的状态(state of character),因为只有品质才能评之以高贵或卑鄙。

怎样判断品质状态是美德还是恶习呢? 亚里士多德认为美德是一种品质状态,它反映了美德拥有者处理情感的某种方式或态度。所有的美德都是关于情感和行动的。情感有强度大小之分。情感和行动都包括"过度、不及和中道"(the mean 或 the intermediate)。怎样判断品质状态是美德还是恶习,取决于拥有这种品质的人对相应的情感的处理是否适度、恰到好处,用亚里士多德的话说,就是是否遵守中道。美德是寻找情感和行动既不过分又非不及的恰当中点之品质,过度或不及都是恶习。①各种具体的美德不过是在各种具体情形下选择中道的不同的表现形式。比如,节制就是关于快乐的中道,过度快乐就是放纵,完全禁欲则感觉迟钝,乐得恰到好处就是节制。慷慨大方是关于敛财和花费的中道,入不敷

① 参见 *Nicomachean Ethics*, Book Ⅱ, chapter 1 和 chapter 6。

出且挥金如土是奢侈浪费,一毛不拔则是小气吝啬,敛财和花费上恰如其分才是值得称赞的美德。①

我们不能将亚里士多德的中道完全理解为算术中的中道,6 是 10 和 2 之间的算术中道,"但这并不是相对于我们所必须采取的中道"(1106b 1—2)。因为中道因人因景而异。同一件事情对一个人可能过度,对另一个人则未必。吃 1 斤饭,对林黛玉是过度,但对鲁智深则未必。即使对同一个人在不同情况下,吃多少是过,吃多少是欠,也都不一样。因此,中道不是过度和不及之间绝对的数值的中点,而是两个极端之间恰当的点。

但为什么能够选择"中道"的品质是美德呢? 因为只有选择中道的品质才能使其拥有者处于良好的状态和使其功能发挥充分(1106a 17—25),才能有助于拥有者的幸福。我们的情感影响到我们的生活。如果我们作为一个自然物没有各种各样的自然欲望和本能渴求(即情感),如果我们对这些欲望的反应不会影响到我们生活的各个方面和我们的幸福,则对快乐等情感的节制就无所谓美德不美德。由于我们的情感影响到我们的幸福,因此,作为一个理性的生物,我们必须判断我们应该怎样对这些欲求作出反应:是自我放纵,无动于衷,还是恰到好处。

亚里士多德的中道说和儒家的中庸之道极为相似。这种中道说和许多西方哲学家所认同的追求利益或价值最大化的理性原则是大相径庭的,因为,按照中道说,贪得无厌和无动于衷都是恶习,刻意追求一切价值的最大化似乎就是属于过分或贪得无厌。中道原则有意无意为当代西方哲学所忽视,理论上和实践上造成了相当多的问题。在个人日常生活中,使一些个人,在国际事务中,使某些国家,离幸福越来越远。这似乎从反面证明了中道说的合理性。因此,我们应该重新认识中道说或中庸之道的价值。

---

① 参见 *Nicomachean Ethics*, Book Ⅱ, chapter 7。关于具体美德的讨论,可参见 Book Ⅲ。

五、美德和实践智慧①

怎样对我们的欲求作出恰如其分的反应不是一件轻而易举的事情。"采取这些情感只有在恰当的时间,关于恰当的对象,对于恰当的人,怀有恰当的目的,采取恰当的方法,才是中道并且最好的。"(1106b 20—23)因此,怎样确定"中道"需要理性和实践智慧。亚里士多德说:"美德是一种[品质]状态,它存在于中道之中并决定相对于我们的中道,这个中道由理性所决定,也就是说,具有实践智慧的人按照这一理性来确定中道。"②由于实际情况下对事情分寸的把握(对"中道"的把握)并无一定之规,无法手把手、一字一句地来教,它需要正确理性或实践智慧,而不是什么规则等(1138b 20—25)。③ 比如,面对危险,我们有自然本能的反应。而作为理性行动者我们必须反应恰当。过分,则成为懦夫。无动于衷,则成了疯子或没有感觉的人。恰到好处,则是勇敢。在恰当的时间,害怕恰当的事情,出于恰当的动机,采用恰当的方法,是理性所要求的(1115a 10—1115b 21)。关于美德是中道的例子还有许多,如,自信是过高估计自己过低估计危险和低估自己高估危险之间的中道;慷慨则是给得太多和给得太少之间的中道;公正则是索取太多和太少之间的中道。

实践智慧和哲学智慧(更为一般意义上的智慧)不一样,后者可以是

---

① 实践智慧是根据 Ross 的英文译文 practical wisdom 译出,其实也可以译为行动智慧或实用智慧。Irwin 的英文译文为 prudence。苗力田的中文译文为明智。该词的希腊原文为 phronêsis(参见 Alasdair MacIntyre, *After Virtue*, University of Notre Dame Press, 1984, p. 154)。亚里士多德的 prudence 和当代西方哲学家所讲的 prudence 不完全相同,后者常指"自利理性",即一个行动是合乎理性的,当且仅当,它是符合行动者个人利益的。前者的思想参见 *Nicomachean Ethics*, 1140a 25—32,和 Book Ⅵ的有关章节。

② *Nicomachean Ethics*, 1107a 1—2,主要根据 Irwin 的英文译文,并参照 Ross 的英文译文译出。

③ Ross 将该处的有关短语译为"in accordance with the right rule"(根据正确规则),麦金太尔认为是他的误译,因为对实际情况下怎样行动的分寸的把握没有现成的公式或规则可套。麦金太尔认为应译为"according to right reason"。(参见 MacIntyre, *After Virtue*, 1984, pp. 152-153)。Irwin 的英文译文则是"accord with the correct reason"。

最精确的科学知识,也可以是最深奥的、对人没有什么实用价值的哲学思考。① 它和聪明也不一样,后者只是寻找实现目的的最佳手段的思考,但对目的本身是否高尚无能为力。② 实践智慧则既考虑实现目的手段,也考虑目的本身的高尚。"实践智慧是一种心灵的性质,它所关心的是与人有关的公正、高尚和善。"③它思考什么样的事情或行为是促进人的幸福的最佳手段。它是一种在具体情况下能够看出哪一个行动能够实现高尚目的的品质。具有实践智慧的人也必须是具有伦理美德的人,因为美德才能决定行动目的的高尚和正确(1144a 7—10)。

按照亚里士多德,美德即中道,中道由具有实践智慧的人根据理性所决定,而具有实践智慧的人就是具有美德的人。这似乎是一个恶性循环定义。达沃尔认为我们不能这样理解亚里士多德。很清楚,亚里士多德不认为我们的欲望(目的)决定至善,而是至善决定我们的目的。关于至善的事实决定什么是我们行动的中道,这和具有实践智慧的人如何瞄准这些个中道无关。相反,一个人是否具有实践智慧取决于他是否对准了这些中道之点。④

那么,怎样运用实践智慧来决定中道呢? 亚里士多德认为要根据理性。由于高尚或恰当(或中道)是一种看不见摸不着的伦理属性,我们无法通过观察得到,无法成为像自然科学那样的知识。达沃尔由此推断,所谓理性是某种暗含于实践智慧的人的知觉之中的某种普遍的规则,按照这个规则他才能判断什么是高尚,什么是中道,即使他本人也许并没有意识到。⑤ 此外,实践智慧包含伦理学反思,即包含用理由来支持对中道的选择。亚里士多德认为人的功能是过一种积极的包含理性要素的生活。"包含理性要素"的意思是要有理性的思考,行动和情感要出自理由。比

①　参见 *Nicomachean Ethics*,Book Ⅵ,chapter 7。

②　参见 *Nicomachean Ethics*,Book Ⅵ,chapter 12。

③　1143b 21—25,据 Ross 英文译文译出。

④　参见 Darwall, *Philosophical Ethics*, 1998, pp. 212–213。

⑤　参见 Darwall, *Philosophical Ethics*, 1998, p. 213。麦金太尔肯定反对达沃尔的这种看法。见 *After Virtue*, 1984, pp. 152–153。

如,害怕不应是无缘无故的,应出自理由。害怕是对危险的反应,但只有当危险真的出现,才有害怕的理由。由于人的功能包括理性,纯理性的思考是人类最好的生活,最好的生活应该和最高的美德——理性一致。其他实用的美德是否存在或有价值取决于是否有助于这样的生活。① 合乎美德的行动根植于一个人的美德或性格之中,这成为可能,仅当他的行动出于某种理由。比如,节制是一种美德。真正有节制的活动是出自有节制的性格,出自一种根据理由行动的倾向,这种理由是他根据性格而行动的根据。如果一个人有节制的行动,比如有节制的进食不是出自于他节制的性格,而是出自他厌食或对厨师的怨恨,则他的行动表现的不是节制的美德,而是怨恨或饮食失序的恶习。这就是为什么亚里士多德强调理由在执行人的功能的活动中的重要性的原因所在。理由是一个人的性格所决定的理由。亚里士多德认为一个有节制的人选择节制的行动是出自节制自身的理由(参见 1105a 31—33)。他为什么这么认为? 因为有节制美德的人认为节制是人的一种优点,一种自身就值得尊重和仿效的东西。换言之,不具备节制美德的人,根本就不将节制看成是一种应该加以考虑的理由,而按照亚里士多德的看法,不考虑这种应该考虑的理由的最终结果对行动者本身的幸福是不利的。

实践智慧运用潜藏于理性中的规则和寻找恰当的理由来决定行为的中道,它可以说是一种有别于一般命题知识的技能,也可以说是一种伦理学的知识和智慧。和数学、物理学不同,伦理学的知识和智慧源于生活和阅历。这就是为什么智者和长者的判断(达沃尔认为他们相当于理想道德行动者)能够成为判断对错的依据。伦理学知识包含了某种知觉,这种知觉除了哲学的反思或理性的直觉外,还源于成熟的生活经验和人的成长。比如,伦理学知识或智慧不可能表述为像功利主义之类的、独立于人们自己的伦理学发展的、任何人可以理解和运用的规则或原则。②

---

① 参见 *Nicomachean Ethics*, Book Ⅹ, Chapter 7 以后的章节。
② 参见 *Nicomachean Ethics*, Book Ⅵ。

六、美德和正确行动

亚里士多德和密尔一样,都相信人本质上是社会或政治动物,他们的幸福是彼此相联系的,个人的繁荣和所有人的繁荣连在一起(1097b 10—15)。但问题是,他们的幸福也有可能相互冲突,他们中一部分人的幸福可能是以牺牲另一部分人的幸福为代价的。我们不得不面对这样的问题:我们应该怎样平衡我们和他人的幸福? 亚里士多德强调个人的幸福是人的本质追求,但他并不认为一个没有公正美德的人能够得到幸福,而所谓公正就是平衡和他人的幸福。

伦理学利己主义者所遇到的问题是:在类似于"囚徒困境"的情景中,不可能避免所谓集体行动的问题。而亚里士多德的学说似乎可以提供某种新的思路:一种出自人本性的共同目的的追求可以保证个人利益彼此和谐,从而避免所谓集体行动的问题。这个思路似乎是:一个真正的人在追求自己的幸福时本能上就会考虑他人的幸福。这是一个本体论的假设。[1] 菲利帕·富特(Philippa Foot)似乎同意这样的假设。她认为对道德的理解和辩护也许最终依赖于人关心他人或种群的"善的意志",而这种"善的意志"在她看来类似于狮子教其幼狮捕食的某种本能。[2] 按照这样的本能,我们就可以避免造成对彼此不利的结果。从追求幸福是人的本能和没有美德的人不可能得到幸福的假设,我们可以得出,出自人的本能的行动或出自美德(性格)的行动就是合乎美德的行动,亦即正确的行动。按照亚里士多德的学说,我们从人是什么推出了人应该做什么。

人都有从事合乎美德活动的潜在能力,而这种能力的实现则取决于周围的社会环境。在这方面美德和艺术是相同的。但决定什么是好的艺术和艺术家的动机、性格、品德无关,而美德则不同。一个有德行的行动

---

① 参见 Darwall, *Philosophical Ethics*, 1998, pp. 196-197。

② 参见 Philippa Foot, "Does Moral Subjectivism Rest on a Mistake?" in *Oxford Journal of Legal Studies*. Vol. 15, Spring 1995, pp. 7-8。

必须来自有德的性格。艺术家的态度可能会影响他的成功与否,但他的态度并不构成一个艺术品好坏的部分。但一个德行的价值则依赖于行动者的品格。一个人不可能学会德行而没有学会对高尚出于对高尚自身的爱。比如,如果一个人不能学会对公正自身的爱,如果他不能将公正内在化为他的内在欲望之一,他的行为就没有真正的值得他人尊重的价值。

这种根据美德来给正确行动下定义的理论能否取代功利主义或义务论成为指导人们行为的规范伦理学,是西方美德伦理学家正在争论不休的问题。持反对意见的伦理学家认为,对幸福的定义不可能脱离对行动效果的考虑,而对美德的定义又离不开幸福,因此,美德的定义不可能离开行动效果,美德伦理学不可能成为取代效果主义或义务论的规范伦理学,只能是其补充。但按照亚里士多德的看法,美德不仅仅是实现幸福的工具,美德本身就构成幸福的部分,以至于幸福要根据美德才能确定。而且,如达沃尔所说,亚里士多德的美德是选择中道的品质,而中道本身是客观的,它既不能通过效果主义来定义,也无法通过义务论来规定。所以,至少,亚里士多德的规范美德伦理学对行动正确性的规定不依赖于任何其他的规范伦理学。至于是否能够解释任何行动的正确性以至于取代其他规范伦理学则是另外一个问题。

亚里士多德理论的问题是:对幸福的追求未必是人的本性。将行动的正确性解释成为出自本能的对幸福的追求无法解释我们为什么还担心所谓"集体行动的问题",我们为什么还担心人类有可能无法避免核战争的悲剧。事实上,美德伦理学本身就预设了人性的不确定性和可塑性,如果没有这个前提,我们讨论应该具有什么样的心理结构,应该具有什么样的理想人格就没有什么意义了。

七、怎样获得美德

苏格拉底说过,"凡人之善在于他有智慧,凡人之恶在于他不智。"①

---

① Plato, *Laches*. 194d.

他认为趋善避恶乃理智的人之本性，①而美德的行动都代表了善。因此，凡真正知道善恶对错（即具有善恶知识）之人，必然行善，凡作恶者皆因无知（即缺少测度善恶的知识）②。在他看来，对于一个真正有善恶知识的理性的人来说，不能自制是不可能的。③ 亚里士多德则认为对一个有善恶知识的人来说，不能自制是可能的。知道善恶是一回事，但能否知善而行善，知恶而避恶，又是另一回事。④ 由于知和行在亚里士多德看来并非总是一致的，是有可能分离的，而具有美德者必须知行合一。所以，他在谈到理智、聪明和实践智慧等美德时，特别强调伦理的美德在确定行动正确目标中的重要性，理智和聪明等不过是实现行动目的的手段而已。⑤在我们看来，这也正是培养美德的重要性所在。那么，怎样才能获得美德呢？

亚里士多德认为有两种美德：理智美德和伦理美德。前者大多可以通过教授的方式传授和学习（"大多"这里是必不可少的。如前所述，实践智慧是一种理智的美德，但它就不像自然科学知识那样可以传授。），后者只是一种心理的习惯，无法通过教授的方式传授和学习，只能从实践中通过反复重复某一种美德的行动去获得该种美德。获得美德就像学习一门艺术或手艺，通过反复练习才能获得。要学会弹竖琴就必须反复练习弹竖琴。要想具有勇敢、公正、节制等美德，也需要从反复的勇敢行为、公正行为和节制行为中获得。⑥

亚里士多德关于两种美德的区分是否恰当，关于伦理的美德无法通

① 参见 Plato, *Protagoras*, 358c—e。

② 参见 Plato, *Protagoras*, 357d—e。

③ "不能自制"的希腊文为 akrasia，英文常常译为 lack of self-control, incontinence, the weakness of will。苗力田将其译为"不自制"（见《尼各马科伦理学》第七卷）。"不能自制"这里指的是"不能自我控制"，"失控"等义。

④ 主要参见 *Nicomachean Ethics*, Book Ⅶ, chapters 1—3。关于亚里士多德是否真的反对苏格拉底的看法，是否真的认为不能自制是可能的，在西方研究亚里士多德的学者中是有分歧的，赞成和反对的意见都有。笔者取一般人都认同的看法，即亚里士多德认为不能自制是可能的。

⑤ 参见 *Nicomachean Ethics*, Book Ⅵ, 1144a 7—8 和 1144a 25—32。

⑥ 参见 *Nicomachean Ethics*, Book Ⅱ, chapter 1。

过授课的方式获得是否准确,是可以进一步讨论的问题(比如,爱国是一种伦理美德,但未必不能通过授课的方式获得,未必非要通过反复重复爱国的行动才能获得)。但有一点他似乎是正确的:许多美德(不是全部),如诚实,不说脏话等不仅仅是个学习、理解的问题,更是一个习惯的问题。这给我们的重要启示就是,相当一部分美德教育需要从小抓起。

美德是通过反复实践合乎美德的行动而获得的一种心理习惯(disposition)。美德的反面是恶习。恶习也是一种心理习惯,也是从不断重复的恶行中获得的。要想获得美德就得先去掉恶习。怎样才能保证人们去恶习、获美德呢?亚里士多德似乎认为应该包括如下几个方面的工作。

首先,要通过立法杜绝恶习,以确保良好习惯和良好社会风气的形成。他认为立法者的目的都是要通过习惯(法律和风气)造就善良的公民,"一个好政体和一个坏政体的区别就在这里。一切美德,都从这里生成,并且通过这里毁灭"(1103b 6—9)。

其次,要培养人们对美德自身的热爱。而培养对美德自身的热爱,关键在于培养正确的苦乐观。亚里士多德认为,伦理美德和痛苦快乐有关。快乐有可能使我们做卑鄙的事情,痛苦可能使我们远离美德。勇士当危险来临时,处变不惊,保持快乐,懦夫则会痛苦不堪。因此,培养良好的苦乐的态度,即在做合乎美德的事情时感到乐趣,做卑鄙的事情时感到痛苦,就显得非常重要。一个理想的政体应该有利于其公民形成正确的苦乐的态度。① 只有这样,才能培养对高尚的热爱,才能培养真正的具有美好品德的公民。我们认为培养公民起码的良心是形成正确的苦乐观和对美德自身热爱的基础。

最后,美德的培养来自榜样和仿效。美德不是一种你可以通过自己知道和发现的东西。这和学乐器的道理是一样的,你需要老师给你示范,作出样子。就美德而言,你需要有德行的人给你作出榜样。而且,美德在于选择中道,而选择中道需要智慧。这种智慧不是任何人都可以学习的

---

① 参见 *Nicomachean Ethics*, Book Ⅱ, chapters 1 & 3。

一种公式。达沃尔在解释亚里士多德学说时说道："伦理学中的理论反思预设美德作为一种背景。而我们获得美德只能通过仿效那些已经具有美德的人。"[1]从另一个方面，要想杜绝或减少恶习的形成，有德之人的幸福生活将会是引导人们弃陋习，养美德的重要典范。

　　以上是亚里士多德美德伦理学的基本框架，尽管其中有许多值得商榷的观点和缺陷，但这个基本框架为我们今天进一步研究美德伦理学提供了极好的平台。从上面的介绍我们可以看出，亚里士多德的美德伦理学至今依然是较为完备和系统的美德伦理学。如果我们去掉他的生物学的形而上学目的论的假设，他关于至善是一切实践理性思考的最终目的的思想，他关于美德或出自美德的德行构成至善或幸福的思想，他的美德"中道说"，他关于实践智慧的作用的思想，他关于一个行动是合乎美德的，仅当它源自行动者出于美德自身理由而选择的理想的思想，以及他关于美德教育的思想，今天依然是我们研究和发展美德伦理学的重要平台。

　　亚里士多德的美德伦理学思想其实远比上面所介绍的要丰富。尤其是他关于许多具体美德的论述，应该成为应用美德伦理学研究必须参考的内容。我们应该看到，美德伦理学具有功利主义、康德的义务论、道德契约论等无法取代的价值。美德伦理学的研究实质上反映的是人类对理想和理想人格的追求，也是人类未来的希望所在。只有全人类都看到和重视培养理想人格的重要性，类似"囚徒困境"中的"集体行动问题"，互相毁灭的核战争的问题，才有可能从根本上解决。

第二节　麦金太尔的美德伦理学[2]

　　亚里士多德美德伦理学的一个主要缺陷是，他将美德的目的性建立

---

　　[1]　Darwall, *Philosophical Ethics*, 1998, p. 207.
　　[2]　本节的主要内容选自陈真的《当代西方规范伦理学》第十章，南京师范大学出版社 2006 年版。

在类似生物学的形而上学目的论的基础上。麦金太尔（Alasdair MacIntyre，1929—　）试图用实践和传统的概念来取代亚里士多德的目的论，以重新表达亚里士多德的学说。

麦金太尔认为当代西方伦理学的争论是建立在各自不可通约的前提的基础上的。由于前提的不可通约性，使得争论无法解决，无休无止。每个人心里内部的争论也是如此，其根本性的理由其实不过是断言而已，因而具有某种非理性的特征。所谓道德分歧不过是意志的对决。这都是道德无序的症象。① 为了摆脱当代道德争论的无序的状态，他认为，如果我们将注意力放在怎样过一种美好的生活，而不是仅仅放在行动的正确性上，我们也许更能达成一致。而在他看来，道德的功能就是使我们过上美好的生活。因此，他认为我们应该回到亚里士多德。

他和许多其他当代西方道德哲学家的一个重要分歧在于：许多当代西方道德哲学家认为，美德的正当性取决于规则或原则的正当性，后者先于前者。但麦金太尔显然认为，为了理解后者的权威性，我们首先必须注意美德，注意怎样做人的问题。② 他实际上将关于美德的事实看成是基本的（初始的）道德事实。

麦金太尔对当代西方道德争论的评价之一是认为这些争论脱离历史，③ 为了避免和历史脱节，他力图通过考察历史上的五种不同的美德概念（即荷马、亚里士多德、简·奥斯汀和富兰克林等人著作中的美德目录和《新约全书》中的美德目录所体现的美德概念），来寻求对美德本质的界定。麦金太尔列举这五种不同的美德目录是想说明美德的概念依赖于不同时期的文化传统。他试图寻找某种可以涵盖这些不同的美德概念的核心的概念，即美德的本质。他对美德给出了如下的初步定义："美德是一种获得性人类品质，拥有和表现这种品质可以使我们有可能获得那些

① 参见 Alasdair MacIntyre，*After Virtue*，University of Notre Dame Press，1984，pp. 8-9。注意：这里所用的"非理性"的英文是"non-rational"，而非"irrational"，后者有反理性的意思，而前者没有。国内学者，包括笔者过去的个别文章中，都没有注意到这种区别。

② 参见 Alasdair MacIntyre，*After Virtue*，1984，pp. 119-120。

③ 参见 Alasdair MacIntyre，*After Virtue*，1984，p. 11。

实践的内在利益,而缺少这种品质,我们就无从获得这些利益。"①简言之,美德就是获得实践内在利益的品质。为了理解他关于美德本质的定义,我们必须了解他对"实践"和"实践的内在利益"等概念的界定和解释。

他认为"实践"是指:"任何一种连贯复杂的、社会所确立的人类合作的活动形式,通过这种活动形式,在力图满足那些优秀标准的过程中,内在于该活动形式的利益得以实现,而这些优秀标准对这一活动形式不仅恰当,并且部分地决定了该活动的形式,其结果,人满足优秀标准的能力,人关于目的和所涉及的利益的观念,都系统地得到了扩展。"②他举例说明什么是实践。比如,投掷一个好球不是"实践",球赛则是。砌砖不是,建筑是。栽萝卜不是,但耕耘是。每一种实践都有自己优秀的标准,而人们的实践活动无非是为了体现或满足这些优秀的标准,这些优秀的标准也可以说构成了人类美好生活的标准。美德就是能够满足这些优秀标准的品质。

所谓"实践的内在利益"指的是:如果不从事某种实践活动,人们无法获得这种利益。比如,下棋就有自身的乐趣和魅力。这就是下棋这种实践活动的内在利益。对职业棋手来说,下棋也是谋生的手段,也可以获得名誉、金钱和地位等。但这些都属于下棋这种实践活动之外的利益,即外在利益。下棋并非是获得这些利益的唯一手段,所以,它们是外在的、偶然的。而实践的内在利益则只能通过该实践活动获得。这有两层意思:第一,这种好处离开了该实践活动无法说明;第二,只有参与到该实践活动中,有了经验,才能识别或认识这种好处。比如,下棋本身的乐趣和魅力是内在于下棋活动中的好处,如果不懂下棋,不参与下棋的实践活动是无法得到和体验这种内在好处的。③

麦金太尔认为实践的外在利益和内在利益并非总是一致的,它们经

---

① 参见 Alasdair MacIntyre, *After Virtue*, 1984, p. 191。
② 参见 Alasdair MacIntyre, *After Virtue*, 1984, p. 187。
③ 参见 Alasdair MacIntyre, *After Virtue*, 1984, pp. 188–189。

常处于对立和相互冲突之中。而美德指的是有利于获得实践的内在利益的品质，而非获得外在利益的品质。由于实践活动不可能是孤立的、单独的、与世隔绝的，实践者总是处于和其他实践者的相互关系之中，因此，"我们不得不接受公正、勇敢和诚实的美德，将它们看成具有内在利益和包含优秀标准的实践所必不可少的成分。"①如果不这样做，实践就不可能维持，我们也就无法获得实践的内在利益，也无法满足那些优秀标准。

麦金太尔认为美德和外在利益（行动的外在效果）并无必然联系，这一点将他和效果主义（功利主义）区别开来。他认为美德和外在利益的区别表明了内在利益和外在利益以及相应的两种不同快乐之间的不可通约性，这一点是任何功利主义都无法、也没有区别的（因为，没有不同快乐之间的可通约性，"绝大多数人的最大幸福"就无法理解）。②

麦金太尔关于内在利益和外在利益的表述中所包含的矛盾类似于亚里士多德幸福观中所包含的自相矛盾。比如，一方面，他认为真实的利益是外在利益，而且对美德是必要的（类似亚里士多德认为外在的善是幸福的必要条件）；但另一方面，他又认为美德常常使我们远离外在利益。③如果美德是有助于过上美好生活，而真正的利益又是外在的，这种美好生活比亚里士多德的幸福生活更让人难以理解。他的理论比亚里士多德的理论更难理解和模糊，是一大缺陷。但他和亚里士多德不同，他承认内在利益和外在利益的冲突，认为它们不可调和，至少有时如此。

一、美德作为追求美好生活的心理倾向

有人可能会提出疑问：有些实践是不好的。那么，维持这种实践的品质何以可能是美德？折磨和虐待的品质可以维持某种恶的实践，但它们何以能够是美德？尽管麦金太尔本人不相信这些恶的"实践"符合他关

---

① 参见 Alasdair MacIntyre, *After Virtue*, 1984, p. 191。

② 参见 Alasdair MacIntyre, *After Virtue*, 1984, pp. 198–199。

③ 参见 Alasdair MacIntyre, *After Virtue*, 1984, p. 196。

于实践的定义,但他承认,在许多情况下,实践可能产生罪恶,比如,一个人过于专注于绘画就有可能忽视他的家庭。因此,他认为美德概念虽然和实践有关,但这绝不意味着要赞同所有条件下的所有实践。而且,许多美德,如勇敢、忠诚、慷慨,在一定条件下,有可能产生恶的后果。因此,美德的概念所依赖的实践并非不可进行道德批评。问题是,批评的根据何在? 麦金太尔认为,我们可以诉诸一种美德的要求或与美德相匹配的道德律的要求来批评一种实践。① 但这样做似乎要么会陷于循环定义,要么会诉诸实践以外的东西来定义美德。麦金太尔的回答是,他用实践的概念对美德的定义只是初步的,我们还需要对美德的含义进行补充。那么,补充什么呢? 我们需要问这样的问题:"一个缺少了美德的人将缺少什么?"他将缺少的不仅仅是没有满足实践所要求的优秀标准和维持这种优秀标准所需要的人际关系,而且,他的生活从整体上看将是有缺陷的。他的生活将不是美好的或最好的。因此,要想回答上述问题,我们必须回答什么是一个人的美好生活。如果我们不将美德等概念放到一个作为整体的人类生活的目的的概念之中理解,美德的概念将是部分和不完全的。除非有一个目的,它超越所有实践的利益,作为一个整体的人的生活的善,否则对美德的理解就是不完善的。而且,有的美德,如人格的完整(integrity)或始终如一(constancy),如果不放到一个人生活的整体中考虑,就无法理解。②

　　麦金太尔认为,任何一种东西,包括行为和美德,如果离开了它所处的环境和历史,就会变得无法理解。要想确定和理解别人的行动,我们必须将它们放到行动者所讲述的故事的历史或环境中。一个行动只是一个历史中的一个情节。我们生活在故事或故事的历史中,所以只有将我们的行动放到故事的历史中,才能得到理解。人本质上都是讲故事的动物。

---

① 参见 Alasdair MacIntyre, *After Virtue*, 1984, p. 200。

② 以上讨论参见 Alasdair MacIntyre, *After Virtue*, 1984, pp. 201–203。"integrity"是指的一个人完整的人格,而不是分裂的人格。一个人如果有他做人的原则,并一以贯之,则此人就有 integrity 或完整性。所以,麦金太尔提到克尔凯郭尔的名言以说明这种美德:"心灵的纯洁在于向往一个东西。"换言之,纯洁的心灵不可能向往彼此互相矛盾的东西。

行动者既是故事的作者,也是故事的主角。行动者的行动和经历本身就构成了故事的情节。每个人不能从他们满意的地方开始他们的故事,也不能随心所欲地发展他们自己的故事,因为,每个人的故事影响着他人,也为他人的故事所制约。人关于未来的故事也具有不可预测性和目的性。① 但这种目的究竟是什么? 由什么所决定?

一个人的生活是一个统一体,这个统一体是体现在其生活中的一个故事的整体。问什么对我是好的(善的)就等于是问我怎样才能最好地过完一生。人的一生是一个寻求的过程,而没有最终目的的概念,这种寻求是没有办法理解的。为此,我们需要善的概念(这种善是指的对人的好处)。为什么? 我们需要这种善的概念来超越前面依赖实践的概念的美德所产生的问题,这个善可以为美德提供更大范围的目的和内容,从而使我们能够安排整理其他的利益,也正是这个概念使我们能够理解人格的完满和始终如一在我们生活中的地位,也正是在寻求这个善的概念的过程中,我们才开始将生活定义为对这种善的追求。②

因此,我们对美德可以进行补充定义:美德不仅是实现实践内在利益的心理倾向,而且也是寻求善或美好生活的过程中克服我们所遭遇的伤害、危险、诱惑和分心,增强自我认识和对善的认识的心理倾向。美好的(善的)生活就是寻求美好生活的生活,而美德则是这种寻求必不可少的,并有助于我们理解这种美好生活是什么的品质。③

二、美德作为维系传统的品质

一个人自己是无法寻求善或践行美德的。我们本身都是具体社会身份的承担者。一个人就扮演各种不同的社会角色,比如,儿子,丈夫,父亲,叔叔,教师,南京人等等。凡对此人好的事情必定对那些处于这些角

---

① 以上讨论参见 Alasdair MacIntyre, *After Virtue*, 1984, pp. 209–216。

② 参见 Alasdair MacIntyre, *After Virtue*, 1984, pp. 218–219。

③ 参见 Alasdair MacIntyre, *After Virtue*, 1984, pp. 219–220。

色的任何人都是好的。一个人所扮演的角色有着既成的条件,所以一个人是继承这些角色。这些构成角色的既成条件也构成道德的起点和道德的具体内容。①

自我必须通过自己作为共同体或社区的一员来找到自己的道德位置,但这也不意味着它必须接受这些共同体的具体的道德规范(moral limitations),具体的道德规范是我们的出发点,我们由此出发寻求普遍的善。实践也是历史的。而作为寻求实践内在利益的美德所维系的实践所必须的关系不仅包括现在,还包括过去和未来。因此,"我"总是一个传统的承载者。②

那么,什么是传统? 什么构成传统? 一个活生生的传统是对历史上承前启后并体现了相互关系的某种论证,这种论证的一个重要部分是关于利益的论证,而这些利益构成传统。个人的实践或对利益的追求都在传统所限制的范围之内。为了理解这些传统,我们必须将其放到更大范围的历史和传统中考察。而维系这种传统的关键在于相关的美德。也就是说,美德也是维系一个传统的品质。缺少正义、真诚、勇敢或理智的美德,我们就无法维系一个传统。③

总之,在麦金太尔看来,美德就是有助于获得实践内在利益的品质,有助于美好生活的品质,有助于维系一个传统的品质。而最终,传统和文化决定了美德,决定了我们的道德生活。

麦金太尔的学说和亚里士多德的学说有许多相似之处,主要是亚里士多德的目的论成分,但并无其形而上学的生物学假设。亚里士多德似乎没有意识到幸福构成成分之间可能发生冲突,而麦金太尔则承认这种冲突有时会发生,这是由于实践的多重性会导致利益的多重性,而利益的多重性会导致彼此的冲突。美德的目的性在于对实践内在利益和美好生活的追求,并在这种追求中维系一个传统。

---

① 参见 Alasdair MacIntyre, *After Virtue*, 1984, p. 220。
② 参见 Alasdair MacIntyre, *After Virtue*, 1984, p. 221。
③ 参见 Alasdair MacIntyre, *After Virtue*, 1984, pp. 222–223。

他和亚里士多德的相似还表现在,将评价和事实的解释联系在一起。他认为价值的东西,评价性的东西,如勇敢、暴君等,也可以解释事实。①这似乎和亚里士多德有点不同:亚里士多德以事实解释价值性的东西,而麦金太尔以价值性的东西解释事实。

麦金太尔理论的缺陷主要有三点:第一,他的实践的概念过于笼统和模糊。比如,战争,生产活动,商业活动算不算实践? 如果算,金钱、财富是否是其内在价值? 实践概念的模糊导致他美德概念的模糊。第二,他将应然和实然的问题混为一谈。第三,也是最主要的缺陷,他将美德和传统联系在一起,这样,他的理论就不可避免地具有道德相对论的特点。如此,道德相对论所具有的问题,同样可以适用于他的理论。对道德相对论(文化道德相对论或道德约定论)的主要责难有:如果它是正确的,那么,文化或传统道德上就是不可误的,不同文化和传统之间的道德分歧和批评就是不可能的,但这显然不成立;道德相对论无法解释道德进步或道德改革;存在着许多难以否认的普遍的道德原则或普世价值。麦金太尔似乎也意识到相对主义的问题以及对他理论的这一批评。他试图通过将美德和实践放到更大范围的文化和传统中理解,以避免有关的诘难。但由于他将事实问题和价值问题混为一谈,将实然和应然混为一谈,因而依然避免不了道德文化相对论的问题。同时,他过于强调美德和历史的联系,这就否认了美德以及相应的道德观念有独立于历史的相对独立性和确定性,这也影响我们对道德概念的准确把握。

第三节　弗兰肯纳的义务论美德伦理学②

20世纪末和21世纪初以来,许多西方哲学家开始较系统地研究美

① 参见 Alasdair MacIntyre, *After Virtue*, 1984, p.199。
② 关于本节至最后诸节的主要内容选自陈真的《当代西方规范伦理学》第十一章,南京师范大学出版社2006年版。

德伦理学,并将能够给我们提供行动规范、指导我们行动的美德伦理学称之为"规范美德伦理学"。他们的目的是克服对传统美德伦理学的批评(即美德伦理学只是以行动为基础的功利主义和以义务为基础的义务论的补充,本身并无独立的地位),他们试图说明美德概念的第一性(primacy),并从中发展出像效果主义和义务论那样可以运用的道德规则或原则。他们希望将美德伦理学发展成为足以和功利主义与义务论相抗衡的规范伦理学理论。

一、对规范美德伦理学的责难

西方哲学家对规范美德伦理学的责难主要有两个:

第一,规范美德伦理学依赖效果主义、义务论或者其他的伦理学理论,理论上没有自己的独立性。"美德"是美德伦理学的最为核心的概念,但弗兰肯纳(William Frankena,1908—1994年)等许多西方哲学家认为,如果我们想给美德一个明确的、较为客观的定义,我们会发现,我们要么成了利己主义美德论者,要么成了功利主义美德论者,要么成了义务论美德论者。每一种美德的定义都依赖相应的规范伦理学理论,因此,美德伦理学理论上没有自身的独立性,最多只能是其他伦理学理论的补充。①

罗尔斯(John Rawls)认为任何伦理学理论都要讨论两个最基本的概念及其关系,一个是正确性的概念,一个是善的概念。他还提到另一个概念,即"一个有道德价值的(morally worthy)人的概念"。但他认为,这个与美德有关的概念可以从前面两个概念推导出来,因此,伦理学理论实际

---

① 参见 William Frankena,"A Critique of Virtue-Based Ethical Ethics"in *Ethical Theory: Classical and Contemporary Readings*, ed. Louis p. Pojman, CA: Wadsworth, 2002, pp. 350 - 355。摘自 Frankena, *Ethics*, 2nd edition, New Jersey: Prentice-Hall, 1973, pp. 63-71。本章关于弗兰肯纳的引文或文献参考均转引自 *Ethical Theory*。

上由前面两个概念所决定。① 按照罗尔斯的看法,伦理学要么是以行动的善为基础的伦理学理论,要么是以义务的正确性为基础的伦理学理论,美德伦理学理论上没有自己独立的地位。②

第二,美德伦理学无法为我们的正确行动提供指导原则,而这本应该是任何规范伦理学理论应有的职责。因为美德是我们内部的一种心理状态,它本身无法告诉我们应该做什么,无法提供行动的规则。简言之,美德无法决定一个行动的道德或正确与否。

为了克服这两个责难,当代西方美德伦理学家作了不懈的努力。

二、美德不过是遵守道德规则的心理倾向

弗兰肯纳赞成上面提出的第一种责难,但他认为美德伦理学可以为行动提供指导原则。他认为美德不仅能给人们的行动提供行动动机,也能提供正确行动的指导原则,因为,为了理解和定义美德,我们都会诉诸某些相应的规则或原则。比如,为了理解和解释什么是公正的美德,我们可以诉诸公正[正义]的原则。作为美德的公正不过是遵守公正原则或规则的心理倾向。每一个美德都有一个相应的行动规则,这就是作为人的心理状态的美德何以能够指导人们行动的原因所在。

但他认为离开了规则(原则)或行动后果(也可以表达为原则),我们无法确定美德是什么。因此,道德规则是第一性的,而美德是从属的、第二性的。按照一般规范美德伦理学理论,一个行动是道德的,当且仅当,它是一个有德之人的行动。弗兰肯纳认为问题是怎样定义一个有德之人? 一个有德之人就是一个具有美德之人。而美德的定义又离不开原则

---

① 参见 John Rawls, *A Theory of Justice*, Cambridge, MA: Harvard University Press, 1971, p. 24。

② 关于认为美德无法成为第一性(primacy)概念的详尽分析,可参见 Gary Watson, "On the Primacy of Character" in *Identity, Character, and Morality*, ed. Owen Flanagan and Amelie Rorty, Cambridge, MA: MIT Press, 1990, pp. 449 – 69。该文重新收入 Stephen Darwall (ed.), *Virtue Ethics*, UK: Blackwell, 2003, pp. 229–245。

或行动后果。依据原则和行动后果,美德伦理学理论可以分为三种:利己主义、功利主义和义务论美德论。利己主义美德论认为,美德是最有利于其拥有者的利益的品性,或者说,精打细算和小心翼翼地照顾自己是一个人基本的美德(cardinal virtue)。功利主义美德论认为,美德是有利于大众幸福的品性,或者说,仁慈是最基本的美德,其他美德都由此而来。义务美德论认为,美德并非仅仅是实现非道德价值的工具,它们有自身的价值,因此,除了自利和仁慈之外,还有诚实、公正等基本的美德。由于弗兰肯纳认为义务都可以表达为原则,而功利主义又可以表达为功利义务或功利原则,可以合并到义务美德论中去,又由于利己主义理论本身的缺陷,因此,他认为义务美德论最为合理。①

所谓基本美德有两层含义:第一,它无法从其他美德中推导出来(它的存在不依赖其他任何美德);第二,其他美德或者可以从它推导出来,或者不过是它的表现形式。古希腊哲学家认为基本美德有四种:智慧、勇敢、节制、公正。而基督教则认为有七种。叔本华和弗兰肯纳则认为基本道德美德只有两种,即仁慈和公正。② 弗兰肯纳认为和这两种基本美德相应的最基本的道德规则也有两条,即仁慈(尽可能地做善事)和公正(平等待人)。如果二者不发生冲突,只要我们思想清晰并且掌握有关事实,我们就知道我们道德上应该做什么。在义务论中,作为美德的仁慈和公正并不能告诉我们怎样行动,但培养它们可以使我们自觉自愿按照规则行动。美德伦理学本身包括双重的作用:推动我们行动,并告诉我们怎样行动。③

他认为,美德可以分为一阶的和二阶的。基本美德和由此推导出来的美德属于一阶美德。而二阶美德则是更为抽象和一般的,比如,凭良心做事(conscientiousness)。它是二阶的美德是因为它涵盖了道德生活的所有方面,而不仅仅是一部分(局部的美德如感恩和诚实)。道德勇气也

---

① 以上参见 William Frankena, "A Critique of Virtue-Based Ethical Ethics", p. 351, p. 355。

② 参见 William Frankena, "A Critique of Virtue-Based Ethical Ethics", pp. 351-352。

③ 参见 William Frankena, "A Critique of Virtue-Based Ethical Ethics", p. 353。

是二阶美德,也因为她涵盖道德生活所有领域。他列举的二阶美德还有,寻找和尊重相关的事实和思考清晰。这为什么不是能力而是一种美德呢? 因为,一个人可以有这种能力,但却不用,而美德则是使用这种能力的心理倾向。这种美德本身也许不是道德美德,但却是道德生活所必需的。道德上的自立,即能够自己作出道德决定并修改自己的原则,能够生动地认识他人的内在生活,也是二阶的美德。① 一阶和二阶美德的区分是否合理可以商榷,但这些思想可以帮助我们进一步探讨美德伦理学问题。

弗兰肯纳也强调了培养美德的重要性。他认为仅仅遵循规则是不够的,因为这种遵循并非必然出于道德的理由,很有可能出自非道德的理由,而出自非道德理由的遵循道德上是不完满的,或者说是缺少道德价值的。而且,由于道德只能提供初始规则,而非实际情况下的实际规则,因此,我们不可能满足于初始规则的文字,我们需要培养美德的心理倾向,它们能使我们在规则彼此冲突时能够选择恰当的行为。另一个重视美德的理由是,一个人不能遵守规则可以有很多理由,比如,不了解情况等。道德应该考虑到这些例外。道德评价不可能仅仅依据一个人是否不折不扣遵守了道德的规则来判断。所以,道德不可能过于强调规则的遵守,道德所真正始终能够强调的,道德评价始终可以强调的,是美德,是遵守规则的意愿,而不是遵守规则。所以,义务论应该给美德留有一席之地。②

弗兰肯纳认为美德伦理学所考虑的事情不能完全为道德正确性概念所包括。美德是关于理想的。理想或道德理想不等同于原则或规则。理想是关于存在的方式,而原则是关于做事的方式。一个人有道德理想,就是说他想成为某个类型的人,比如,具有完美人格(perfect integrity)的人或勇敢的人。道德理想常常通过人物来表现,这样的人物不必是圣人,不必是无时无刻遵守道德规则的完人,但却是值得赞赏或称赞的。理想或

---

① 参见 William Frankena, "A Critique of Virtue-Based Ethical Ethics", p. 354。
② 参见 William Frankena, "A Critique of Virtue-Based Ethical Ethics", pp. 352–353。

美德不等于道德规则的要求。一个人的理想极少是不折不扣地遵循道德规则的。美德伦理学可以为理想提供更自然的基础。没有美德伦理学的道德理论是不完善的。尽管弗兰肯纳提出了许多理由似乎支持美德伦理学的不可替代性，但他依然认为，如果一个人的理想真是道德的，那么，这一理想不可能不为道德的规则，即仁慈规则或公正规则所包括。因此，美德依然只从属于义务和规则。①

弗兰肯纳认为对一个行动的道德评价也应考虑行动者的动机，尽管什么决定一个行动的对错是由原则决定的，而不是动机或品质。在对一个人的道德评价中，我们不仅考虑他做事是否正确，而且，也考虑他的动机，如果他出于错误的动机做了正确的事情，我们依然不认为他道德上是善的。一个人如果力图做正确的事情，即使他没有做到，我们也不认为他道德上是坏的。他行为道德上是否可取，不依赖于他行动的正确性，而依赖于他行动的动机。弗兰肯纳认为，问题是什么时候他的动机道德上是善的？如果他的行动主要出自义务感，即做道德上正确事情的欲望，则他的动机就是善的。弗兰肯纳认为，一个人做事可以有其他的非道德的动机，但遵循义务的欲望压倒其他的欲望，则此人的动机道德上就是善的。②

有人认为履行道德义务的欲望自身不足以成为善的东西，或不能算做美德。出自友情、感恩、尊重、爱等的动机才能算是善的、合乎美德的。弗兰肯纳认为这种观点言过其实。他认为离开了做正确事情（遵守道德规则）的意志，很难理解心理倾向或动机何以为善，何以合乎美德。他认为更为合理的一种观点是区别两类动机。一类是道德的，即始终试图履行道德义务的欲望。另一类是非道德的，但却经常使行动者做道德所要求的事情，比如，天性善良，讨人喜欢，母爱。母爱之所以不被弗兰肯纳列为道德美德，因为它超出了道德的要求。③

---

① 参见 William Frankena，"A Critique of Virtue-Based Ethical Ethics"，pp. 353–354。
② 参见 William Frankena，"A Critique of Virtue-Based Ethical Ethics"，p. 355。
③ 同上。

问题是:道德究竟应该是规则或原则的遵循,还是心理倾向(dispositions)或品质的培养?① 究竟是原则决定道德,还是美德决定道德? 最终决定我们行动道德与否的因素究竟是什么? 弗兰肯纳认为如果离开了按照原则行动的品质的培养,我们很难理解道德规则或原则的意义和作用。而另一方面,品质或心理倾向离开了在特定环境下的特定的行动方式,也无法理解。比如,仁慈和公正等美德离开了仁慈的原则和公正的原则就无法理解。因此,我们不应将义务论原则和美德伦理学看成是两个对手,而应看成是同一个道德的互补的道德理论。因此,每一个原则都应该有一个相应的道德的美德,而每一个美德也应该有一个相应的原则。这些美德和相应的原则通常都有同样的名称,比如,公正。他模仿康德的名言,提出:"原则无品德则空(无用),品德无原则则盲。"②尽管他似乎企图调和义务论和美德论,但和康德无法调和经验论和唯理论一样,他最终认为原则更为根本(而不是美德),故,美德不过是按照原则行动的心理倾向。

三、诘难:美德并非仅仅是遵守道德规则的心理倾向

弗兰肯纳认为美德不过是遵守道德规则的心理习惯或心理倾向。谢勒(Walter Schaller)将这一观点称之为标准观点,它包括:(1)道德义务都可以表达为行动的道德规则;(2)美德不过是遵守这些规则的心理倾向;(3)因此,美德只具有工具价值。标准观点认为不管一个人是否有相应的美德,都一样可以并且应该遵守道德规则。比如,一个缺少诚实美德的

---

① Disposition 表达的是心灵的一种属性或状态,使用英文的哲学家常常将其解释为"倾向"(tendency),即可以和"倾向"通用。由于它是心灵的一种属性,故可将其译为"心理倾向",也可以译为"心理习惯"。由于"心理"的东西只有通过行为才能表现出来和被理解,故该词也可译为"行为倾向"。这种属性类似于某种倾向性物理属性,比如,玻璃的"脆"。平时看不见,但当遇到重击时,玻璃就会粉碎,这就是"脆"。"心理倾向"也是这样,平时看不见,但在特定的环境条件下,就会表现出来。如果将 disposition 译为"性格"、"品质"等,则没有将其原义完全表达出来。

② 参见 William Frankena, "A Critique of Virtue-Based Ethical Ethics", p.352。

人也可以遵守反对说谎的规则。因此,美德的核心就是遵守道德规则的心理倾向。美德的价值仅仅在于可以成为道德规则所要求的道德行动的动机,没有道德规则或所要求的行动,也就没有美德的价值。①

谢勒认为标准观点不成立。他认为美德有自有价值,至少一部分美德,如仁慈(乐善好施)、感恩和自尊等,无法解释为遵守道德规则(或义务)的心理倾向。他的具体理由如下:

第一,仁慈、感恩和自尊这三种义务最好理解为要求人们培养相应美德,而不是要求遵守道德规则的义务。比如,乐善好施(beneficence)如果理解为道德义务,如果不是一种超出道德要求的(supererogatory)义务,似乎可以表达为:我们应该帮助那些需要帮助的人们。但当我们想将这种义务确切地表达为行动的具体道德规则时,困难开始出现。如果我们将其表述为:"帮助所有需要帮助的人",显然,这条规则超出了道德的要求。我们也可以将其表达为:"尽可能地帮助他人。"但怎样判断我"尽了可能"是一个非常难以决定的问题,因为我可以"尽可能"将所有的钱,除了必要的生活费用外,都用来帮助穷人和无家可归的人,但这明显超出道德的要求。而其他的表达方式也有缺陷,比如,"有时在某种程度上帮助他人。"这种表述选择的范围太大,给了行动者过多的自由,而在很多情况下,拒绝帮助他人在道德上是错误的,比如,当一个人可以没有任何风险就可以救起一个溺水的孩子时,他不这样做就是错误的。也就是说,这样表达规则实际上并没有真正给行动者提供具体的指导。如果乐善好施不能表达为行动规则的话,则将美德解释成为遵守道德规则的心理倾向就无法成立,所谓美德只有工具价值的说法也因此而不能成立。②

另一方面,如果我们将乐善好施看成是要求人们尽可能培养仁慈或

---

① 参见 Walter Schaller, "Are Virtues No More Than Dispositions to Obey Moral Rules?" in *Philosophia* 20, July 1990。转引自 Louis p. Pojman (ed.), *Ethical Theory: Classical and Contemporary Readings*, Belmont, CA: Wadsworth, 2002, the 4th edition, p. 357。以下页码皆引自后者。

② 参见 Walter Schaller, "Are Virtues No More Than Dispositions to Obey Moral Rules?" pp. 357-358。

仁爱之心(benevolence)的美德,则可以避免上述问题。第一,要求人们尽可能地培养对他人的仁爱之心,不要对他人的痛苦无动于衷,这一要求不存在着将这种义务表达为行动规则(比如,"帮助所有需要帮助的人们")时所遇到的要求过高的问题,它强调的是意向,而不是具体的行动。第二,这样做也可以避免上面的要求过弱的问题,比如,"有时在某种程度上帮助他人"这一规则所遇到的问题。不救快要淹死的孩子可以不违反这条规则,但显然,不救这个孩子是错误的。而不救这个孩子显然和仁爱之心的美德是相违背的。因此,将乐善好施的义务理解为培养仁爱之心的美德,可以避免要求过弱的问题。第三,一个人可以不违反任何道德规则,但却自私自利。这样,从规则义务论的角度,我们对他不可能有任何谴责,但从美德义务论的角度,我们则可以说他缺少仁爱之心,而他有义务培养仁爱之心。第四,当我们考虑在具体情况下,一个已经具有仁爱之心的人是否应该帮助一个需要帮助的人时,这个问题常常变成她是否能够或有能力帮助需要帮助的人。而一个不具备仁爱之心的人则会问:他是否必须这么做,而且会找出种种借口不去这么做。第五,将美德理解为仅仅只有工具价值会忽略这样的事实:有时需要帮助的人所需要的仅仅是同情心而已,然而,一个缺少仁爱和同情心的人是无法提供这样的帮助的。① 而假装出来的同情心又不是真正的同情心。

第二,感恩的义务几乎无法表述为可以为任何人都可以遵守的行动规则。因为,缺少感恩美德的人无法履行感恩义务,仅仅出于要履行感恩义务的动机而履行"感恩"的行为不是真正的感恩行为,它更像"装"出来的感恩,它会使接受感恩行动的人感到不舒服。这种感恩的价值仅在于比完全不装出感恩好一点。我们可以将感恩义务表述为"受惠都应感谢,哪怕是表面上的感谢。"但遵守这条规则并不意味着履行了感恩的义务。因此,真正的感恩行为直接来自感恩的美德,而非其他。感恩美德有其自身价值,而不仅仅是工具价值。感恩的自有价值在于它是行动者对

---

① 参见 Walter Schaller, "Are Virtues No More Than Dispositions to Obey Moral Rules?" pp. 358–359。

施恩者的尊重,感恩的行动只是这种态度的证据,而这种态度并非是执行规则的工具。①

第三,遵守义务的动机并不等于相应的美德,比如,感恩和自尊的义务不可能表达为任何人都可以遵守的行动规则,因此,感恩和自尊作为行动动机也就无法表述为遵守相应规则的动机,这些行动的动机只能是感恩和自尊等美德自身。换言之,感恩和自尊的行动和动机是无法截然分开的。

谢勒还认为,自尊也是一种美德和义务(但并不是可以表达为行动规则的义务)。如果标准观点(关于自尊的看法)是正确的,那么,我们就应该可以表述关于自尊的行动规则,这种规则不仅能够为有自尊美德的人所遵守,也应该能够为没有自尊美德的人所遵守。但要表述这样能够为缺少自尊的人、充满奴性的人所能够遵守的关于自尊的行动规则几乎是不可能的,因为,奴性和自尊,从根本上讲,主要是一个态度和信念的问题,而不仅仅是个行动的问题。一个听话的妻子顺从丈夫的行动是否是奴性的体现,不在于行动,而在于她行动的理由、信念(对自己应有的道德权利、自身价值和地位的信念)和态度。所以,即使是不顺从的行动如果以近乎奴性的心态去执行,也无法体现自尊。和感恩一样,如果我们想将自尊看成是一种义务,我们最好将其看成是一种要求培养自尊美德的义务,而非行动的规则。自尊不过是合乎自尊美德的行动而已。如此,自尊就无法表述为遵守自尊规则的心理倾向,自尊美德也不是仅仅只有工具的价值。② 谢勒甚至认为自尊和感恩并非必须要求进一步的行动。③

谢勒的上述论证只是表明,至少,有些美德是无法表述为遵守行动规则的心理倾向。他并不是想证明所有的美德都不能表述为遵守行动规则

---

① 参见 Walter Schaller, "Are Virtues No More Than Dispositions to Obey Moral Rules?" pp. 359–360。

② 参见 Walter Schaller, "Are Virtues No More Than Dispositions to Obey Moral Rules?" pp. 360–361。

③ 参见 Walter Schaller, "Are Virtues No More Than Dispositions to Obey Moral Rules?" p. 362。

的心理倾向。他本人认为有些美德可以表述为遵守道德规则的心理倾向，因此，在这样的情况下，规则是第一性的，而美德是第二性的。但并非所有美德都如此，比如，他上面所提到的三种美德。这些美德的价值是自有的，第一性的，而非从属于规则的。他想说明，美德的道德价值或重要性是无法为行动的规则所穷尽的。[1] 谢勒的证明如果成立，说明至少有些美德是无法还原为规则义务论的，美德伦理学至少部分地有规则义务论所无法取代的地位，一个行动的道德属性，至少部分地，离不开对行动者动机的考虑。

第四节　规范美德伦理学

　　和谢勒的态度不一样，许多当代美德伦理学家认为所有的道德行动都可以从美德中推出。他们试图证明所有道德行动都可以解释为合乎美德的行动，所有的道德规则都可以来自美德，并且，美德的概念是第一性的。他们想彻底推翻前面对规范美德伦理学的两个责难。20 世纪末，21世纪初，相当一部分西方伦理学家开始努力朝着这个方向前进，其主要代表人物包括迈克尔·斯洛特（Michael Slote），罗莎琳德·赫斯特豪斯（Rosalind Hursthouse），和克里斯廷·斯旺顿（Christine Swanton）。他们的理论可以分别称做实际行动者动机论，假设行动者动机论，和美德目标中心论。[2]

---

　　① 参见 Walter Schaller, "Are Virtues No More Than Dispositions to Obey Moral Rules?" p. 361。

　　② 关于美德学的三种分类，参见 Ramon Das, "Virtue Ethics And Right Action" in *Australasian Journal of Philosophy*, Vol. 81, No. 3, September 2003。此文已译为中文，见拉蒙·达斯：《美德伦理学和正确的行动》，陈真译，《求是学刊》2004 年第 2 期和《新华文摘》2004年第 14 期。这里所用的名称和他们原来的名称不一样。

一、斯洛特的"实际行动者动机论"

迈克尔·斯洛特（Michael Slote）认为一个行为的道德属性或正确性应该完全可以从实际行动者的道德属性，即他的品德或行为动机中推出。① 如果一个行为出自善良的、好的动机，他的行为就是道德的。反之，就是不道德的。真君子和伪君子的区别往往不在于他们做了何事，而在于他们做事出自何种动机。由于他将行动正确性的最终依据归于实际行动者的实际品德或动机，故不妨将他的理论称之为"实际行动者动机论"。斯洛特本人则将自己的理论称之为"以行动者为基础的理论"（agent-based theory），以显示和"以行动为基础的"和"以道德义务为基础"的道德理论的不同。

按照规范美德伦理学的一般看法，一个行动是道德的，当且仅当，它是一个合乎美德的行为；一个行动是合乎美德的行为，当且仅当，它是一个有德之人的行为。而实际行动者的美德论则可以表述如下：

> 一个行动是道德的（或道德上正确的），当且仅当，行动者实际上是一个有德之人并且该行动是出自他的美德。

这一理论以行动者的实际动机来判断一个行动是否道德的最终依据。比如说，有一位医生为了帮助偏远山区的村民解决看病难的问题，自愿放弃城市里优裕的生活，来到穷乡僻壤行医。她的行动显然是道德的。假设在她完全没有意识到的情况下，她不小心将某种未知的疾病带给了村民，造成了不好的后果。在这种情况下，我们依然认为她自愿去穷乡僻壤行医的行为是道德的。我们为什么这样认为呢？因为她的动机是好的，尽管后果不好。又比如，有一位杀手刺杀一位深受民众爱戴的领导人。但他射出的子弹没有击中目标，而是打碎了一块岩石，结果大量的石油冒了出来，人们由此而发现了一块蕴藏丰富的油田，附近的人们因此全

---

① 参见 Michael Slote, *Morality From Motives*, New York: Oxford University Press, 2001, p. 5。

都富起来了。刺杀行动的后果是好的,但没有人认为刺客的行为因此而成为道德的了,因为他的动机是坏的。

对"实际行动者动机论"的责难主要有三个。第一,一个人实际行动动机的好坏并非是其行动正确性的充分必要条件。一个人行动动机并非是其行动正确性的必要条件。假设有位男士和一位有小孩的女士约会。小孩不小心掉进游泳池即将淹死。男士对小孩的生死毫不在意,但为了和女士上床,他跳进游泳池救起小孩。救小孩的行动不管动机如何似乎都是正确的。而按照实际行动者动机论,由于那位男士的动机是错误的,因此,他救小孩的行为也是错误的。这似乎和人们的常识相冲突。①

第二,一个人实际行动动机也不是其行动正确性的充分条件。比如,一个人为了及时将一位病危的病人送到医院,结果造成数人死亡的车祸,尽管他的动机无可非议,但我们似乎很难说他的行动是正确的。

实际行动者动机论者有可能回答,那位男士以和小孩母亲上床的动机救小孩依然是错误的,只有出于正确动机的正确行动才是真正正确的行动。但实际行动者动机论依然面临第二个责难,即它没有办法合理解释正确行动和有正确动机的正确行动之间的区别。由于实际行动者动机论将行动的正确性等同于动机的正确性,因此,它必然混淆正确行动(不管其动机如何)和出于正确动机的正确行动之间的区别。而这种区别具有十分重要的实践意义。道德规则和规定行动正确性的主要意义就是要给一切人,不管其动机如何,不管其是否愿意遵守,提供行动的指导和理由。这正是道德规则的意义所在。过于强调行动正确性对动机的依赖性,否认正确性独立于人们的动机,会忽略或无法解释正确性本身有可能给人们提供动机。而且,一个人动机往往不受自由意志支配,比如,一个吸烟成瘾者的吸烟欲望就无法受其支配。因此,如果我们认为一个人的实际动机是其行动正确性的充分必要条件,我们就违反了"应该蕴涵能

---

① 该例子取自 Ramon Das, "Virtue Ethics And Right Action" in *Australasian Journal of Philosophy*, Vol. 81, No. 3, September 2003, p. 326。

够"的原则。①

第三,拉蒙·达斯(Ramon Das)认为,实际行动者动机论无法避免循环论证。他的基本理由是,任何规范美德伦理学都必须回答怎样确定动机的好坏、怎样确定一个行动是出自善良动机的问题。而动机看不见、摸不着。为了确定动机的好坏,我们只有诉诸动机所导致的行动的好坏来解释或理解动机的好坏。这样,我们就陷入了循环论证:用动机的正确性定义行动的正确性,再用行动的正确性定义动机的正确性。达斯认为,只要我们诉诸外在的行动的属性或正确性来解释美德的本质,我们就不可避免的陷入循环论证。比如,当我们要说明仁爱之心是什么时,我们似乎无法不用仁爱的行动来解释仁爱之心。我们很难说一个从来没有表现过仁爱之心的人有仁爱之心。也就是说,美德的本质最终依赖于对行动正确性的评价。达斯似乎认为,怎样确定一个心理倾向是美德涉及价值评价。而对美德的价值评价依赖于其外在的行为的价值评价。故,美德伦理学无法摆脱循环论证的诘难。② 斯洛特本人对此诘难的回答是,怎样决定动机好坏,怎样决定一个心理倾向是否是美德,取决于我们的直觉。③ 达斯的观点似乎是:规范美德伦理学无法论证美德的第一性而不陷入循环论证。而我们则认为,美德作为看不见,摸不着的心理属性,只能通过外部行为来说明,但这只是展现其本质,而非美德依赖外部行动。正像"脆"是玻璃的倾向性属性一样,为了解释"脆",我们不得不设想一些可能情况下的可能的"行为"来解释它,但这并不意味着"脆"的属性依赖于它的"行为"。如果一块玻璃一直不碎,我们不能因此而认为它的"脆"性就不存在。一个人的仁爱之心,在它还没有表现出来的时候就已经存在,所以,无论从本体论还是逻辑上,它都可以不依赖其行动的正确性。至于出自仁爱之心的行动是否在任何情况下都正确,则是另外一个问题。

---

① 参见 Ramon Das, "Virtue Ethics And Right Action", pp. 326–328。

② 参见 Ramon Das, "Virtue Ethics And Right Action", pp. 328–330。

③ 参见 Michael Slote, *Morals From Motives*, New York: Oxford University Press, 2001, p. 19 and footnote 12 on p. 19。

实际行动者动机论的主要问题是怎样区别正确行动和出自正确动机的正确行动,怎样说明尽管动机不对,男士救小孩的行为依然是正确的行为。对此,实际行动者动机论者似乎无能为力,因为他们将行动的对错和实际行动者的实际动机联系在一起,而行动的对错和实际行动者动机的对错是有区别的。为了避免这一问题,有的哲学家提出了假设行动者动机论。

二、赫斯特豪斯的"假设行动者动机论"

罗莎琳德·赫斯特豪斯(Rosalind Hursthouse)是假设行动者动机论的主要代表人物。斯旺顿将赫斯特豪斯的理论称为"有资格行动者理论"(qualified agent theory)。按照这种理论,

> 一个行动是正确的(即道德的),当且仅当,它是一个有德之人,按照其品性,在当时情况下采取的行动。① 换言之,一个行动是道德的,当且仅当,它是一个有美德的人根据其美德所可能采取的行动。

这一表述将正确行动归于一个假设性的有德之人,而非实际行动者,因此可以避免实际行动者动机论的问题。因为实际行动者动机论要求实际行动者要按照美德(即良好的动机)行动,此行动才是道德的。这就产生了一个问题:怎样解释动机不良的男士救小孩的行动何以道德上是正确的?而假设行动者动机论可以避免这一问题。即使实际行动者的动机不纯,只要他的行动和真正有德之人按照其品性即美德所采取的行动是一致的,他的行动就是正确的。如果他的动机和假设性的有德之人的动机一致,则他的行动道德上就更完满了。因此,这一理论似乎可以避免前面提到的前两个问题。

---

① "按照其品性"(characteristically)是为了避免这样的诘难:即使一个有德之人也会有有意识做错事的时候。但如果她按照其品性去做,则不会有意识去做错事。参见 Rosalind Hursthouse, "Normative Virtue Ethics" in *How Should One Live?*, ed. Roger Crisp, Oxford: Clarendon Press, 1996, pp. 19–36。此文已译为中文,见赫斯特豪斯:《规范美德伦理学》,邵显侠译,《求是学刊》2004 年第 2 期和《新华文摘》2004 年第 14 期。

假设性行动者动机论关于行动的一般性指导规则可以表达为："做一个有德之人在此时此景下会做的事情。"这条一般性的规则似乎无法给道德上并不完满的人提供指导，因为他们不知道有德之人（或道德上更为完满的人）此时此刻此情此景会做什么。而对有德之人来说，又无须这条规则指导。那么，怎样解决这个问题呢？赫斯特豪斯的回答是：第一，道德上不完满的人可以向道德上更为完满的人（更公正，更诚实，更理智，更善良的人）请教；第二，道德上不那么完满的人也未必不知道有德之人在此时此景会做什么；第三，一个有德之人是指具备了诚实、仁慈、公正等品德之人，而诚实、仁慈、公正等美德都有相应的行动规则，比如，"不许说谎"，"不许伤害他人"，"一视同仁"，等等。因此，尽管我不是一个完满的人，但只要我知道具体的美德是什么，我也就能知道该怎么做，也就是说，我就知道一个有德之人会做什么。她认为每一个美德都有一个对应的行动规则，比如，诚实的对应规则就是："讲真话"，"不许说谎"等。每一个恶习都有一个对应的戒律。她将这些规则和戒律称之为 V—规则，即美德规则。[①]

那么，这一理论是否可以避免循环论证的诘难？这取决于该理论怎样解释美德。什么是美德？怎样确定动机的道德属性？一方面，如果直接将其定义为采取正确行动的心理倾向，那么这就等于用正确行动定义美德，然后再用美德定义正确行动，这样就会陷于循环论证。另一方面，如果将美德定义为遵守道德规则的心理倾向，则美德就会失去其独立的地位，而成为义务论的附庸。为了避免这一问题，赫斯特豪斯提出了两种方法来解释美德。一种方法是举例的方法，即"一个美德是……"的方法来说明美德是什么。但怎样决定"一个美德是……"是否为真，赫斯特豪斯没有说明。但她以义务论作为例子，因为义务论也是通过举例的方法列举道德的规则，比如，"不许说谎"，"不许伤害无辜的人"等。而义务论传统上是根据直觉来确定义务或规则的。故，我们似乎可以推论，赫斯特豪斯和斯洛特一样，也认为具体的美德是建立在直觉的基础上的，我们无

---

① 参见罗莎琳德·赫斯特豪斯：《规范美德伦理学》，《求是学刊》2004 年第 2 期。

须诉诸其他的概念来解释它。另一种方法则是给美德的本质下定义。她提出了两个建议。一个是采纳休谟的观点，即"美德是对美德拥有者或者他人有用的或者令人感到惬意的（人类的）品质"。另一个是标准的新亚里士多德的解释，美德是一个人的幸福，即繁荣兴旺或者美满生活所必需的品质。她最终似乎将美德定义为获得幸福（eudaimonia）的品质。这样，一个有德之人就可以定义为一个具有取得幸福所必需的品质之人。①

那么，什么是幸福呢？赫斯特豪斯明显采纳亚里士多德的观点：幸福即繁荣兴旺、生活美满。但什么是繁荣兴旺、生活美满？她认为，按照亚里士多德的看法，幸福的获得包括教育获得者"正派的人做这样的事情，但不是那样"，以及"做如此这般的事情是道德品质败坏的表现"等诸如此类的事情。那么，怎样理解"正派的人做这样的事情，但不是那样"而不陷入循环论证呢？如果将正派的人理解为"有德之人"，则我们明显陷入某种循环论证，此路不通。而将"正派的人"用"正派行动"定义，然后再用"善的行动"定义"正派行动"，则有可能导致效果主义美德论。这样，循环论证是避免了，但美德伦理学又失去了其独立性，这对想证明规范美德伦理学独立性的哲学家来说，是得不偿失。赫斯特豪斯本人似乎试图用包含美德形容词的行动的概念来说明"正派行动"的概念，即用"有勇气的行动"，"忠诚的行动"，"诚实的行动"等来解释和理解"正派行动"，并由此定义正确的行动。这似乎可以避免循环论证，但可能招致两种批评。第一，这些包含美德形容词的行动真的是独立的吗？比如，什么是"有勇气的行动"？真的可以不依赖效果主义或义务论来定义或理解吗？第二，"正确性"的概念真的可以还原为或完全依赖于这些美德形容词吗？"正确性"的概念难道没有其独立性吗？第二个问题是达斯提出来的。但美德伦理学家可以完全抛弃所谓"正确性"的概念。对规范

---

① 参见赫斯特豪斯：《规范美德伦理学》，《求是学刊》2004 年第 2 期。并参见 Rosalind Hursthouse，"Virtue Theory and Abortion" in *Virtue Ethics*，ed. D. Statman，1997，p. 229。

美德伦理学来说,只要能够证明美德伦理学可以为人们提供行动上的指导就行了。当然,这也许并非赫斯特豪斯本人的意见。[1]

我们认为,如果美德可以建立在直觉的基础上,则足以终止循环论证和没有独立性的指责。但这是否是一个满意的答案,则需要进一步探讨。如果美德可以建立在理由的基础上,是否还可以保持其理论上的独立性,也需要进一步探讨。我们还缺少充分的研究来回答这个问题。

三、斯旺顿的"美德目标中心论"(Target-Centred Theory)

规范美德伦理学的一个主要问题是,怎样确定一个心理倾向是美德?怎样确定一个人动机的好坏? 由于一个人的心理倾向看不见、摸不着,而怎样定义和解释其好坏似乎必须依赖看得见、摸得着的东西,就像倾向性的物理属性"脆"一样,只有通过其外部的表现,我们才能理解和发现。又由于美德是一种心理倾向或意向,倾向或意向有着行动的目的或目标,故我们似乎可以通过美德的目标来定义美德,这就是克里斯婷·斯旺顿(Christine Swanton)美德目标中心论的基本思路。她将她的观点概括如下:

　　(1)一个行动符合美德 V(如,仁慈,慷慨),当且仅当,它达到或实现了美德 V(仁慈,慷慨)的目标;(2)一个行动是正确的,当且仅当,它总的来说是合乎美德的。[2]

这一观点和斯洛特不一样。斯洛特认为正确行动完全来自行动者的内在状态。而她认为行动的正确性在于是否实现美德的目的或目标,而美德的目的或目标大多数是外在于行动者的。因此,一方面,她的理论可以通过看得见的美德目标来定义看不见的美德;另一方面,只要实现了美德目标,即使行动不是出自实际行动者的美德,也可以是正确的。她将实

---

　　① 这一段分析主要参考了 Ramon Das, " Virtue Ethics And Right Action", pp. 332-333。

　　② 参见 Christine Swanton, "A Virtue Ethical Account of Right Action" in *Ethics*, Vol. 112, No. 1, October 2001, p.34。

际上来自美德的行动和实现美德目标的行动区别开来,因而可以避免斯洛特无法区别正确行动和出自正确动机的正确行动的问题。

一个行动"总的来说是合乎美德的"的意思是说,它实现了"前后周边关系(context)中恰当的目标",亦即是"此时此景可能的最好的行动"。① 比如,如果只考虑一个美德,如慷慨,则正确行动应该是此时此景最慷慨的行动,它以最好的方式达到前后周边关系中恰当的美德目标。斯旺顿理论的问题是,如果一个合乎美德的行动依赖于前后周边关系,并且还要是最佳的行动,这种对行动的正确性的解释就有可能混同于效果主义的理论,从而失去美德伦理学的独立性,成为效果主义美德论。她自己也承认,她的理论"和行动效果主义有一定的结构上的相似之处"②。

此外,斯旺顿的理论是否可以避免陷入循环论证? 我们必须考虑她的"前后周边关系上恰当的美德目标"的含义。如果"恰当的美德目标"可以完全由行动者的内在事实,即关于美德的内在事实所决定,则有可能避免循环论证。斯旺顿认为有的"美德目标"是内在的,这种情况比较少见。她举的例子是坚定性(determination),其目的或目标是某种像精神努力之类的东西。达斯认为确定这样的内在状态是否完全不需要外部的事实是一个值得挑战的问题。③ 另一种目标是外在的,同时也是内在的,比如,宽容的目标不仅是尊重他人,也包括某种不歧视他人的动机或心态。而斯旺顿本人承认美德目标大多都是外在的。因此,离开了外部的因素,离开了前后周边关系(context),我们通常无法理解"恰当的美德目标"。达斯认为,只要诉诸外部的事实,斯旺顿就难以避免循环论证。

还有一种可能可以用来避免循环论证的指责,即诉诸某种特殊论(particularism),即一旦我们知道前后周边关系中哪些特征是使一个行动正确的特征,我们就不能运用任何普遍的规则或原则来决定其正确性,规则或原则至多只能告诉我们哪些特征应该给予最多的考虑。斯旺顿本人

---

① 参见 Christine Swanton, "A Virtue Ethical Account of Right Action", p.45。

② 参见 Christine Swanton, "A Virtue Ethical Account of Right Action", p.32。

③ 参见 Ramon Das, "Virtue Ethics And Right Action", p.336。

似乎赞成这种特殊论,这样,她也许认为,每当遇到一个具体的例子时,只要给定一个前后周边关系,我们就可以清楚地知道达到恰当美德的目标是什么。但问题是,在前后周边关系中,哪些是真正的美德的因素,哪些是直接确定行动正确性的因素?如果是后者,则要么美德伦理学失去其独立性,变成效果主义美德论,或义务美德论,要么,就会陷于循环论证,即用行动正确性的概念去确定恰当的目标,然后用恰当的目标定义合乎美德的行动,即正确的行动。① 如此,斯旺顿的理论依然没有明显摆脱循环论证的指责或对美德伦理学独立性的指责。

四、对规范美德伦理学责难的回答

现在我们可以初步看看前面提出的对规范美德伦理学的两种责难是否成立。我们认为上面的两种责难都值得商榷。

第一种责难认为规范美德伦理学缺少理论上的独立性。它要么依赖效果主义或义务论,要么它就会陷于循环论证。我们认为,只要美德有自己的直觉基础,或者存在着关于美德的基本事实(即不可进一步还原的事实),则美德就可以不依赖于任何效果主义或义务论理论而定义。这是目前许多西方美德伦理学家正在做的。美德第一性的基础可以是理由、直觉或共识。但是否如此,需要我们对美德进行详尽研究才有可能获得最后的答案。

第二种责难认为美德无法给行动提供指导原则。我们认为这一责难更值得商榷。首先,美德伦理学不仅提供了做人的原则,同时也提供了行为的原则,亚里士多德的"中道"原则就是一个典型的例子。其次,我们不能因为"中道"原则难以掌握和应用就否认它可以作为行动的规则。功利原则的应用本身也很困难,比如,对买春卖春是否应该合法化的问题,对死刑是否应该废除的问题,等等,依据功利原则,有可能得出两种相

---

① 以上分析,部分参考了 Ramon Das, "Virtue Ethics And Right Action", pp. 336 – 337。

反的结论。可是,我们并没有因其应用困难而否认该原则可以作为行动的规范。同样,我们也不应该因"中道"原则的应用困难而否认它可以作为人们行动的规范性原则。而且,做人的原则和道理本就不是像法律一样的规则所能尽述,做人的道理更需要智慧(即做人的道理不仅仅是关于道德规则的知识)。"中道"原则正好表达了"法则"所无法表达的一种做人的智慧。最后,对行动理由、行动规则的认同和承认,甚至产生,都源自行动者的美德自身。一个把说假话当成家常便饭的人是不太可能产生或认同"不许说谎"的道德规范的。

此外,还有彻底摆脱这两种责难的办法。许多美德伦理学家认为,道德主要关心的不应该是规则,或非道德的价值,而应该是培养道德的行为倾向或品质。这种看法彻底抛弃了美德伦理学是否应该成为规范伦理学问题的讨论。莱斯利(Leslie)认为真正的道德律应该是品德的规则,而非行动的规则。比如,我们应该说,"不要心怀怨恨",而不是"不要杀人"。① 美德伦理学认为,我们应该用美德或和美德有关的词语来取代义务论等的词汇,或者义务论的规则应该从美德中推导出来。比如,"仁慈动机是好的","勇敢是一种美德",或者如同中国孔子所说的"爱人!"这些基本的美德原则就可以引导我们行动。用休谟的话说,"当我们称赞任何行动时,我们只考虑产生行动的动机……外在的表现没有任何价值……所有合乎美德的行动的价值都只能来自合乎美德的动机。"②但这种看法是否能够成立,还有待证明。

---

① William Frankena, "A Critique of Virtue-Based Ethical Ethics" from *Ethics*, New Jersey: Prentice Hall, 1973. 转引自 Louis Pojman (ed.), *Ethical Theory*, CA: Wadsworth, 2002, p. 350。

② 转引自 William Frankena, "A Critique of Virtue-Based Ethical Ethics", p. 351。

第五节 美德伦理学的不可替代性及其价值

不管上面的两种责难(特别是第一种责难)是否能够回答,不管美德的概念是否和效果或义务有关,但有一点是肯定的,即美德或美德伦理学的问题(怎样做人的问题)都不可能完全还原为关于善的规则或关于义务的规则。怎样做人的问题无法为怎样做事的规则体系所取代。我们这里想提出三条理由来证明美德伦理学的不可替代性。

第一,具体美德的概念,比如,公正(正直),宽容,比"正确性"或"善",能够更实质性地、更清楚地表达行为的道德属性。安斯克姆(Anscombe)认为现代道德哲学只讨论了"法则"而忽视了"立法者",忽视了对人的研究,这样的道德哲学是空洞、无意义的。她认为问一个行动是否"不公正",比问是否错误,使问题变得更清楚。对她来说,"不公正"是一个美德的概念,也是一个行动错误性的理由。在她看来,"错误性"是一个属概念,而不公正等则是一个种的概念。种的概念比属的概念能够更清楚地表达问题的实质,因此,不能,也不应为后者所取代。① 达斯虽然对美德伦理学理论上的独立性心存疑问,但他也认为过去伦理学对正确性概念的强调有些过头。他说:"我们道德生活的绝大部分,其中对我们非常重要的绝大部分完全就不涉及正确性的概念……我认为一个伦理学的理论可以指导行动而无须明显地依赖正确行动的概念的程度一直被低估了。"当然,他认为正确性的概念也无法为美德伦理学的概念所

---

① 参见 G. E. M. Anscombe, "Modern Moral Philosophy" in *Philosophy*, 33, 1958。转引自 Gary Watson, "On the Primacy of Character" in *Virtue Ethics*, ed. Stephen Darwall, UK: Blackwell, 2003, p. 232。Gary Watson 认为,安斯克姆只是建议用种的概念代替属的概念,并非必然用与美德相联系的概念代替正确和错误的概念。见该文注释 6。斯坎伦也有类似的看法,所以他主张用具体的理由代替抽象的规则以决定行动的道德属性。

替代。①

第二,研究怎样做人的问题是研究怎样才能过一种理想而又现实的生活,它所涉及的基本概念,在亚里士多德那里是高尚和卑鄙,在中国哲学家那里则是情操、理想人格、个人修养的境界。这些美德伦理学的基本概念以及一些具体的美德概念无法通过正确性和善的概念及其规则尽述。比如,有些人难以相处或很固执。他的行动也许没有违反任何道德的规则,我们也很难说他的行动有什么错误,但从做人的角度来说,我们可以说他性格上有缺陷,或者不理想。关于美德伦理学的不可替代性还有一个佐证。按照罗尔斯的观点,伦理学理论要么属于以善为核心概念的目的论,要么是非目的论。他将亚里士多德的理论称为"至善主义"(perfectionism),②如此,亚里士多德伦理学似乎应该属于目的论。但按照亚里士多德的理论,一个具有美德的人和一个体现美德的行为和目的价值最大化的概念毫无关系,一个具有美德的人的行动也不是为了提升某种可以独立定义的善。这样,亚里士多德的理论似乎又属于非目的论。罗尔斯的伦理学理论分类运用于亚里士多德的美德伦理学所出现的问题表明美德伦理学的研究不可能还原为效果主义的研究,即后者的研究不可能取代前者的研究。关于至少美德伦理学的一部分无法还原为义务论的论证,谢勒的理论已有证明,不多赘言。

第三,遵守规则的动机似乎无法从规则本身产生(虽然有可能从规则的辩护中产生)。如果没有遵守规则的动机,则规则形同虚设。比如,中国目前频频发生的矿难并非没有安全生产的法规,而是缺少遵守的动机。而且,假设一个无关的人听到矿难,完全无动于衷,按照行动或义务为基础的伦理学,道德上也不要求他采取任何行动。这样,他道德上似乎没有任何问题,或者没有任何可以批评的。但从美德伦理学的角度,此事还有应该批评的地方,虽然从义务论和效果主义的角度,并没有值得批评

---

① 引文和他的看法,参见 Ramon Das, "Virtue Ethics And Right Action", p. 338。

② 参见 John Rawls, *A Theory of Justice*, Cambridge, MA: Harvard University Press, 1971, p. 25。

或惩罚的地方。

罗素（Bertrand Russell）在他的《自传》题为"我活着是为了什么"的前言中曾说过，影响他一生的情感有三个：对爱情的渴望，对知识的追求以及对人类痛苦难以忍受的同情。[①] 这些情感不是他逻辑论证的结果，而是他逻辑论证的起点。人应该有什么样的情感和出发点，正是美德伦理学所要研究的，这也是研究美德伦理学的价值和意义。

以行动为基础的和以道德原则和义务为基础的伦理学所面临的问题之一，就是如何解释和解决人们的行为动机问题。当一个理性的利己主义者认为一个不道德的行为（比方说，贪污）符合他的个人利益（比方说，没有人可以发现和制裁他）时，以行动为基础的和以道德原则和义务为基础的伦理学几乎无法证明和说服他为什么要做道德但不利己的事情。这些理论的解决办法是求助于强制性的手段——法律。但这只能治标，而不能治本。纯粹依赖法律也无法杜绝，甚至也无法将不道德的利己主义行为限制到最小的程度。这说明对行动的道德属性的研究，对道德规则的研究不能取代对怎样做人问题的研究，不能取代美德伦理学的研究。我们还可以举个例子进一步说明这个问题。据中央电视台报道，有一家医院进行"改革"，规定医生开药方，决定病人住院、检查等，都可以提成。这样做的结果当然是鼓励医生开贵药，鼓励医生对病人进行不必要的检查和住院等，好了医生，坏了病人。有一位医生出于良知反对这样做，得罪了有关方面，不得不申请离开该医院。记者前往采访，在电视镜头前，几乎所有医院中层干部都支持院长的改革，没有半点不安或愧疚之情。如果我们周围的人都是这样的话，不管按照功利主义最大幸福的原则，还是按照康德的绝对命令，或按照非自利契约论，所谓对错都可以颠倒。因为，医院"改革"支持者可以认为，只要都按照他们"改革"的原则办事，即使一部分人的利益受损，整个社会的幸福可以增加。按照康德的绝对命令，他们也可以说，他们可以没有自相矛盾地要求他们的"改革"原则成

---

① 参见 Bertrand Russell, *The Autobiography of Bertrand Russell*, London：George Allen and Unwin Ltd；Boston and Toronto：Little, Brown and Company, 1967, p. 3。

为普遍的原则,因为即使他们处在患者的位置,他们也可以接受这样的"改革"原则。按照斯坎伦的契约论,道德上的对错应该建立在他人无法反驳的理由的基础上,他们也可以说,他们看不出他人能提出无法反驳的理由来反驳他们的"改革"。这个例子说明,如果实际生活中的大部分人不是以行动和义务为基础的伦理学理论预设的那样的道德和理性的人,那么,上面提到的这些西方伦理学理论对他们就无能为力。这个例子进一步说明,"我们应该成为什么样的人?"的问题无法还原为对道德行动和规则的研究。这也说明了美德伦理学研究的理论价值和意义。

美德伦理学研究在中国现代化过程中还有非常现实的作用和意义。中国现代化过程的一个主要方面是实行市场经济,强调经济规律,优胜劣汰,适者生存。目前中国各行各业都引进竞争机制,这一方面从经济上促进了社会的发展,充分调动了每个人的潜力,提高了生产的效率,但另一方面也造成了一些问题。其一,市场经济在某种程度上肯定和强调了利己主义原则,似乎只要为了自己的利益,做什么都行(前面讲到的某家医院改革的情况就是一例),这就容易使人为达目的不择手段。各个领域里的诚信问题,贪污受贿问题,学术腐败问题,等等,都与此有关。其二,加速了两极分化,造成强势群体和弱势群体。这就有一个强势群体如何善待弱势群体的问题。这两个问题不解决好都会影响到社会的经济发展和理想和谐社会的建立。法治和监督机制可以在一定程度上解决前一个问题,但对第二个问题则无能为力。这完全取决于强势群体的道德良知。没有这种良知,就谈不上社会的平等和公正(因为靠强势群体主导),而没有起码的平等和公正,真正的社会和谐就是一句空话。怎样建立公众的社会道德良知? 在西方,这个问题很大程度上是由教会完成的,宗教扮演了道德教育者的角色,起到了社会稳定器的作用。在中国,没有这样的稳定器,这就需要进行道德教育。但进行什么样的道德教育,怎样进行卓有成效的道德品质的教育,我们需要理论进行指导。研究美德伦理学就是要提供这样的理论指导,这正是美德伦理学研究在中国现代化过程中的价值和现实意义所在。

第六节 荣辱感的长效心理机制

树立和保持正当的"荣辱感"的长效机制涉及主体内外的两个方面的内容。中国传统哲学关于主体之外的长效机制提出了许多有价值的思想,我们下一篇将会谈到。这里,我们主要从美德伦理学研究的视角,借鉴西方美德伦理学的部分研究成果,谈谈保持和树立正当的"荣辱感"的内部机制,即主体内的心理机制。

美德不是一时的心理冲动和一时的善念,而是长期的、稳定的、可靠的心理倾向,它们构成道德行为稳定持续的道德动机。因此,美德的形成与培养可以为保持和树立正当的"荣辱感"提供主体内部的长效心理机制。

美德和"荣辱感"有着非常密切的联系。我们很难想象一个一贯自私自利的人如何能够"助人为乐",以帮助他人为荣。我们也很难想象一个真正具有仁爱之心的人如何能够在出于某种理由做一件伤害他人的事情时不会有愧疚感。因此,美德的培养对于形成稳定、长效、正当的"荣辱感"具有十分重要的意义。

美德有多种,有些是基本美德,有些是派生性的美德。基本美德比起派生美德是更为重要的美德,原因很简单,派生美德是从基本美德派生而来的。抓住了基本美德,便抓住了"纲","纲"举则"目"张。叔本华和弗兰肯纳等人认为基本美德主要有两个:一个是仁慈,即仁爱之心;另一个是正直或公正。它们不仅是其他美德的基础,而且也是整个道德规则的有效性的心理基础。正当的"荣辱感"形成和保持的长效心理机制的建立首先便是要重视基本美德的培养。虽然哪些美德是基本的,哪些是派生的还会有争论,还需要进一步研究。但上述两个美德是基本美德的一部分则是显而易见的。如果没有仁爱之心,一个人如何能够具有助人为乐的美德?如果没有正直之心和仁爱之心,一个人如何才能避免说谎的恶习？一个人如何能够自觉地以作弊为耻，以诚信为荣？一个人如何能够以破坏公众利益为耻，以保护公众利益为荣？过去极"左"年代以阶级斗争为纲，狠批资产阶级"人性论"，也包括批判我们上面谈到的基本美德。这种做法所造成的政治上、经济上和道德上的灾难性的后果有目共睹。否认这些基本美德的做法被实践证明是错误的，也是行不通的。即使我们从事一场正义的战争，和敌视我们的人作斗争，即使我们还处于疾风暴雨般的阶级斗争之中，我们也不应当低估普通人的智慧。难道有仁爱之心的人们真的就愚蠢到不知道什么时候应当施以仁爱之心，什么时候不应当施以仁爱之心的地步了吗？即使是在战争年代，我们也有"缴枪不杀"，优待俘虏的政策，这些政策的心理基础便是仁爱之心。

怎样培养美德？亚里士多德认为美德是通过反复实践合乎美德的行动而获得的一种心理习惯。而恶习则是一种相反的心理习惯，也是从不断重复的恶行中获得的。亚里士多德认为保证人们去恶习、获美德的方法主要是通过立法杜绝恶习，以确保良好习惯和社会风气的形成；通过建立一个理想政体，以培养人们正确的苦乐观（颇似我们今天所说的正确的"荣辱观"）的方式来培养人们对美德自身的热爱；通过树立榜样的方式来培养人们的美德，因为美德的培养来自榜样和仿效，而创造能让有德之人能够心情舒畅，过上幸福美满的生活的环境，将会有力地引导人们弃陋习，养美德。亚里士多德的上述思想即使在今天看来，依然值得我们借鉴。

第 二 编

荣辱思想的中国传统哲学基础研究

导　论

"荣辱"与中国的情感哲学

　　本书所界定的"荣"是主体对做道德上正确的事情的一种满足感，"辱"则是主体对做道德上错误的事情的一种否定性的态度。这两种态度都和人的情感以及人的情感所表现的人性有着密切的联系。而中国哲学是一种主体性的哲学，有着现象学和内省性等特征，归根到底也可以说是一种情感哲学，因此可以为研究"荣辱"问题提供非常有价值的思想资源。

第一节　中国哲学的主体性特征

　　中国哲学的主体性特征是相对于西方哲学的主客体特征而言的。西方哲学家从西方哲学诞生之初便是以追求关于世界的真的认识或确定性认识为己任。在古希腊时期，他们主要关心的是世界的本原问题，进而关心本体论问题（即宇宙中真实存在的究竟是什么的问题），可以说在近代以前，西方哲学家主要关心的是外部世界的存在的问题，包括上帝存在的问题。到了近代，随着自然科学的发展，西方哲学家开始怀疑关于外部世界的纯哲学思辨、纯哲学的断言和猜测究竟是否正确和可靠，从而导致他们对认识主体和认识论问题的关注，这便是西方哲学史上的"认识论转向"。因此,对主、客体以及主客体的关系问题的关注与研究一直是西方哲学的一个重要特征。由于西方哲学家追求认识的确定性("真"和"确定性"在西方哲学家那里往往是不分的),这样,他们就必然要寻求不依赖认识主体主观看法的客观标准,来判定他们的认识是否合理、正确。即使在研究和人本身相关的道德、社会、政治问题时,他们也希望追求某种理性的、客观的答案,而不是随心所欲的断言或猜测。在西方哲学家的世界里,主体总是相对于客体而存在的,并且总是相对于客体而得到理解和解释的。

中国传统哲学主要关心的不是外部世界的认识问题,主要关心的不是外部世界的自然规律,而是人自身的问题,即主体自身的问题。在研究方法上,中国哲学家更注重对人的内心活动的探讨,通过对内心深处活动的反思和体验,来阐发对人生,对世界(自然与社会)的看法。他们很少从外部世界直接去探讨宇宙的奥秘,他们更多地是从自己的内心去体验宇宙和人生的道理。中国传统哲学有所谓"感应"或"感通"之学,这些学说虽然涉及心灵与外界事物的关系,但这种关系并非感知与被感知的关系,认识与被认识的关系,主体与客体的关系,而是如同蒙培元先生所说的:"是存在意义上的潜在与显现的关系,即所谓'寂'与'感'、'隐'与'显'的关系。《易传》所说的'寂然不动'、'感而遂通',既是讲'易'道,也是讲心灵,切不可看作单纯的宇宙论。"①这种存在意义上的潜在与显现的关系都是发生在主体的心灵之内,或者说是发生在主体所体验到的心灵世界之内(我们通常所感知的"外部世界的事物"也是这种心灵世界的一部分)。宇宙天地之道和人之心是相通的。故,《易传》中所谓"参赞化育"才能够将"三才之道"感而通之;理学家在说完"寂然不动"之后才会加上一句:"万象森然已具";孟子才会说"万物皆备于我";张载才会说"体物之心";程颢才会说"心即天";程颐才会说"以体会为心";朱熹才会说"心无限量"、"心为太极";陆九渊才会说"心即宇宙";王阳明才会说"心是天渊"、"心外无理"、"心外无物"之类的话语。正是在一切都从

①　蒙培元:《心灵超越与境界》,人民出版社1998年版,第4页。

"心"出发的意义上,蒙培元先生认为:"中国哲学是一种心灵哲学。"①这种一切从"心"出发的哲学反思活动,导致"中国哲学普遍认为,心灵是主宰一切、无所不包、无所不通的绝对主体"②。了解这一点是我们准确理解和把握中国哲学的一个关键所在。

中国这种一切从"心"出发的哲学并非完全没有一点道理,因为外部世界的任何事物只有进入我们的"心"并通过我们的"心"才能为我们所感知和认识。近代西方哲学家对此也是有所认识的。近代经验主义者发现我们只有通过发生在认识主体之内的经验才能间接地获得关于外部世界的知识,我们并没有直接接触外部世界的通道。极端经验主义者巴克莱认为"存在就是被感知",他的这一思想和上面提到的中国哲学家的许多思想有着异曲同工之妙。休谟的怀疑主义也是基于这一认识:我们所真正直接所知的只是我们的主观经验,故外部世界的存在是无法彻底证明的。休谟的这种怀疑论只能产生于以追求客观、确定知识的西方哲学,而在中国哲学家那里,休谟式的怀疑论是根本就不存在的,因为在中国哲学家那里,万物(外部世界和内心世界)皆处于同一个心灵的世界。本来就不存在着离开了我们心灵的"外部世界",何来"外部世界"的存在需要证明的问题?

中国哲学的主体性特征也表现为整体性的特征。既然一切都潜在、显现和发生在心中,这样它们在心中就成为了一体,故,陆九渊说:"一是即皆是,一明即皆明。"(《陆象山全集·语录下》)"宇宙便是吾心,吾心即是宇宙。"(《陆象山全集·杂说》)这种"一体"中不仅包含万物,也包含了知、情、意。蒙培元先生认为它"完满自足"而"不可分析",且符合整个中国哲学的精神。③

---

① 蒙培元:《心灵超越与境界》,人民出版社 1998 年版,第 3 页。蒙培元先生所说的中国的"心灵哲学"和西方的心灵哲学不一样。后者主要探讨心灵的"真"的问题,探讨心灵的形而上学的或认识论的问题。

② 本处引文以及本段所讨论的内容均参见蒙培元:《心灵超越与境界》,人民出版社 1998 年版,第 4 页。

③ 蒙培元:《心灵超越与境界》,人民出版社 1998 年版,第 5 页。

第二节　主体/心灵的现象学性和内省性

按照西方哲学家的一般看法,人的心灵状态可以分为三大类:信念(关于事物是否存在的信念,而非信仰)、欲望(意志乃欲望之一种)和情感(包含对事物赞同或否定的态度以及刺激与被刺激的心理反映等)。但这三种状态和中国传统哲学所理解的知、情、意并非一回事。尤其是中国哲学的"知",更多的是指的一种内省的知,更多的是一种断定。而西方哲学家的"知",按照柏拉图的看法,乃是一种得到辩护的真信念,是一种能够确保为真的信念。中国哲学中的知、情、意则是混为一体,彼此依赖的。

西方哲学家,尤其是近代的哲学家,往往用"实体"的概念去解释和理解心和物。他们认为意识的种种属性,物质的种种属性都需要依附于"实体"才能够存在,只有"实体"才是自满自足,自我存在的,不需要依附任何其他的东西。和西方哲学家对"心"的理解不同,中国哲学家不是将"心"理解为一种实体,而是一种活动的过程,心的存在不是一种实体的存在,而是一种现象的存在。心的存在是通过心的种种表现而得以证实和呈现的。

中国哲学家将"心"理解为一种生长发展的过程,这一点也可以从中文"心"的字义上得到某种程度的说明。汉语的"心"原本就有自我生长的含义。"心"最早指树木的尖刺和花蕊。《诗经·邶风·凯风》曰:"凯风自南,吹彼棘心。"《周易·说卦》曰:"坎,其于木也,为坚多心。"为坚多心者多指枣、棘之类的植物,此处的心也是指尖刺。李贺的诗"蜂子作花心"的"心"指的便是"花蕊"。尖刺、苗尖、花蕊均代表着事物的蓬勃生机,代表着生长、发育,代表着发展的过程。然后才有孟子的"思官"之心,《黄帝内经素问·灵兰秘典论》的"神明"之心。按照《灵兰秘典论》:"心者,生之本,神之变也。"又曰:"心者,君主之官也,神明出焉。""心"

依然和生命的存在和神妙的变化紧密相连。①

中国哲学家将心灵的世界看做是一个由潜在向实在发展的自我实现的过程，这一过程也是一个内省的过程。"反身内求"，自我反省，自我修养，自我完善就成为中国哲学的又一个基本的特征。这种内省的过程包含许多心理要素，如性和情，理和欲，性和命，意和志，知和识，念和虑等区别和关系。"心地功夫"就是试图正确处理这些关系，以保持心灵的平衡。这些修身养性的功夫，就如同中国的气功一样，具有中国特色，是西方哲学所没有的。②

第三节　心灵的能动性与"境界"的追求

心灵的活动不仅仅是一个自然发生的过程，而且也包含主观能动的过程。这种主观能动的过程主要表现为心灵的主动性、目的性和意向性。心灵的主动性表现在能主动地赋予对象某种意义，它能"穷理尽性"、"格物致知"，能够通过内心的活动达到天人合一。它的目的性则在于追求一种理想的人格，一种心灵的"圣人境界"。它的意向性则表现在对上述目的的追求是一种自觉的、有意识的、受自由意志支配的行为。

儒家关于心有"未发"和"已发"之说。"未发"之体指的是一种能够向善的潜在的能力。"未发"之体虽有向善的能力，但并不能保证所发必定向善。由于"习染"等原因，原本具有向善能力的"未发"之体，也有可能走向不善的结果。这就需要作为"心"的主体修身养性、"致良知"。③

修身养性、致良知的目的是为了达到心灵的一种理想的"境界"，或者说是实现某种理想的人格。这种境界是有着由低到高的不同层次的。

---

① 蒙培元先生将中国哲学家所理解的心的这种生长发展过程解释为心的功能性特征。见《心灵超越与境界》，人民出版社1998年版，第8—12页。

② 以上参见蒙培元：《心灵超越与境界》，人民出版社1998年版，第7页。

③ 参见蒙培元：《心灵超越与境界》，人民出版社1998年版，第13页。

孔子曰:"吾十有五而志于学,三十而立,四十而不惑,五十而知天命,六十而耳顺,七十而从心所欲,不踰矩。"(《论语·为政》)孔子在这里所说的正是他在不同的年龄段所达到的不同的心灵境界。一个人的心灵的境界是一个发展的过程,不断进取的过程。按照蒙培元先生的说法,在中国哲学中,心灵发展的最高境界乃是"天人合一"的"圣人境界"。这种圣人的境界并非神或神仙才能达到的境界,而是人人都可以实现的境界,所谓"人皆可以为尧舜"。而圣人境界的标准则是"天道"或"天理"。① 冯友兰先生曾说:"哲学,特别是形上学,它的用处不是增加实际的知识,而是提高精神的境界。这几点虽然只是我个人意见,但是我们在前面已经看到,倒是代表了中国哲学传统的若干方面。"②冯先生将不同的人生境界由低到高地分为了四种,即自然境界,功利境界,道德境界和天地境界。一个人按照自己的本能或所处的社会的风俗习惯做事则是所谓自然境界。一个人有了自我的意识,按照利己的动机行事,则是所谓功利的境界。一个人如果认识到社会的存在。了解到自己是社会整体的一部分,能够为社会做事,能够"正其义不谋其利",他就是一个道德的人,他的人生境界也就是所谓道德的境界。当一个人了解到超乎社会整体之上还有一个更大的宇宙之时,了解到自己不仅是社会的一员,而且是宇宙的一员,是孟子所说的"天民",且准备为宇宙的利益做事之时,他的心灵便达到了最高的人生境界,即天地境界。③ 冯先生的这些看法可以看做是对中国传统哲学,特别是儒学的境界论的一种很好的概括和诠释。当然,上面谈到的只是儒家的境界说,道家和释家也有各自不同的境界说。道家更强调某种美学的境界,而释家则强调某种宗教的境界。

这种心灵对人生境界的追求并不是一种盲目的、任其自然发展的过程,而是一个受自由意志支配的、有目的的过程。在道德哲学方面,中国哲学似比西方哲学更为强调行动主体的自由意志对其行为的决定性的作

① 参见蒙培元:《心灵超越与境界》,人民出版社1998年版,第11页。
② 冯友兰:《中国哲学简史》,北京大学出版社1985年版,第387页。
③ 参见冯友兰:《中国哲学简史》,北京大学出版社1985年版,第389—390页。

用。西方哲学由于强调确定性和客观性,自由意志总是有条件的。按照西方的道德哲学,对行动主体的道德评价取决于行动主体是否有自由意志,所谓"'应当'蕴含'能够'"的原则强调的是:是否对行动主体进行道德评判或谴责取决于行动主体当时是否具有自由意志。而什么条件下人具有自由意志则是有着许多限制性条件的。比如,西方哲学一般认为吸毒的瘾君子便没有戒毒的自由意志,因为其意志为毒瘾所左右。一个歹徒用枪或刀指着银行出纳要钱,出纳将钱给劫匪也是不得已而为之,是没有自由意志的行为。在西方哲学家看来,人的主观意志不仅受到外部客体的制约,不仅受到主体内部欲望的制约,也受到主体的认知状态的制约。苏格拉底认为真正知道善恶者不可能有意作恶,这一思想就蕴含着人的意志也受认知条件的约束,亦即没有向恶的自由。但中国哲学则不同,更强调意志的绝对自由,其中包括向恶的自由,因而也更强调一个人的意志,而非外在的环境,在决定一个人的行为的道德属性方面的决定性的作用。在中国哲学家看来,一个人是君子还是小人,主要还是看此人的意志是否向善、是否坚强。所谓放下屠刀,便可立地成佛。孟子云:"鱼,我所欲也;熊掌,亦我所欲也,二者不可得兼,舍鱼而取熊掌者也。生,亦我所欲也;义,亦我所欲也,二者不可得兼,舍生而取义者也。生亦我所欲,所欲有甚于生者,故不为苟得也;死亦我所恶,所恶有甚于死者,故患有所不辟也。"(《孟子·告子上》)君子的意志可以不受外部条件的约束。真正的男子汉大丈夫能"居天下之广居,立天下之正位,行天下之大道。得志与民由之,不得志独行其道。富贵不能淫,贫贱不能移,威武不能屈。此之谓大丈夫。"(《孟子·滕文公下》)又比如,孟子认为一般人无恒产者无恒心,即一个人如果没有稳定的财产,很难保持向善之心。"饥寒起盗心"说的便是这个道理。但这只是对一般人而言。对于"士",对于"君子",无恒产者也可以有恒心。故孟子曰:"无恒产而有恒心者,惟士为能。"(《孟子·梁惠王上》)上面谈到,心灵对人生境界的追求是一个受自由意志支配的有目的的过程,由于意志的决定性作用,这一过程并非必然向善,必然向着最高的境界发展,而是有可能向着相反的方向发展的过程。善恶的行为和思想均在主体的一念之差。这一点和西方哲学家苏格拉底的看法不同。按照苏格拉底的看法,一个理智的人不可能自愿或有意作恶,不能自制的行为是不可能的。但在中国哲学家看来,不能自制的行为,亦即有意和善恶的判断背道而驰的行为是可能的,这皆因人具有绝对自由的意志,向善还是向恶,是君子还是小人,主要取决于一个人的意志,而非外部环境(至少对君子而言是如此)。正是由于这一特点,中国哲学特别强调"心地功夫",强调修身养性。这种修身养性主要是培养坚强的向善的意志,这种意志有时也被称之为"浩然之气"。

第四节　中国的情感哲学

由于中国哲学上述的主体性等诸特征使得中国哲学更侧重于情感哲学。何以见得?

中国的情感哲学是相对于西方知性或理智哲学而言的。西方哲学一般将哲学反思的对象分为客体和主体,而对主体内的反思对象则大致分为信念(感性的和理性的信念)、欲望和情感,而意志则属于欲望之一种。由于西方哲学追求客观的"真"和确定性的传统,西方哲学家在探讨主体内的各种心灵状态时最终往往是以独立于人的主观意识和愿望的客体作为参照物,而对纯主体的情感之类的心灵状态则往往轻视,而更重视信念和理性等心灵状态的分析和探讨。中国哲学则不同,由于其主体性、现象学性和内省性等特征,中国哲学更注重对情感因素的反思和思辨,这里所说的情感因素是在广义的"情感"的意义上说的,包括欲望,情绪,意志和对待各种事物的态度(如审美态度)等。中国哲学确实将人的心灵状态分为知、情、意,姑且不论中国哲学的"知"和西方的"知"未必是一回事,由于中国哲学的整体性特征,中国哲学家往往将知、情、意看成是统一的,而在这种统一体中,由于中国哲学的主体性特征,中国传统哲学更关注的是情和意,而在"情感"的宽泛的意义上,情和意可以归为一类。故,中国哲学可以说主要是一种情感的哲学。

　　关于中国哲学是一种情感哲学,我们还可以举出许多例证。中国哲学通常主要可以分为儒、释、道。儒家被认为是一种主张道德情感的哲学。孔子提倡以爱和敬为内容的"真情实感",他将道德(仁)的本质特征概括为"爱人","爱"就是一种情感。孟子的"四端"说,也是从人性和情感的角度来分析恻隐、羞恶、辞让、是非等道德情感。宋明理学的心性之学也是以情感来说明人性的,如程朱学派的"以情而知性之有",陆王学派的由情"而见性之存"。佛教哲学看似否定情欲、情识,但这一方面说明佛家哲学也是围绕着"情"转圈子,尽管是以否定的方式谈论"情";而另一方面,佛学的四大皆空等不也是一种情感的境界吗?老子虽然反对儒家的"仁义",但却主张"孝慈",提倡一种自然而然的真实情感。庄子也主张一种"无情之情",亦即一种自然之情。魏晋玄学以"不忍之心"来解释"仁"或道德,而"不忍之心"乃是人性的一种情感的表现。①

　　由于中国哲学是一种情感的哲学,所以能够为"荣辱"问题的研究提供丰富的思想资源。我们是从伦理学的角度对"荣辱"进行界定的,因此,"荣辱"可以看做是一种道德的情感。道德情感可以分为两类:表达道德行为主体的态度(如"八荣八耻")和道德主体的情感反应。前者受主体的道德观念或道德规范所支配。由于这些规范的对象和西方的道德规范的对象不同,它们不是针对行动主体的行为,而主要是针对行动主体的内心的状态,我们不妨称其为美德规范或美德标准。本编的第一章主要介绍的是中国传统哲学中的这类道德原则和美德标准。后者(道德主体在道德语境下的情感反应)则是人性的一种表现,这种情感反应往往是不由自主的。本编的第二章主要介绍中国哲学家关于人性的各种学说,第三章则主要介绍表现人性的各种情感说。研究人性的目的是为了将符合"天道"或道德标准(或美德标准)的应有之"荣辱感"变为人们发自内心的自然而然的情感反应,达到孔子"从心所欲"但又"不踰矩"的境界。这就需要研究实现正确的"荣辱"感,树立正当的道德情感的途径。本编的第四章主要介绍中国哲学中关于实现理想人格、树立正确的道德

---

　　①　以上参见蒙培元:《心灵超越与境界》,人民出版社1998年版,第20页。

情感的主体的内部途径和外部途径的学说。

在本书的结语部分,我们综合了中外荣辱思想的哲学基础理论的有关思想,分析了正确的"荣辱观"形成的内外条件,提出了我们对培养正确"荣辱观"的长效内外机制的看法。

第 一 章

荣辱思想的美德基础

　　荣辱思想的道德哲学基础主要涉及"荣辱"的概念和荣辱思想所依据的道德原则或道德标准。中国传统哲学和伦理学不同于西方伦理学的一个重要特点就是强调修身，强调行动的动机，强调道德行动主体的内心的修养，而不仅仅是外在的行动表现。在西方学者看来，一个行动道德与否的标准主要是外在的，或者看其是否履行了道德法则（义务），或者看其是否带来了所期望的结果，行动主体的行动动机如何似乎和行动的道德属性或道德评价无关。比如，有的西方学者就认为，一个男士跳入游泳池救起一个快要淹死的小孩的行动道德上是正确的，即使他的行动动机是为了和这位小孩的母亲发生关系。① 但在中国哲学家看来，这样的行动也许包含了某种善的因素，但很难说是道德上所应该称赞的行动。中国传统哲学强调行动动机在道德评价中的决定性作用，强调"为仁由己"，强调修身齐家治国而平天下，这些思想构成了中国传统哲学的荣辱观念的理论基础。与西方哲学侧重做事的道德标准不同，中国传统哲学更多的是侧重于做人的道德标准，更多涉及的是人的内心境界和情感，因此中国哲学家提出的道德标准往往是针对人的内心的心灵状态（动机、

---

　　① 参见拉蒙·达斯：《美德伦理学和正确的行动》，《求是学刊》2004 年第 2 期，《新华文摘》2004 年第 14 期转载。原文见 Ramon Das，"Virtue Ethics and Right Action" in *Australasian Journal of Philosophy*，Vol. 81，No. 3，September 2003，pp. 324–339。

品德等)所提出的道德标准,这种标准实际上就是美德的标准。因此,中国哲学家为荣辱思想提供的哲学理论基础主要是美德伦理学。

第一节　中国哲学的"荣辱"概念之辨析

中国传统哲学文献中涉及"荣辱"概念的经典著作或经典论述不少,大致包含如下含义。

首先,"荣"和"辱"是指的道德行动主体内心的一种实然的心理状态。"荣"指的是情感上的一种满足感,"辱"指的是道德行动主体内心的羞耻之心。如《列子·仲尼篇》中有这样一段话:"吾乡誉不以为荣,国毁不以为辱;得而不喜,失而弗忧;视生如死,视富如贫。"这里所说的"荣"和"辱"则主要指行动主体的主观的心灵状态。谈到"荣辱",就不能不涉及"耻"的概念。"耻"是和"辱"相近、而和"荣"相对立的一个概念。故中国传统哲学中论及"耻"的言论也是我们理解"荣辱"概念的依据。中国哲学中的"耻"往往不仅仅是一个实然的概念,更多的情况下是一个应然的概念,我们下面将会谈到。

"荣"和"辱(或耻)"不仅仅反映了道德行动主体对荣辱对象的一种实然的情感反应,也反映了道德行动主体对荣辱对象的态度。所谓"态度"是指行动主体对不同事物或不同可能的行为选择的取向性属性(dispositional properties),近似于我们常说的价值取向。它们构成道德行动主体的行为动机。孔子说:"君子耻其言而过其实。"(《论语·宪问》)这里所说的"耻"不光是一种羞恶之心,也包含了行动主体对待言行和事物的一种态度。如,一个人可以"宁死不屈",也可以"苟且偷生",这些反映的都是人们对待不同行为的某种态度。又如,韩非子说:"赏莫如厚,使民利之;誉莫如美,使民荣之;诛莫如重,使民畏之;毁莫如恶,使民耻之。"(《韩非子·八经第四十八》)这里所说的"利"、"荣"、"耻"均指的是行动主体对待事物取舍的态度。

其次，中国传统哲学中的"荣辱"概念不仅指行动主体的实然的心理状态，也包含了一种理所应当的应然的心理状态。中国传统哲学荣辱观（主要是儒家的荣辱观）所强调的是正确的价值取向，所强调的是树立正确的荣辱观，即以当荣之事为荣，以当辱（耻）之事为辱（耻）。在儒家看来，当荣之"荣"是履行道德责任或义务所应有的满足感；当辱之"辱"则是做了违反道义之事之后所应产生的羞恶感。孟子说："人不可以无耻。无耻之耻，无耻矣。""耻之于人大矣。"（《孟子·尽心上》）这里所说的"耻"主要指的是羞恶之心，不仅指的是人的心理的一种实然的状态，更是一种应然的要求。所以朱熹注曰："耻者，吾所固有羞恶之心也。存之则进入圣贤，失之则入于禽兽。故所系为大。"（朱熹：《孟子集注》）真正的君子圣人应当做到实然与应然二者的统一。这也是为何中国哲学特别强调修身的重要性的原因之所在：就是要将应然之道德要求变为平时实然之行为。

再次，"荣辱"（包括"耻"）还包含道德评价的意思，和现代的"道德的"、"错误的"、"正确的/正当的"等概念相近。中国古代哲学中没有和"道德的"、"错误的"这些当代道德评价概念一模一样的词汇，就像古希腊也没有和"道德的"一模一样的概念一样，但这并不意味着中国古代哲学便没有办法表达类似的思想。古希腊哲学中表达和"道德的"概念近似的词汇是"正义的"（just）或"虔敬的"（pious）。中国古代哲学中则往往用"荣辱"来表达类似的意思。比如，孟子说："仁则荣，不仁则辱。今恶辱而居不仁，是犹恶湿而居下也。"（《孟子·公孙丑上》）意思是说，做仁义的事情是道德的（正确的），做不仁义的事情则是错误的。如果讨厌错误的东西但偏偏做不仁不义的事情，就好像是讨厌潮湿的地方却偏偏选择居住容易进水的地方一样。管仲说："仓廪实则知礼节，衣食足则知荣辱。"（《管子·牧民》）这里所说的"荣辱"也包含道德是非的意思。

最后，"荣辱"有时也是指非内心的外部事物的一种事态。平常汉语中的"欣欣向荣"的"荣"便是指的这种含义。在这种意义上的"荣"可以指一个事物繁荣昌盛，也可以指一个人的荣华富贵和名声。在这种意义上的"辱"则指的相反的状态。比如，《淮南子》中说的"草木荣华"，《列子》中所说的"温风徐回,草木发荣",其中的"荣"均是指的事物繁荣昌盛的状态。《易·系辞上》说:"言行,君子之机枢,机枢之发,荣辱之主也。言行,君子之所以动天地也,可不慎乎?"《易·系辞下》又说:"善不积,不足以成名;恶不积,不足以灭身。"这两段话的意思是说,一个人的言行非常之重要,因为一个人是荣是辱和其言行有着密切的联系,一个人的言行,老天在看着,如果行善积善必有善报,如果作恶积恶,足以遭天谴。所以,一个人的言行足以动天地,岂可不当一回事?这里所说的"荣辱"主要指的是一种事态或一个人的生活状态,而非内心的活动。墨家认为:"强必荣,不强必辱。"(《墨子·非命下》)这里所说的"荣辱"显然指的也是事物的状态。

本编乃至本书所讨论的"荣辱"主要是应然意义上的"荣辱感",即当荣之"荣",当辱之"辱"。

第二节　美德与荣辱感

应然意义上的"荣辱"其实是一种道德的情感,其"荣"指的是道德行动主体在做了自己认为正确的事情时所感到的一种满足感,其"辱"指的是道德行动主体在做了自己认为不该做的事情时所感到的一种否定性的态度。我们可以将这些情感和态度称为"荣辱感"。借用西方心灵哲学中的概念,我们不妨将"荣"或"辱"看成是一种新显的属性(emergent property)。所谓新显属性是指的这样一种属性,形成该属性的组分本身不具有该属性,但当这些组分以某种方式结合在一起的时候便产生了一种原来没有的新的属性,这种属性就是新显属性。比如,生命就是一种新显属性。构成一个生命的原子和分子本身并不具有生命的特征,但当这些原子和分子以某种方式结合在一起时,便会产生生命的现象。"湿"相对于水分子的氢和氧,"意识"相对于人的大脑和身体,都是一种新显属性。

"荣辱"或"荣辱感"作为新显属性代表了某种心境,这种心境是由道德行动主体的信念、欲望和品德(稳定持续的行动动机)以及所处的道德语境、道德情景等诸要素所决定的,而其中最重要的是主体的道德信念和品德。决定行动主体正确的"荣辱感"的决定性因素是主体的正确的道德信念和美德。由于不能自制行动的可能性(参见本书第一篇第三章),由于行动者有了正确的道德信念并非必然会有依照其信念行事的态度,因此美德作为持续稳定的行动动机在决定正确的荣辱感乃至道德行动方面的作用就更为重要了。一个没有仁爱之心的人,一个毫不利他,专门利己的人,我们很难设想他如何能够对做损人利己的事情有一种否定性的态度,如何能够在做了伤害他人的事情之后有一种愧疚感、耻辱感。我们也很难想象他如何能够对帮助他人的事情能有一种满足感。另一方面,我们不难想象,他在做了损人利己的事情之后可能会有一种洋洋自得的得意感,在不小心做了一件帮助他人而对自己无益的事情之后可能会有一种追悔莫及的懊悔感。正是由于人的品德在决定人的行动态度以及行动方面的长效作用,中国哲学家尤其注重美德的要求和培养,他们所提出的种种道德标准往往主要是美德的标准。

第三节　儒家的美德标准:"仁道"原则

传统儒家伦理道德的核心范畴是"仁"。"仁"也是儒家道德的最高原则,有时也称为"仁道"原则。它不仅是一种美德及其行为的要求,也是一种判断行动主体是否具有正确的荣辱感的道德标准。

何为仁?从"仁"字的词源看,"仁"与"人"同音,是由"亻"与"二"两个字符所组成。许慎在《说文解字》中说:"仁,亲也。从人二。"表示当两个人相处时应当相亲相爱,推而广之,人与人之间都应相亲相爱。东汉的郑玄在注解《中庸》中"仁者,人也"一句时说,"'人也'读如'相人偶'之'人'。"所谓"相人偶"指的是古代礼仪中的一种对揖之礼,两人见面作揖行礼,表示相互敬重之意。"仁"字最初见于《尚书·金腾》。据载,武王生了重病,周公旦为他祷告,祷词说:"予仁若考能,多材多艺,能事鬼神。""仁若"意为柔顺,"考"作"巧"解,整句话的意思是说,我柔顺巧能,多才多艺,能侍奉鬼神。① 仁若柔顺固然也是某种"爱意"的表现,但还不完全等于"仁爱"之意。到了春秋战国时期,"仁"则被理解为孝敬父母,即"爱亲"。到了孔子,整个社会已经礼崩乐坏,道德风气日益衰败,人们更加怀念"相人偶"这种礼仪所表现出来的那种相互亲爱的情感。如何重整社会秩序,回复到以往的"礼乐文明",就成为孔子念兹在兹的历史使命。孔子发展了以往的"仁"的概念,提出了"仁道"原则。

《论语·颜渊》记载:"樊迟问仁。子曰:'爱人'。"这里所说的"爱人"主要是指"爱他人"。这里所说的"仁"则大致相当于现在的"道德"的概念,所以我们可以将上述引语解释为:当樊迟问孔子"什么是道德?"孔子答:"爱他人。"孔子将"道德"的本质概括为"爱他人",不仅揭示了道德的利他性的本质特征,也提出了一种做人的最高的道德原则,一种美德的规范。

"爱人"或"爱他人"实际上说的是人应当具有一种仁爱之心。孔子说:"仁者爱人",意思是说,一个有道德的人应当"爱人"。他显然将仁爱之心看成是有德之士所应当具有的一种美德。按照后来人们的理解,"仁"有广义和狭义之分。广义的"仁"是"全德"之意,几乎可以涵盖所有的美德。《论语·阳货》说:"子张问仁于孔子。孔子曰:'能行五者于天下为仁矣。''请问之。'曰:'恭、宽、信、敏、惠。'"。"仁"不仅包括"恭"、"宽"、"信"、"敏"、"惠"五种美德,也包括勇、智等美德。孔子说:"仁者必有勇,勇者不必有仁。"(《论语·宪问》)"择不处仁,焉得知(智)。"(《论语·里仁》)故,"仁"为全德之名。"仁"也代表了理想人格的最高境界。"志士仁人,无求生以害仁,有杀身以成仁。"(《论语·卫灵公》)一个不仁的人只能算是小人,"未有小人而仁者也。"(《论语·宪

---

① 此处的解释见《今古文尚书全译》,江灏、钱宗武译注,贵州人民出版社1992年版,第254—255页。

问》)狭义的"仁"是五常之一,在实然的意义上,它主要指的是同情心,但它同时也代表对道德主体内心的心理状态的一种应然性的要求或规范,是一种具体的"仁"的"美德规范"。一个人的心理状态如果能够符合它的要求便成为此人身上的一种仁爱美德。

按照西方哲学的传统,美德可以分为基本美德(cardinal virtues)和派生美德(derivative virtues)。孔子的"仁道"原则提出的是一种基本美德的规范,即一个人应当具有"仁爱之心"。为何是一种基本美德?这是因为"爱人"或"爱他人"是任何道德体系能够为人们所接受,能够行之有效的心理基础,任何的道德说教对于没有仁爱之心的人来说都如同"对牛弹琴"。由于这一缘故,西方哲学家将"仁爱之心"(benevolence)看成是奠定道德基础的两大美德之一。①

孔子围绕着"仁者爱人"的思想还演绎出其他一些具体的美德或美德要求,并分析批判了与这些美德要求相反的恶习。他认为"爱人"要建立在真情实感的基础上。子曰:"刚、毅、木、讷近仁。"(《论语·子路》)意思是说刚强、果敢、朴实、谨慎,这四种品德比较接近于仁。而与此相反,"巧言令色鲜仁也。"(《论语·学而》)花言巧语,装出和颜悦色的样子,这种人的仁爱之心就很少了。孔子常讲"直道","人之生也直,罔之生也,幸而免。"(《论语·雍也》)意思是说一个人应当凭着自己的真情实感,实实在在做人。与此相反,那就是"直"的反面"罔"。"罔"即虚情假意,以讨人喜欢为主,表面上看起来似乎可以避免祸害,但是"幸而免",即只是侥幸地避免了灾祸。孔子讨厌虚伪的人,他说"巧言、令色、足恭,左丘明耻之,丘亦耻之,匿怨而友其人,左丘明耻之,丘亦耻之。"(《论语·公冶长》)孔子认为鲁国的左丘明认为这些虚伪造作的人是可耻的,他自己也认为他们是可耻的。孔子还说:"乡愿,德之贼也。"(《论语·阳货》)"乡愿"是指虚情假意、四处献媚、表里言行不一的伪君子。后来儒家发挥了孔子思想,提出"诚"的范畴,将"诚"看成是为人的最基本的品质,强调"真","真实无妄",强调做人要真心实意,而不是仅仅履行表面

---

① 另一美德为正直或正义(justice),即"一视同仁"。

的义务。如对父母的爱,首先需有敬孝的真诚之情,给予父母以情感上的慰藉,否则,仅给以饮食饱暖,则与养牛喂马无异,也就根本谈不上是仁的行为。父母死了,就应悲切怀念,"三年之丧"就是这种悲切之情的表现。这种行为是人的性情的真实流露,是发自"仁"的自然而然的行为,是"为仁之本"。

正如亚里士多德的"中道原则"不仅是一种美德的规范,也是一种行事的规范一样,"仁"在孔子那里也是一种道德行为的规范,它不仅包括总体的原则"爱人"(利他),也包含具体的行事的原则。这是因为怎样判断一个人内心是否真有仁爱之心,怎样判断一个人内心的"荣"和"辱"是否正确,我们只能通过道德行动主体的行为来判断。孔子认为只有通过"听其言而观其行"(《论语·公冶长》),我们才能知道行动主体内心的思想或观念。因此,尽管儒家的"仁道"原则主要是对人的内心心理状态(品德)的一种要求,主要是一种美德的规范,但由于我们需要依据行动主体的外在行为来判断行动主体内心的状态是否符合美德规范要求,"仁道"原则也可以看成是行事的原则。

孔子"仁道"原则也有具体的行为要求或具体的应用原则,如"亲亲"的原则。儒家的仁道原则是从家庭亲情关系中引申出来的,是处理家庭亲情关系的一条原则。人生下来总是处于父母兄弟姊妹的亲情关系之中,所谓父慈子孝是也。故孔子把"亲亲"作为仁的一条根本原则,"孝悌也者,其为仁之本欤"(《论语·学而》)。孟子也认为"亲亲,仁也",但进一步发展了"亲亲"原则,他认为"亲亲"不仅仅是维系家庭和睦关系的原则,而且也是一个人"泛爱众"的心理机制,在孟子看来,一个人显然只有首先爱自己的亲人,才会由此及彼地去爱他人。爱他人其实就是爱亲之心的扩充,如同孔子所说的,"弟子入则孝,出则悌,谨而信,泛爱众"(《论语·学而》),也即孟子所谓"老吾老以及人之老,幼吾幼以及人之幼"(《孟子·梁惠王上》)。由自然而然的亲情上升为普遍的仁爱之心,以仁爱之心待人待物,做到"亲亲而仁民,仁民而爱物"(《孟子·尽心上》),从而建立起人与人之间以及人与物之间的和睦关系。

儒家认为仁爱的原则不仅是道德和美德的规范,而且也是人的本质的规定性。《中庸》曰:"仁者,人也。"也就是说将人的道德属性看成是人的本质特征。不仁者,非人也。事实上,孟子的性善论和荀子的性恶论尽管关于人性看法的出发点不同,但他们都将道德看成是人的本质特征。这一点和西方将理性看成是人的本质特征恰成鲜明对照。

孔子之后的孟子更为明确地将"仁"作为判断正确的荣辱的标准,"仁则荣,不仁则辱。"(《孟子·公孙丑上》)意思是说,当权者如果能够实行体现仁爱的仁政则很光彩,不行仁政则是一种耻辱。他甚至认为"大人者,言不必信,行不必果,惟义所在。"(《孟子·离娄下》)他强调了行动者的动机(即"惟义")是判断道德与否,荣辱与否之标准,而不是行动后果。荀子则在历史上第一个以"荣辱"为题,阐述了判断荣辱的标准,他说:"先义而后利者荣,先利而后义者辱。"(《荀子·荣辱》)宋代儒学进一步把义作为荣的重要内容。如张载把符合礼义看成为荣,反之则为耻。陆九渊说:"君子义以为质,得义则重,失义则轻;由义为荣,背义为辱,惟义与否。"(《陆象山全集》卷十三)可见,儒家荣辱观强调以道义之要求为正确的荣辱对象之标准。

第四节　道家的美德标准:"无为"原则

在中国哲学史上,道家与儒家不同,儒家强调仁义道德,而道家往往反对儒家的仁义道德,主张"无为"。因此,在某种意义上,道家提出的"无为"原则是和儒家学说相对立的一种原则,是一种和儒家学说完全不同的美德要求,这同时也是道家关于荣辱思想正当性的标准,这使得其荣辱思想表现出超脱性的特点。

道家哲学思想的核心概念是"道"。道是万物的本原,其特征是自然无为。老子是先秦道家哲学的创始人,他认为道虽自然无为,但"道常无为而无不为"(《老子》第三十七章)。道对万物的作用是"生而不有,为而不恃,长而不宰,是谓玄德"(《老子》第五十一章)。就是说"道"产生万物但不据为己有,推动万物成长发展但却不居功自傲,生养万物但却不为主宰。这种无为、无欲、幽远而又深不可测的品德,老子又称为"自然"。"道"存在于各种事物之中,而老子把万物从"道"那里得到的"道"的性质称为"德"。"道生之,德蓄之,物形之,势成之。是以万物莫不尊道而贵德。"(《老子》第五十一章)万物由道而生,又靠自己的本性"德"发展生长。"道之尊,德之贵,夫莫之命而常自然。"(《老子》第五十一章)"道"和"德"之所以珍贵,就在于物之得于道者出于自然。"人法地,地法天,天法道,道法自然。"(《老子》第二十五章)"自然"是指事物自然而然的状态,也即指道的本性:虚静、无为、无欲。道是万物的本原,亦可理解为代表万事万物的总的抽象概念,因此,"道法自然"亦是说,世间万事万物,从人类到自然界,都要以自然无为为其活动的法则。所以,"无为"也就是人类的本来状态和最高的品德。它要求人们不要违反自然任意胡为,应按照自然的原则办事,尊德而行,过"朴"的生活。如果欲望太多,丧失原有的德,就会适得其反。"五色令人目盲,五音令人耳聋。"(《老子》第十二章)"祸莫大于不知足,咎莫大于欲得。"(《老子》第四十六章)老子强调人要知足,不能过分,"知足不辱,知止不殆。"(《老子》第四十四章)"是以圣人去甚,去奢,去泰。"(《老子》第二十九章)"圣人皆孩之。"(《老子》第四十九章)人如返璞归真,如婴儿般纯真,便可达到圣人的境界。

为了达到自然无为的境界,老子提出了"少私寡欲"、"涤除玄览"等修养方法。老子曰:"见素抱朴,少私寡欲。"(《老子》第十九章)也就是说,人要寡欲,使心保持虚静的状态,就可以恢复人的善良本性,并能超越一切善恶荣辱之区别。老子说:"天下皆知美之为美,斯恶已;皆知善之为善,斯不善已。"(《老子》第二章)意思是说"天下皆知美之为美"是"美"发展的最高点,而"斯恶矣",正说明最高点即是转换点。善也一样。善恶之间并无绝对之区别,可以互相转化。"涤除玄览"(《老子》第十章),意思是说清除一切杂念,与自然、宇宙的道合而为一。老子特别批评儒家的仁义道德观念,认为儒家的仁义礼智乃是道家的"道"和"德"的沦丧,"失道而后德,失德而后仁,失仁而后义,失义而后礼,夫礼者,忠信之薄,而乱之首。"(《老子》第三十八章)在老子看来,最高的境界是"道",即"无为"。其次为"德",即老子所讲的"上德",亦即最能体现道的"德"。再次为"仁","仁"最接近"上德",所以居诸德之首。再次为"义"。最次为"礼",完全败坏了无为的原则,"礼"可以说是忠信不足,乃大乱之祸首。

庄子发挥了老子的思想,认为"道"是"有情有信,无为无形……自本自根,未有天地,自古以固存,神鬼神帝,生天生地。"(《庄子·大宗师》)道产生万物,但它自自然然,毫不作为而又无所不为。道的品格也应是人的品格,人应该按自己的自然本性去生活。以"无己"、"无名"、"无功"为理想品格。"至人无己,神人无功,圣人无名。"(《庄子·逍遥游》)"无己",即忘记自己,无功即不追求功利,无名指不追求名誉,这两者都是以无己为前提,无己是最高境界。为了达到这种境界,庄子主张齐是非,齐万物,齐生死,以摆脱荣辱缠绕,不争荣,不惧辱,超脱物外。庄子还提出"心斋"、"坐忘"等修养方法,以达到人生理想的境界,运用这些方法的关键是保持心灵的虚静,淡泊人生,看穿名利,超越自我。

道家虽然反对儒家的仁义道德,但其"无为"的原则依然有着其积极的意义。其一,人不仅需要处理好人和人之间的关系,也需要处理好人和自然的关系。人类科技的发展,生产力的提高,除了提高了人们的生活水平之外,也带来了许多负面的后果,如温室效应,环境污染,能源枯竭,过度消费,生态危机,等等。造成这些不良的后果的一个重要的原因便是人类毫无节制的、无休止的从自然获取资源的欲望。"无为"的原则对于节制这种欲望,对于人和自然的和谐相处,对于人类文明可持续的发展,具有显而易见的重要意义。其二,即使在处理人与人之间的关系方面,我们有时也需要"无为",比如,不要东家长,西家短地去挑事生非。其三,道家的"无为"并非毫无作为,而是通过"无为"而无不为。就社会和天下而言,通过"无为"而达到社会和谐,天下太平;就个人而言,达到一种淡泊宁静、超越自我、荣辱不惊的圣人境界。就实现社会和谐、天下太平、个人幸福安康的目的而言,道家和儒家并无二致。

第五节　墨家的美德标准:"兼爱"与"利人"

墨家学派是先秦最早自觉起来反对儒家的学派,以"爱无差等"的"兼爱"说反对儒家的"亲亲有术"的"爱有差等"说;以"义利合一"与"志功统一"的"利人"说,反对儒家"义以为上"的"仁爱"说。

一、"兼爱"说

墨子也主张以仁义为最高的道德原则,它同时也是美德的最高原则。墨子说:"必去六辟,默则思,言则诲,动则事,使三者代御,必为圣人。""必去喜,去怒,去乐,去悲,去爱,而用仁义。手足口鼻耳,从事于义,必为圣人。"(《墨子·贵义》)墨子的意思是说,如果能够去掉六种邪僻,沉默时能思索,出言能教导人,行动能从事义,三者交替进行,就一定能够成为圣人。如果能够去喜、去怒、去乐、去悲、去爱,以仁义作为一切言行的准则,将手脚口鼻耳都用来从事义行,也一定会成为圣人。

墨子的仁义说不同于孔孟的仁义说,他以"兼爱"重新解释了儒家的"仁爱"。因此,在墨子那里,仁爱的原则也就是"兼爱"的原则,"兼爱"也就是道德和美德的最高原则。

墨子的"兼爱"说包含如下三点重要的思想,其中第一点是"兼爱"的主要内容,后两点则是支持"兼爱"的理由,或者说,是支持"兼爱"的论据。

其一,"爱无差等"。亦即视人若己,爱人若爱己。墨子最基本的道德原则可以说是"兼相爱、交相利"。但如何实行这一原则呢?墨子认为人们需要"视人之国,若视其国;视人之家,若视其家;视人之身,若视其身。"(《墨子·兼爱中》)

其二,"交相利"。为何人们要彼此相爱呢?墨子认为"夫爱人者,人必从而爱之;利人者,人必从而利之;恶人者,人必从而恶之;害人者,人必从而害之。"(《墨子·兼爱中》)也就是说,只有爱别人,也才能从别人那里得到爱。只有利他,才能利己。如果仇恨他人,必遭致他人的仇恨,伤害他人,也必然会遭致他人的报复,即所谓"种瓜得瓜,种豆得豆。"墨子"交相利"的思想对于克服儒家道德学说中"超道德义务的(supererogatory)要求"的倾向,使道德体系更具有可行性,具有重要的意义。

其三,"兼以易别"。亦即以"兼"来取代"别"。为何要以"兼"代"别"呢? 墨子认为,因为人与人之间的"别",国与国之间的"别",是造成他所处的时代天下大乱的根源。墨子说"仁人之所以为事者,必兴天下之利,除去天下之害,以此为事者也。""然则天下之利何也? 天下之害何也?"墨子答:"今若国之与国之相攻,家之与家之相篡,人之与人之相贼,君臣不惠忠,父子不慈孝,兄弟不和调,此则天下之害也。"(《墨子·兼爱中》)而造成"天下之害"的原因则是"交相别",即亲疏远近之分,彼此利益之别,产生了"交相恶"的现象。"天下兼相爱则治,交相恶则乱。"(《墨子·兼爱上》)只有"兼相爱",才能除去天下大害,达到"交相利"的结果。故墨子曰:"是故诸侯相爱,则不野战;家主相爱,则不相篡;人与人相爱,则不相贼;君臣相爱,则惠忠;父子相爱,则慈孝;兄弟相爱,则和调。天下之人皆相爱,强不执弱,众不劫寡,富不侮贫,贵不敖贱,诈不欺愚。凡天下祸篡怨恨,可使毋起者,以相爱生也。是以仁者誉之。"(《墨子·兼爱中》)

墨子的"兼爱"说是针对儒家的"爱有差等"说而提出来的。《墨子·耕柱》记载了儒家的代言人巫马子和墨子之间的一场论战。巫马子对墨子说:"我与子异,我不能兼爱。我爱邹人于越人,爱鲁人于邹人,爱我乡人于鲁人,爱我家人于乡人,爱我亲于我家人,爱我身于吾亲,以为近我也。击我则疾,击彼则不疾于我,我何故疾者之不拂,而不疾者之拂? 故有我有杀彼以我,无杀我以利[彼也]。"巫马子的意思是说:我与你墨子不同,我不能兼爱。我爱和自己关系更近的人比爱和自己关系更远的人要深,比如,爱我家乡的人比爱鲁人深,爱我的家人比爱我家乡的人深,爱我的双亲比爱我的家人深,而我爱我自己则胜过爱我双亲。如果有人打我,我会疼痛,但如果打别人,则不会痛在我身上,我凭什么不去解除自己的疼痛,而去解除不关自己的别人的疼痛呢? 所以我只会为了自己杀他人,而不会为了他人杀自己。墨子曰:"子之义将匿邪,意将以告人乎?"意思是说:你是将你的这种观点隐藏起来呢,还是告诉别人? 巫马子答曰:"我何故匿我义? 吾将以告人。"我为何要隐瞒呢? 我会告诉别人。墨子则接着说出了一番道理,指出儒家的这种"爱有差等"的观点何以不能成立。他说道:"然则一人说子,一人欲杀子以利己;十人说子,十人欲杀子以利己;天下说子,天下欲杀子以利己。一人不说子,一人欲杀子,以子为施不祥言者也;十人不说子,十人欲杀子,以子为施不祥言者也;天下不说子,天下欲杀子,以子为施不祥言者也。说子亦欲杀子,不说子亦欲杀子,是所谓经者口[疑为"荡口者",即说空话的人]也,杀常之身者也。"(《墨子·耕柱》)墨子的意思是说,如果这样,那么如果有一个喜欢你的主张的人,这个人就要为自己而杀你;如果有十个人喜欢你的主张,这十个人就要为自己而杀你;天下的人都喜欢你的主张,这天下的人都要为自己而杀你。假如有一个人不喜欢你的主张,他也会杀你,因为他认为你是散布不祥言论之人。出于同样的理由,有十个人不喜欢你的主张,这十个人也会杀你,如果天下的人都不喜欢你的主张,这样,天下的人都要杀你。这样,喜欢你主张的人要杀你,不喜欢你主张的人也要杀你,这就是人们所说的摇动口舌,杀身之祸常至自身的道理。

许多教科书上在谈到墨子的"兼爱"说时,常常将墨子所批判的"爱有差等"说说成归根结底是一种伦理学利己主义,因此,墨子对它的批判是对个人利己主义的深刻批判。但"爱有差等"说和伦理学利己主义其实并非一回事。伦理学利己主义者只是在终极的意义上主张爱自己,并没有主张爱对自己没有好处的他人(如果对自己有好处,也会主张爱他人),而"爱有差等"说还是主张爱他人,只是爱有差等罢了。因此,墨子对"爱有差等"的批判并非是对伦理学利己主义的批判,而是对"爱有差等"的批判。许多狭隘的民族主义也是一种"爱有差等"说。

许多教科书还认为墨子的"兼爱"说是一种空想或幻想。但一方面,道德的应然性的要求本身就包含了某种理想的成分,包含了要求改变现实的不应当的东西,而将应当而不现实的东西变成现实的东西。故,如果轻易将还没有实现的理想归为空想,就会混淆理想和空想,道德与幻想的区别。我们主要应当研讨"兼爱"说本身是否合理,而非它是否已为人们所信奉。另一方面,墨子的"兼爱"说对于今天我们建立和谐社会和和谐世界依然具有重要的现实意义。试想在主张阶级斗争的年代,人与人之间产生的多少不必要的紧张关系,人们斗来斗去,不断"革命",永不安宁,使整个国家空耗多年。在当今世界,别的不说,不少国家和地区的分离主义运动以及国家与国家,民族与民族之"别",又造成了多少人间的悲剧,形成了多少动乱和战争的根源。我们这里并不是说,现在就要完全取消所有这些"别",也不是说按照墨子的"兼爱"说便可以解决这一切的问题,但墨子对天下之害的分析确实值得我们进一步深思,他的"兼爱"说也或多或少地为我们寻求解决的方法提供了某种启示。

二、"利人"说

墨家的"兼爱"也讲"爱人",但常常是"爱人"与"利人"并提。墨子认为爱人应以利人为内容与目的,其中包含了道德要求不能脱离人们的实际利益的思想,主张把利与仁义结合起来。墨子所谈的"利"其实就是"利人","利人"不是利一个人,也不是利一部分人,而是利天下之人。墨子说:"仁人之所以为事者,必兴天下之利,除去天下之害,以此为事者也。"(《墨子·兼爱中》)因此,墨子的观点不仅是一种效果主义的观点,也是一种功利主义的观点。由于墨子的"利人"说是对他的"爱人"说的解释,"爱人"通常都是指的"仁爱之心"的美德,因此,墨子的"利人"说也可以看做是对"仁爱"美德的一种规定,亦即一种美德的规范,这种规范对于一个国家的统治者来说,尤为重要,因为一个国家的统治者的内心不能只有"小爱",只爱自己家族或和自己亲近的人,而应有"大爱",爱天下之人。

墨子的"利人"说主要体现在"义利合一"与"志功统一"两个命题

之中。

义利合一。在义利关系上,儒家虽然并不一概将两者对立起来,但总的倾向是义以为上,义以为质。孟子对梁惠王说:"何必曰利?亦有仁义而已矣。"(《孟子·梁惠王上》)《孟子·滕文公下》载:孟子的弟子陈代向孟子提出了一个以屈求伸的主意:"枉尺而直寻"。在古代,八尺为一"寻",陈代的意思是先弯曲自己,哪怕显得只有一尺之长,但如果有朝一日能够将身体(志向)伸展开来,实现自己的抱负,就可以有八尺长了。孟子认为陈代的主意是一种只重视利益效果的观点,坚决不同意,认为"志士不忘在沟壑,勇士不忘丧其元",意思是说真正的志士仁人和勇士是不会计较利害得失的,哪怕弃尸山沟,砍掉脑袋,也不会丧失其原则。与此不同,墨家认为仁义必须以"利"为前提,必须与人们的物质生活利益结合起来,义与利是合一的。所以义乃天下之良宝,而"所谓贵良宝者,为其可以利也。"(《墨子·耕柱》)墨子认为义就是要利人、利民、利天下,必须给老百姓以实际的利益,"有力以劳人,有财以分人,有道以教人"(《墨子·尚贤下》),否则就是空话。"利人乎即为,不利人乎即止。"(《墨子·非乐上》)所以墨子总是将"兼爱"与"利人"并提,强调"兼相爱,交相利",进而把是否"中万民之利"作为评价人的行为善恶的准则。墨子也强调"贵义",因为在墨子看来,义也是达到利人、利天下的手段。

志功合一。在道德评价问题上,墨子提出了"志功合一"的主张。"志"指行为的动机,"功"则指行为的效果。在动机与效果的关系问题上,儒家强调动机,以此作为评价人的道德行为的标准。墨子则强调志功合一,认为评价一个人或一种行为,应"合其志功而观焉",即认为动机与效果不能偏废。《墨子·鲁问》载:鲁君曾问墨子:"我有二子,一人者好学,一人者好分人财,孰以为太子而可?"墨子答曰:"未可知也。或所为赏誉为是也。钓者之恭,非为鱼赐也;饵鼠以虫,非爱之也。吾愿主君之合其志功而观焉。"墨子认为同一种行为,可有不同的动机。鲁国国君的儿子,一个爱好学习,一个喜欢将钱财分予他人,但在墨子看来,这些都是表面现象,仅从表面的行为,无法判断一个人的好坏,因为同样一种行为,如好学或好给人以钱财,都有可能出于沽名钓誉之目的。因此,评价一个人或其行动的好坏、道德与否必须"合其志功而观焉",即对一个行为或一个人的道德评价不仅应当看效果,而且也应当考虑其动机,应把动机与效果结合起来考察。墨子反对儒家不重效果的独善其身的观点,他认为一个有道德的人,不能仅仅自我感觉良好,但对社会却没有任何实际的贡献,而应当采取行动,通过对善恶行为的取舍来实现"利人"之目的和效果。

第六节　"荣辱"与理想人格

中国传统哲学认为一个人正确的"荣辱感"是和一个人所具有的美德密切相关的。一个具有美好的道德情操的人,也就是一个具备了种种美德的人。当种种美德和道德情操完满地体现在一个人的身上之时,此人便代表了某种理想的人格。"理想人格"是今人对古代先哲所设想的、具有正确的"荣辱感"(亦即美好的道德情操)和相应美德的人的心灵状态或精神境界的一种概括。借助于这一概念,我们可以说,中国传统哲学提出各种各样的"荣辱"标准或美德标准,最终还是为了完善人的品性,实现理想人格。实际上中国传统哲学最为关心的就是如何做人,做一个怎样的人的问题,所以无论儒家还是道家,无不重视对理想人格——完满的心灵境界的探讨与追求。本节主要讨论中国传统哲学中三种理想人格的类型,即儒家的君子和圣人以及道家的"真人"。

孔子将人格典范分为两类:君子与圣人。孔子认为圣人是理想人格的最高最完美的境界,但在现实中人们很难实现。在现实中,人们看不到圣人,能看到君子就不错了。他说:"圣人,吾不得而见之矣;得见君子者,斯可矣。"(《论语·述而》)现实中人们能够达到的人格境界是君子,君子所具有的美德也就构成了现实的理想人格的具体内涵。

君子应具备哪些美德呢? 孔子说:"君子道者三。……仁者不忧,知者不惑,勇者不惧。"(《论语·宪问》)仁、智、勇是孔子对君子品格的最高概括,后来也成为传统的三种基本的美德。孔子认为只有三者结合,才能成为君子。"君子"代表了一种理想人格的典范,具体的美德则是构成这种理想人格的基本要素。

三种美德中最重要的美德是"仁","仁"的基本要求与实质即是"爱人"。因此,君子首先必须是仁者。"君子去仁,恶乎成名? 君子无终食之间违仁,造次必于是,颠沛必于是。"(《论语·里仁》)君子以求仁行仁为荣,无此也就没有什么荣,而且还应敢于憎恶缺德的人,"惟仁者,能好人,能恶人。"(《论语·里仁》)"仁以为己任,不亦重乎? 死而后已,不亦远乎。"(《论语·泰伯》)仁是人的本质之所在,是人生最高的价值理想,它甚至高于个人的生命价值,"志士仁人,无求生以害仁,有杀身以成仁。"(《论语·卫灵公》)

其次是智。君子必须具有辨别是非的能力。在儒家看来,仁德是理想人格的核心内容,但与智相连。孔子提出"仁智统一"说。所谓"智"在中国古代即为"知"。中国古代哲人认为,一个具有"智"的人,就是懂得人之所以为人的道理之人。孔子说:"仁者不忧,智者不惑。"(《论语·宪问》)孟子说:"是非之心,智之端也。"(《孟子·公孙丑上》)也就是说,"智"是辨别道德是非的一种能力。孔子还认为,仁者只有具备了明辨是非的"智",才能做对人有利的事情。所以,孔子说:"仁者安人,知者利人。"(《论语·里仁》)孟子则进一步认为"智"就是"知仁",它不仅是一种辨别是非之能力,还是人之所以为人的一种本质的规定性,一个人如果没有这种"智",就和禽兽没有任何区别了。他说:"夫仁,天之尊爵也,人之安宅也。莫之御而不仁,是不智也。不仁不智,无礼无义,人役也。"(《孟子·公孙丑上》)"智"也是一种行事能够做到恰如其分的能力,特别是一种"中庸"的能力。孔子甚至认为"中庸"的能力是一种至上的美德。孔子说:"中庸之为德也,其至矣乎!"(《论语·雍也》)中庸是指以不偏不倚,无过无不及的态度为人处事。孔子说:"不得中行而与之,必也狂狷乎! 狂者进取,狷者有所不为也。"(《论语·子路》)狂即狂妄自大,狷即拘谨怕事,两者均不是好的品质,只有不狂不狷的中行才是美德。具有这一美德的人在待人接物中就能恰到好处,做到"惠而不费,劳而不

怨,欲而不贪,泰而不骄,威而不猛。"(《论语·尧曰》)

最后,仁与智还需与勇相配合,才能相得益彰。孔子说:"仁者必有勇。"(《论语·宪问》)孔子所说的"勇"指的是一种意志的品格。这种意志的品格首先表现为行动主体自主选择人生道路的能力,是一种意志的品格。具备了这种品格,"我欲仁,斯仁至矣。"(《论语·述而》)孔子特别强调立志,其实也是强调"勇"在选择人生道路方面的能力。孔子说:"苟志于仁矣,无恶也"。(《论语·里仁》)其次,"勇"也是一种专一的、坚忍不拔的毅力和志向。孔子说:"刚毅木讷,近仁。"(《子路》)刚毅即坚贞不屈之意。在任何艰难困苦情况下,都要坚守自己的信念,专心一致追求崇高的志向,实现理想的境界。孔子还说:"三军可夺帅也,匹夫不可夺志也。"(《论语·子罕》)他高度赞扬伯夷、叔齐"不降其志,不辱其身"的精神。强调不能屈服外在的压力而放弃自己的人格与信念,即使失去生命,也要保持高风亮节,坚持真理。"志士仁人,无求生以害仁,有杀身以成仁。"(《论语·卫灵公》)孟子同样强调要在艰苦条件下磨炼自己的意志,保持节操,形成"富贵不能淫,贫贱不能移,威武不能屈"的"大丈夫"的精神气概。

儒家最高理想人格为圣人。荀子曰:"圣人者,人道之极也。"(《荀子·礼论》)何为"圣人"？春秋时鲁国大夫叔孙豹(即穆叔)曾以"三不朽"概括圣人的品格。《左传》载:范宣子问:"古人有言曰'死而不朽'何谓也？"叔孙豹答曰:"豹闻之,大上有立德,其次有立功,其次有立言,虽久不废,此之谓不朽。"(《左传·襄公二十四年》)意思是说,"豹听说,最高的是树立德行,其次是树立功业,再其次是树立言论,虽然人死了很久也不会废掉,这就叫做三不朽。"[1]另外还有一种说法,即"圣"人是指达到"圣人境界"之人。按照蒙培元先生的说法,中国传统哲学中的"圣人境界"就是指"天人合一"的最高境界。[2] 如此,达到"天人合一"境界之

---

[1]　译文见王守谦、金秀珍、王凤春译注:《左传全译》,贵州人民出版社1990年版,第937页。

[2]　参见蒙培元:《心灵超越与境界》,人民出版社1998年版,第11页。

人便是圣人。何为"天人合一"的境界？荀子有一段话似可作为注解："圣王之用也：上察于天，下错于地；塞备天地之间，加施万物之上；微而明，短而长，狭而广；神明博大以至约。故曰：一与一，是为人者，谓之圣人。"（《荀子·王制》）

孟子认为人格典范虽有圣人、君子之分，但两者又是相通的，因为"人皆可以为尧舜"。而人能否成尧舜，关键在于是否具有完美的美德。孟子说："仁且智，夫子既圣矣。"（《孟子·公孙丑上》）孟子似乎认为只要仁智兼备即可成圣，如此，圣人和君子就没有什么区别了。但大体上，孟子可能认为圣人一定是具有各种完满美德之人。

道家追求的人生的理想境界是"自然无为"。具备这种理想人格的人就是"圣人"或如同庄子所说的"真人"。老子以"清静无为"、"柔弱处上"为理想的"圣人"境界。老子强调自然无为，圣人以道为最高道德准则，亦即以柔弱、虚静、无为、无欲为原则。他认为婴儿最能体现道的这种品德。"含德之厚，比于赤子。"（《老子》第五十五章）赤子即婴儿，婴儿初来人世，未受物欲污染，柔弱纯净，质朴纯洁，等到长大，受到外物引诱就会逐渐失去原有的淳朴美德，所以人们应收敛自己的物欲，返璞归真，"常德乃足，复归于朴"（《老子》第二十八章），复归于婴儿。老子还认为，要无为，须知足。"知足不辱，知止不殆，可以长久。"（《老子》第四十四章）"祸莫大于不知足，咎莫大于欲得。故知足之足常足矣。"（《老子》第四十六章）知足则不受污辱。所以要"去甚、去奢、去泰。"（《老子》第二十九章）即不要过分追求功名利欲，适可而止，才能知足常乐。

庄子继承发展了老子自然无为的道德理想，提出了"无己"、"无功"、"无名"的"真人"境界。庄子强调个性自由，人格独立。《庄子·逍遥游》是庄子理想人格的集中展现。所谓"逍遥"即翱翔之义，"逍遥游"也即指超然物外而无所凭待。在《逍遥游》中，庄子从大鹏的扶摇高飞，宋荣子傲世独行，到列御寇的"御风而行"，庄子认为它们都不是真正的逍遥自由，因为它们都是有所凭恃，只能算做相对的自由。如何才能达到"无待"的绝对自由呢？庄子认为"若夫乘天地之正，而御六气之辨（变）以游无穷者。彼且恶乎待哉，故曰：至人无己，神人无功，圣人无名。"

（《庄子·逍遥游》）就是说如能顺着自然的规律，摆脱现实的一切束缚，超然物外，忘记功名与自我，与道完全融为一体，就能达到绝对自由的境界了。要达到这种境界，不仅要摆脱一切客观条件的束缚，更要摆脱个人肉体与精神条件的束缚，做到"无己"，即不考虑自己。"至人无己，神人无功，圣人无名。"无功、无名这两者都以无己为前提，无己是最高境界。

"无己"就是《庄子·齐物论》里说的"齐物我"。"天地与我并生，万物与我为一。"达到此境界的人，庄子称为"真人"。"古之真人，不知说生，不知恶死。"（《庄子·大宗师》）要成为庄子所说的"真人"，首先要摆脱生死困扰，然后摆脱贫富、荣辱、得失等束缚，一切顺乎自然。"得者，时也；失者，顺也。安时而处顺，哀乐不能入也。此古之所谓悬解也。"（《庄子·大宗师》）悬解，即解脱。可见，"无己"也就是自我与道合一，真正达到了老子的自然无为的境地。

中国传统哲学中提出的这些理想人格类型虽然都可以找出种种缺陷，比如，不现实、无可行性等，①但其总的精神，即追求完满的人生的理想境界和精神境界，对于我们今天树立正确的荣辱观依然有着其现实的价值。

---

① 有些当代西方美德伦理学家，如迈克尔·斯洛特（Michael Slote），告诉笔者之一（陈真），他和有些西方学者甚至认为中国传统哲学中的"全德"（perfect virtue）的概念逻辑上根本就不可能。中国传统哲学的境界论是分层次的，所以，并非每种境界都一定是最高境界。即使最高境界，如圣人境界，是否就是西方学者所理解的"perfection"或"perfect virtue"，西方学者的观点是否一定成立也还有待商榷。故中国传统哲学追求理性人格的精神依然有其引人向上的积极意义。

第 二 章

荣辱思想的人性基础

"荣辱"乃情感之一种。情感可以分为两类：一类是表达道德行为主体的态度，如"八荣八耻"，道德行为主体的态度是受主体的道德观念和道德认知所支配的；另一类是道德行为主体的情感反应，情感反应往往是不由自主的，是由人的心理特性所决定的。这种心理特性是可塑的，因此，"荣辱"思想的伦理学研究的目的是努力将应然之荣辱的要求与实然之心理反应统一起来，将应有之"荣辱感"变为人们发自内心的自然而然的情感反应。而人性则是情感反应的实然基础。这方面，中国传统哲学为我们提供了丰富的思想养分。

第一节　孔孟的"性善论"

人性问题是中国传统哲学的核心问题之一。早在春秋战国时期，先秦哲学家便对人性问题有许多独到的论述，其中尤以先秦儒家的孟子和荀子的人性论为代表。先秦儒家从其创始人孔子开始就对人性问题有所反思和论述，孟子将孔子的人性思想进一步展开，提出"性善论"，后来成为儒家人性理论的主流思想。

一、孔子的"性相近"，"习相远"

"性"或人的本性这一概念萌芽于商末周初。但在中国思想史上最早对"性"或人的本性进行哲学探讨的是孔子。孔子说："性相近也，习相远也。"（《论语·阳货》）。"性"，人之本性，指的就是人的心理反应和心理结构。"性相近"意为人在心理反应和心理结构方面都是相近的。后来孟子所说的"恻隐之心，人皆有之"，说的也是这个意思。"习"，道德习俗或习惯。"习相远"指人由于受后天不同环境的"习染"所形成的道德习俗或习惯差别甚远。在孔子看来，人们无论贫富贵贱，但在人的本性上基本是一样的，后天不同的道德习俗或后天形成的不同习惯才造成了人们现实品性上的差异，造成君子与小人的区别。君子好善恶恶，尚荣明耻。小人以耻为荣。

如果我们进一步分析，则"性相近"除了先天上人们的心理特征是相近的外，在后天的意义上人性也是相近的。尽管后天形成的道德习俗或习性会有很大差异，但都是可以改变的。孔子以"仁"来统率概括人的理想的道德品性，"仁"乃全德之名，故"仁"成了孔子孜孜以求的理想人格。由于先天的"性相近"，只要后天加强主观努力，自觉进行道德修养，通过"求仁"、"习礼"，人人都可以改变自己、完善自己的品德，人人都有"成性"的可能性，人人都可以成为"君子"，达到"仁"的境界。后天所能够达到的这种"仁"的境界也被儒家看成是人之所以为人的本质的规定性，一种理想的人格。故，《中庸》曰："仁者，人也。"后来孟子说"人皆可以为尧舜"（《孟子·告子下》），就是说每个人潜在地都可能成为圣人，也正是在这种人人可以成圣的意义上，孔子认为人的本性也是相近的。故，孔子特别强调了后天道德教育或后天道德习惯培养的重要性。

孔子关于人性只是说了"性相近也，习相远也"，但人性究竟是善的，还是恶的，语焉不详，这就给后人留下了不同解释的空间。但不少学者认为孔子的思想基本上是性善论的，真正将孔子人性论思想发扬光大的是孟子。

二、孟子的"性善论"

孔子的人性论并没有直接指明人性本善,但孔子仁学对"仁"的解释包含了对"仁"的同情心的解释,只是这种对"仁"的实然的解释和其他应然的解释混为一谈,以至于后来者仁者见仁,智者见智。但不管怎样,孔子的"性相近"和对"仁"的同情心的解释为后来孟子的性善论奠定了基础则是没有疑义的。到了战国中期孟子所处的时代,人性问题的争论在当时的"知识分子"当中,尤为激烈。据《孟子·告子上》记载,当时主要有四种人性学说。一是"性无善无不善说",此乃指告子的人性理论;二是"性可以为善可以为不善说";三是"有性善性不善说";四是"性善说",即是孟子的人性学说。由于告子的人性学说在当时影响极大,所以孟子主要通过与告子展开辩论来论述其"性善论"的思想。下面拟从三个方面来阐述其人性论的思想。

1. 人性本善

告子认为人性乃人生来之性,"生之谓性"也。告子人性论的基本观点是:人性本无善恶,善恶并非人先天所具有的,仁义乃后天所形成的。他说:"性,犹杞柳也;义,犹桮棬也。以人性为仁义,犹以杞柳为桮棬。"(《孟子·告子上》)人性就像杞柳一样,义理就像曲木制成的盂,以为人性就是仁义,就好比以为杞柳就是盂一样。孟子则反驳道:"子能顺杞柳之性而以为桮棬乎? 将戕贼杞柳而后以为桮棬? 如将戕贼杞柳而以为桮棬,则亦将戕贼人以为仁义与? 率天下之人而祸仁义者,必子之言夫!"(《孟子·告子上》)孟子反驳的意思大致上是:您是顺着杞柳的本性制成盂,还是要毁伤杞柳之后才能制成盂呢? 如果要毁伤杞柳才能制成盂,那么是不是说也要毁伤人性才能造就仁义呢? 带着天下的人去祸害仁义者,一定是由于您的这番高见!

告子又说:"性犹湍水也,决诸东方则东流,决诸西方则西流。人性之无分于善不善也,犹水之无分于东西也。"孟子反驳道:"人性之善也,犹水之就下也。人无有不善，水无有不下。今夫水，搏而跃之，可使过颡；激而行之，可使在山。是岂水之性哉？其势则然也。人之可使为不善，其性亦犹是也。"(《孟子·告子上》)即人性本善，犹如水性就下，人做不善之事，就像水受到拍打可以飞溅起来超过额头，并不是由其本性，而是像水的飞溅一样，是由于受外力驱使和影响所致。"乃若其情，则可以为善矣，乃所谓善也。若夫为不善，非才之罪也。"(《孟子·告子上》)从人天生的性情来说，都可以使之善良，这就是我所说的人性本善的意思。至于说有些人不善良，那是不能归罪于天生的资质的。

但人性之"善"究竟是指的什么？孟子似乎语焉不详。从他的种种说法来看，他的人性之"善"似乎主要有两层意思。一是指的恻隐之心，一是指的仁之端。

2. 恻隐之心

人性其实指的就是人的心理结构和对环境的心理反应。孟子的"人性"主要指的就是人的"恻隐之心"，也就是通常所说的同情心。而同情心都是好的、善的，而且同情心也是后天培养种种道德情操的人性基础，就像杞柳是木制的盂的基础一样，在这个意义上，在仁之端的意义上，同情心也是好的、善的。恻隐之心或同情心是人人生而有之的一种本性或心理结构。孟子认为"人皆有不忍人之心"。"所以谓人皆有不忍人之心者，今人乍见孺子将入于井，皆有怵惕恻隐之心。非所以内交于孺子之父母也，非所以要誉于乡党朋友也，非恶其声而然也。"(《孟子·公孙丑上》)见到小孩将要掉到井里，来不及思考其他的利害关系和名利便要去救，这刹那间萌动的"怵惕"之心或心理反应就是同情心。

恻隐之心是善的还因为它是人区别于禽兽的本质特征。孟子认为人若"无恻隐之心，非人也"(《孟子·公孙丑上》)。"人之所以异于禽兽者几希，庶民去之，君子存之。"(《孟子·离娄下》)人和禽兽的区别就差那么一点点"几希"的东西，这就是人的恻隐之心以及由此而来的种种道德情感。这也是人的本质所在。

3. 四端之说

孟子还认为,人性(如恻隐之心)之所以是善的,还因为它是"仁之端",也就是善的根苗,由此扩充发展,便是善性,便是仁德。"乃若其情,则可以为善矣。"(《孟子·告子上》)所以,孟子说:"恻隐之心,仁之端也。"(《孟子·公孙丑上》)孟子认为先天的人性当中包含的不仅仅是恻隐之心,而且还有羞恶之心、辞让之心、是非之心,它们也是善的,因为它们都是"仁之端",统称为"四端之心"。孟子认为,凡是人都有这"四心",它们都是人区别于禽兽的"几希"。"由是观之,无恻隐之心,非人也;无羞恶之心,非人也;无辞让之心,非人也;无是非之心,非人也。"它们同时也是仁之端。"恻隐之心,仁之端也;羞恶之心,义之端也;辞让之心,礼之端也;是非之心,智之端也。人之有是四端也,犹其有四体也。"(《孟子·公孙丑上》)如前所述,"恻隐之心"即是同情心。"羞恶之心"则是羞耻之心,荣辱感之一种。"辞让之心"则是恭敬礼让之心。"是非之心"则是分辨善恶是非之能力。我们认为这四种情感均为"同情心"之表现。孟子认为它们都是人先天便具有的。这是否能够成立,特别是后三种"心",颇为值得商榷。但不管怎样,至少在应然的意义上,它们都应该是人所应有的心境。它们都是"善"的东西。所以孟子称"不虑而知"的"是非之心"等为良知,称"不学而能"的恻隐之心、辞让之心等为"良能","良知"和"良能"合起来便是"良心"(《孟子·尽心上》)。"良"即"好",即"善良"之意也,故人性本善。

孟子显然还看到了人内心的品质和外在的道德行为之间的关系,他认为将这"四端"扩展开来,也就是说,将内心的动机和想法变为外在的行动,便可以成为仁、义、礼、智的行为,尽管后四者也可以同时理解为四种内在美德。美德和体现美德的行为并无逻辑上的矛盾。所以,孟子说:"恻隐之心,仁也;羞恶之心,义也;恭敬之心,礼也;是非之心,智也。仁义礼智,非由外铄我也,我固有之也,弗思而已。"(《孟子·告子上》)

尽管孟子的"四端说"将道德认知等行动主体的道德能力看成是先天具有的,颇有争议,但他将恻隐之心(同情心)看成是道德的基础,确实不无道理。许多西方哲学家,如休谟,也都有类似的看法,但孟子的看法则要早得多。他的"四端说"对于我们研究行动主体的道德能力的问题，对于如何培养正确的"荣辱感"等问题，都提供了值得我们进一步深入思考的思想材料。

第二节　荀子的"性恶论"

按照孔孟的"性善论"和仁学，人性的实然状态和应然状态都是一致的，人的不善的行为只是由于后天环境的"习染"所造成的。荀子的人性论则不同。荀子认为人性的实然状态和应然状态不同，人之初，性本恶，需要后天的教化才有可能具有应有的道德属性。因此，他的人性论有时也称为"性"、"伪"之学。荀子的"性恶论"包含了如下两点主要的思想：

第一，性伪之分。

关于人性，荀子认为"性者，本始材朴也。"（《荀子·礼论》）"凡性者，天之就也，不可学，不可事。……不可学，不可事，而在人者〔据上下文，疑为"在天者"〕，谓之性。"（《荀子·性恶》）荀子认为人性是指"本始材朴"、与生俱来的，而不是后天习得的。它们究竟是指的什么呢？荀子说："今人之性，目可以见，耳可以听；夫可以见之明不离目，可以听之聪不离耳，目明而耳聪，不可学明矣。"（《荀子·性恶》）显然，人性中本始材朴的、不可学的是那些与生俱来的五官所带来的感性的知觉和生理的本能，它们都是不能学而能的。

荀子断言人性本恶。但"本始材朴"的人性何以是恶的呢？荀子论证道："今人之性，生而有好利焉，顺是，故争夺生而辞让亡焉；生而有疾恶焉，顺是，故残贼生而忠信亡焉；生而有耳目之欲，有好声色焉，顺是，故淫乱生而礼义文理亡焉。然则从人之性，顺人之情，必出于争夺，合于犯分乱理，而归于暴。故必将有师法之化，礼义之道，然后出于辞让，合于文理，而归于治。用此观之，人之性恶明矣，……。"（《荀子·性恶》）荀子认为人之本性是指那些与生俱来的自然欲望，顺着这种人的本性发展，必然产生争斗、乱理、不道德的行为,故人性是恶的。那么,人也有善性,如何能够说明其本性是恶的呢?荀子认为人性本恶,其善是由于后天学习、教育、改造的结果。他说:"人之性恶,其善者伪也。"(《荀子·性恶》)他将后天的学习、教育、改造称之为"伪"。"伪者,文理隆盛也。无性则伪之无所加,无伪则性不能自美。性伪合,然后圣人之各一,天下之功于是就也。"(《荀子·礼论》)"可学而能,可事而成之在人者,谓之伪。是性伪之分也。"(《荀子·性恶》)孟子认为人性本善,恶是由于后天的原因而"习染"的。荀子证明:"今人之性,生而离其朴,离其资,必失而丧之。用此观之,然则性恶明矣。所谓性善者,不离其朴而美之,不离其资而利之也。"(《荀子·性恶》)针对孟子的说法,荀子认为一个人如果能够丧失其善的本性,恰恰证明人性是恶,因为"性"乃与生俱来的材质,是不会丧失的,由此可见,人性本恶"明矣"。"故枸木必将待檃栝烝矫然后直,钝金必将待砻厉然后利。今人之性恶,必将待师法然后正,得礼义然后治。今人无师法,则偏险而不正;无礼义,则悖乱而不治,古者圣王以人之性恶,以为偏险而不正,悖乱而不治。是以为之起礼义,制法度,以矫饰人之情性而正之,以扰化人之情性而导之也,使皆出于治,合于道者也。今之人,化师法,积文学,道礼义者,为君子;纵性情,安恣睢,而违礼义者,为小人。用此观之,然则人之性恶明矣,其善者伪也。"(《荀子·性恶》)

第二,化性起伪。

由于人性本恶,故圣人制定"礼"或行事的规则,"化性起伪"。"礼起于何也?曰:人生而有欲,欲而不得,则不能无求。求而无度量分界,则不能不争;争则乱,乱则穷。先王恶其乱也,故制礼义以分之,以养人之欲,给人之求。使欲必不穷于物,物必不屈于欲。两者相持而长,是礼之所起也。"(《荀子·礼论》)"凡礼义者,是生于圣人之伪,非故生于人之性也。""故圣人化性起伪,伪起而生礼义。礼义生而制法度。"(《荀子·礼论》)所谓"礼义"并非来自人的本性,而是圣人"伪"的结果,圣人之所以能够"伪",是因为圣人比常人更善于思考,能够"化性起伪","伪起而生礼义"。由此可见,圣人的礼义也是后天习得之结果。人的道德情操也是"化性起伪"的结果。"性也者,吾所不能为也,然而可化也;情也者,非

吾所有也,然而可为也,注错习俗,所以化性也。"(《荀子·儒效》)

荀子还以君子小人之区别来说明"化性起伪"的重要性。他认为就人性而言,君子与小人本无差别,可是为什么后来有人成为君子,有人沦为小人了呢?荀子认为这正是后天的"注错习俗"即道德习俗所造成的。"材性知能,君子小人一也;好荣恶辱,好利恶害,是君子小人之所同也;若其所以求之之道则异矣。"(《荀子·荣辱》)君子小人不同在于选择善恶、为人方式不同,在于"注错"是否得当。"君子注错之当,而小人注错之过也。"注意自身的道德修养,举止得当,养成良好的道德习惯,久而久之,便可成为君子,否则就会成为小人。因此,是小人还是君子关键在于后天之"伪"。"故小人可以为君子而不肯为君子,君子可以为小人而不肯为小人。小人君子者,未尝不可以相为也,然而不相为者,可以而不可使也。"(《荀子·性恶》)小人与君子是可以互相转变的,君子不注意自身修为,就可能会转化为小人。小人只要肯努力,也能转化为君子。而能否转化,关键就在于自己努力与不努力,只要肯努力,注意后天道德修养,"积善成德",人人都能"化性起伪",成德成性,"涂之人可以为禹"矣。

在荀子看来,人性虽恶,但我们可以后天加以改造。为何要加以改造?那是因为人与动物的区别就在于有智慧,能够通过学习而能够分辨善恶,其他动物则不能。在人的实然的属性方面,荀子与孟子是对立的,但荀子显然认为人和动物的区别也在于懂礼仪、辨善恶、行善事,在人的应然的本质的规定性方面,荀子与孟子并无二致,即他们都将道德性看成是人所应当具有的本质的特性。

第三节 道家的"自然"即"应然"的人性论

道家认为道是万物之本体,也是人类道德生活之最高原则。道是万物之本体。道之本性是"自然"、"无为",人是自然的一部分,道之本性也即人之本性。因此,与儒家将仁义等道德属性作为人之所以为人的本性的见解不同,道家提出了"见素抱朴"、"自然天放"的人性理论。

一、人性与"道"、"德"之间的关系

尊道贵德是道家思想重要特点,其人性论与"道"、"德"之密切相联。道家所谈论的"德"非儒家的仁义道德的"德",而是万物体现"道"的具体的属性。尊道贵德就是要一切顺其自然,顺其本性。作为道家哲学的创始者老子,充分论证了"道"与"德"概念的内涵与特性。老子说:"道生之,德畜之,物形之,势成之。是以万物莫不尊道而贵德。道之尊,德之贵,夫莫之命而常自然。故道生之,德畜之,长之育之,亭而毒之,养之覆之。生而不有,为而不恃,长而不宰,是谓玄德。"(《老子》第五十一章)老子认为,道生万物,道为万物本体,即万物所以能生者。德则是万物从道那里获得的存在与发展的根据。"德者,得也",即每个个别事物从普遍之"道"所获得的自己的本性,也就是一事物之所以为其自身的东西。也可以说,一个具体的事物自然天生地是什么,就是它的德,所以"万物莫不尊道而贵德。"(《老子》第五十一章)人是万物与自然中的一部分,"域中有四大,而人居其一焉。"(《老子》第二十五章)"道"是万物,也是人类生活发展的根据与最高准则,"德"则不仅是道赋予万物的品格,也是道赋予人的品格。"故从事于道者,同于道。德者,同于德"(《老子》第二十三章),归依于道的事物与人,与道合一,归依于德的事物与人,则与德合一。自然之道之本性也就是人之本性,自然之道之根据与准则也是人之本性的根据与准则。按照老子的基本观点,这个根据与准则就是要柔弱、退守、低调。所以老子说,"为天下豁,常德不离,复归于婴儿。…… 为天下谷,常德乃足,复归于朴"(《老子》第二十八章)。用今天的话说,就是为人要低调,就不会偏离永恒的德,从而返回到单纯的婴儿状态,为人低调,永恒的德才会充实,回复到事物本来质朴的状态。

庄子发挥了老子的思想,说:"道者,德之钦也;生者,德之光也;性者,生之质也。"(《庄子·庚桑楚》)德是从道中获得的,道为德之本。生命是德的显现,生命的本然质资就是性(人性),人性来源于道与德,人的

本性与自然之道的本性是一致的。

二、"见素抱朴"、"自然天放"的人性论

道家以"道"之本性规定人性,得出"自然"即"应然"的人性论。老子提出"常德乃足,复归于朴","见素抱朴"等思想。"朴"即朴素、自然,原指未雕之木,未琢之玉则称"璞",引申为自然事物之原初状态,"朴"于人则是指未改变的、未受到私欲蒙蔽的人之纯真本性。所以老子强调只有"见素抱朴,少私寡欲",才能返归于朴,"我无欲而民自朴。"(《老子》第五十七章)人之淳朴天性是自然完美的,不应人为地去破坏它。庄子继承发展了老子"自然"的人性思想。认为"性者,生之质也",人性就是人之自然本性,它应与道之本性一致,也是自然无为的,人应按自己的自然本性去生活,"彼民有常性,织而衣,耕而食,是谓同德;一而不党,命曰天放。"(《庄子·马蹄》)自然"天放"自由自在是人之本性所在。

三、顺应自然,全真保性

老庄强调尊道贵德,"道法自然","自然"与"无为"同义。"无为"并非一点不为,而是指自然而然,不造作,不妄为。一切按自然法则行事,率性自得,因此主张人应顺应自然,全真保性。老庄认为人性的完善不应当是以道德教化去改变人的天生之质,而应是返璞归真。所以他们抨击儒家仁义礼智,认为这些都是"道"、"德"的堕落。老子说:"失道而后德,失德而后仁,失仁而后义,失义而后礼。夫礼者,忠信之薄,而乱之首。"(《老子》第三十八章)庄子也认为仁义礼智是束缚人的自然本性,不是真正之善。他认为,在远古的"至德之世",人们并不知道什么仁义,礼乐,却处处真正地实行仁义礼乐。"端正而不知以为义,相爱而不知以为仁,实而不知以为忠,当而不知以为信,蠢动而相使,不以为赐。"(《庄子·外篇·天地》)仁义礼智本是人的自然之性,但到了后来,成了统治者强制推行而不得不实行的东西,这就破坏了人的自然本性。《庄子·马蹄》篇

中,庄子还借马为喻,指出强制实行仁义礼智,犹如马儿遭到了烧剔鞭筴一样,毁坏了人的真常之情。而且,仁义礼乐还成了许多人牟取私利,祸国殃民的工具,所以,反对儒家道德说教,主张顺情适情,全真保性,"吾所谓臧者,非所谓仁义之谓也,任其性命之情而已矣。"(《庄子·骈拇》)

从庄子的话来看,道家的人性论和孟子的人性论的差别在于对仁义道德的内涵的理解不同,因此我们不太好简单地就称道家的人性论也是性善论,因为道家之"善"和儒家之"善"并非一回事。道家的人性论和荀子的性恶论则更是大相径庭,因为道家反对"伪",也不认为人性本恶。道家人性论中的积极因素在于:其人性论以及道德观中包含了主张解放人性、主张个人自由的思想,在中国传统的文化当中,是相当"前卫"的。只是在长期的封建专制的统治下,道家的这些积极的思想只能限制在美学的领域里。

第四节　宋明理学的人性二元论[①]

春秋战国以后,中国传统哲学关于人性论的讨论一直是围绕如何解决或调和孟子的"性善论"与荀子的"性恶论"之间的矛盾而展开的。西汉武帝时期,董仲舒提出了"性三品"说,董仲舒之后,扬雄又提出"性善恶混"说,唐代李翱提出"性善情恶"论,这些人性理论均丰富了中国古代人性论的思想。宋代以后,宋明理学家除了继承儒家的传统以外,还汲取了佛家和道家的思辨方法,提出了"天地之性"和"气质之性"的思想,将善恶同时根植于人的本性之中,形成了自成一体的、以人性论为基础的伦理道德体系。

---

① 本节部分内容取自作者之一(邵显侠)的论文《论张载的"知礼成性"说》,《哲学研究》1989 年第 4 期。

一、合虚与气，有性之名

张载是北宋著名的哲学家、理学的奠基人，也是宋明理学人性二元论的开创者，其人性论观点包含如下的思想：

1."天地之性"和"气质之性"

张载将人性分为"天地之性"和"气质之性"。他给"性"下了个定义："合虚与气，有性之名。"（《正蒙·太和》）"虚"，即太虚，指气的本性，气指人身禀受之气，太虚本性与人身禀受之气相结合，便构成人性。人性又可分为"天地之性"和"气质之性"两部分。前者是在气尚未聚成为人之形体之前就存在于"太虚"之中的气之本性，也即"天理"、"天道"，故是形而上的。它既是人之性，又是宇宙万物之性，它是纯善尽美的，"性与人无不善，系其善反不善反。"（《正蒙·诚明》）"气质之性"则是指来自于个体的与感性经验相关的形体之气，即属形而下的性。实际上也就是与人的生活欲望相关的性。"湛一，气之本；攻取，气之欲；口腹于饮食，鼻舌于臭味，皆攻取之性也。"（《正蒙·诚明》）气质之性与人欲相联系，也就有善有恶，并且往往有遮蔽"天地之性"的一面。所以张载认为它是恶的来源，也就称不上真正的"性"。"故气质之性，君子有弗性者焉。"（《正蒙·诚明》）

可见"天地之性"与"气质之性"是有根本区别的。但张载认为二者又密切相连，因为人既生就有形，有形就有气质之性，形上不离形下，前者就深藏于后者之中，却又支配主宰着后者。并且，只有如此，人才是真正的人。所以张载认为人性是分裂的，即具有二重性。

2."心统性情"与"变化气质"

张载认为人性具有两重性，但通过学习、修养又可以达到统一。因而他强调"成性"，并提出了"变化气质"说。他说："为学大益，在自求变化气质，不尔皆为人之蔽，率无所发明，不得见圣人之奥。"（《张子语录中》）

变化"气质",是指通过学习、修养,改变"气质之性"中恶的成分,返回到"天地之性"。而"学至如天则能成性"。(《经学理窟·气质》)"成性则跻圣而位天德也。"(《易说·乾》)"成性"即成圣,也即达到了"性与天德合一"的圣人境界,张载认为这是人性发展中的最高阶段,也是其孜孜追求的理想人格。

在"成性"的过程中,张载认为"心"发挥了重要的作用。就心而言,张载说:"合性与知觉,有心之名。"(《正蒙·太和》)他认为"知"和"性"都是道德主体(即心)所潜在的无限认识能力及其表现。"知"由"性"生,"性"和"知"又统一于一心。人性来源于天性,心的良能也即天能表现,故心中产生的"知"即是"天德良知"。"心所从来即是性",心也就有无限的认识能力,唯有通过"心"才能知性,尽性。"心"在某种意义上也可以理解为一种自我意识,但如果不能自我反省,认识到自己本来的性(即善性),性则无法实现。这里他所强调的是心的理性认知的主导作用,他因此而提出了"心统性情"说。认为人既生就有形,有形则有体,有体则有性,有性就有情,情也即性之作用与表现。但情又是与外物有感而发,如发而不合于性,就可能导致恶。所以他强调"心统性情"。他说:"心统性情者也。有形则有体,有性则有情。发于性则见于情,发于情则见于色,以类而应也。"(《张载集·性理拾遗》)主张以道德理性统率支配情感,使之得到健康发展。后来朱熹对张载的这一思想极为赞赏。

二、性即理,未有不善

程朱理学对张载的人性理论加以改造,提出了"性即理"的命题,即以理为性,认为"理"即"天理",未有不善。

1. 性即是理,未有不善

二程也采用张载的说法,把性区分为二,一是"天命之性",程颢称之为"人生而静以上之性。"另一个是"生之谓性",即气质之性,程颐称之为"才",程颢称之为"气禀之性"。他们认为"天命之性"即是理,程颐说:

"性即理也,所谓理性是也。"(《遗书》卷二十二上)理也即天理,"性即理也,未有不善。"(《遗书》卷二十二上)其善的内容即是仁义礼智信,"仁,义,礼,智,信五者,性也。"(《遗书》卷二上)这就由张载的"天地之性"的自然之善扩展到社会之善:仁义礼智信。这样,把抽象的性、理与现实的伦理道德相结合,使伦理道德有了形而上学的基础。

"气禀之性"则是禀气而生,它有清浊之分,性(气质之性)就有善恶之别。因此它是与"天命之性"截然不同的。为了说明两者区别,二程认为还应从理气之关系上来讨论人性。程颢说:"论性不论气,不备;论气不论性,不明。"(《遗书》卷六)人性善,是从性的根本上看,性即天理在人性中体现,故性无不善。"生之谓性"是禀于气而生,气有清浊,便有贤愚、善恶之别。程颐说:"气有善不善,性则无不善也,人之所以不知善者,气昏而塞之耳。"(《遗书》卷二十一下)他认为人之不善,是由于气之浑浊而障碍了天命之性的缘故。"气昏而塞"就是指人性受到感情物欲的影响而陷入了恶。换言之,人性之恶,是受外物所累,情欲发动所致。这样就从人性两元引出了理与欲的对立。

2."存天理、灭人欲"与"复性说"

二程认为"性即理",这里的"理"指的是天理,亦即仁义礼智信等道德原则。性与心又是统一的,"心性同一,心即性也"。"自理言之谓之天,自禀受言之谓之性,自存诸人言之谓之心。"(《遗书》卷二十二上)即心、性、天只是一理。人心本与天理(即性)一样,都是至善的,只是由于人欲所蔽,使得人心变得昏暗了。所以说"人心私欲故危殆,道心天理故精微,灭私欲,则天理明矣。"(《遗书》卷二十四)这里的"道心"指的即是本心,亦即是天理,这里的"人心"指的是私欲,道心与人心的对立,也即是天理与人欲的对立。因此,二程明确地提出了"存天理,灭人欲"的主张,进而提出了"复性说"。程颢说:"道即性也,若道外寻性,性外寻道,便不是。"(《遗书》卷一)就是说,既然人心(人性)中本来就存在着天理,只是由于人欲和气禀的遮蔽,使人丧失其本性(即丧失天理),因此,学习修养的过程与目的就在于"胜其气,复其性","去人欲,存天理"。

朱熹是理学集大成者,他十分赞同张载、二程的人性理论,对天地之性、气质之性作了进一步的发挥。他说:"论天地之性,则专指理言,论气质之性,则以理与气杂而言之。"(《朱子语类》卷四)"天地之性"又称为义理之性,它是纯美尽善之性。"气质之性"则是构成人身的理与气混杂而成之性,主要指人的情感欲望等,它有恶有善。这种区分基本与二程相同,但却更加精致系统了。其主要观点有二:

第一,气质之性与天命之性不相分。与二程不同,他虽然把人性区分为二,但却更加注意到二者之间的联系。他说:"所谓天命之与气质,亦相衮同。才有天命,便有气质,不能相离,若阙一,便生物不得。"(《朱子语类》卷四)在二程那里,天命便是天命,气质便是气质,但在朱熹这里,有天命便有气质,气质中亦有天命,即天命之性与气质之性是密切相联的。他还认为,气有清浊昏暗不同,禀气之清者为贤、为圣,禀气之浊者为愚、为不肖。

第二,"体用不二"说。他用"体用不二"的观点阐述心性之间关系,发挥了张载的心有体用之分的思想,说:"心有体用,未发之前,是心之体,已发之际,乃心之用。"(《朱子语类》卷五)心有未发已发之分,未发之前,本然向善,故为心之体,也即形而上之性(天命之性),心之已发,表现为情,有善有恶,故为心之用。心兼体用,才有性与情。"性是体,情是用,性情皆出于心"(《朱子语类》卷九十八),即性与情皆统一于一心。朱熹进而又发挥了二程的"人心"、"道心"说,把"心之体"称为"道心",把"心之用"称为"人心"。他认为道心即天理;人心即人欲,亦即声色臭味等物欲。但他又不完全同意二程的观点,认为人心与道心都是心,人人心中都有天理,故人人都可以成为善人。但每个人心中又都有人心,所以人的堕落也是可能的。朱熹认为由于人心深处的这种矛盾性,故人心既可能向善,也可能向恶,做人的关键在于要使"道心常为一身之主,"用道心战胜人欲,用理智克服情欲。

朱熹的基本思想依然是强调"存天理,灭人欲"。过去人们认为其天理、道心均是指封建的道德规范,且把正常的饮食饥渴等生理需要统统当成私欲,故认为朱熹主张禁欲主义。但朱熹实际上并没有完全否认人的正常的生理需要,只是强调不要过分追求私欲,以至于蒙蔽了自己的良心,因此,我们不宜将朱熹的思想全盘否定。

三、"心即性"与"致良知"

陆王提出"心即性,性即理"命题反对程朱理学的"性即理"观点。陆王不赞成将人性区分为二,认为"心即性,性即理",即把"心"作为人性根源、道德本体。王阳明认为心之本体是"良知",陆九渊认为人之性善在"本心"。

陆九渊从其心学本体论出发,认为"心即理",人性本天性,"人乃天之所生,性乃天之所命。"(《陆象山全集》卷十二)"在天者为性,在人者为心。"(《陆象山全集》卷三十五)性亦是心,但此心不同于人心。此心为宇宙之本体,也为人性道德之本体,故心即性,"心即理",亦即性即理,理为善,性亦本善。故,心、性、理是合一的。他说:"盖心,一心也,理,一理也。至当如一,精义无二,此心此理,实不容有二。"(《陆象山全集》卷一)他认为世间人之善恶皆出自于人心。人心之善,因为人心中包含着天性;人心之恶,因为人心中亦包含着非天性的成分。所以他反对有人心、道心、天理、人欲之分。他说:"天理人欲之言,亦自不是至论。若天是理,人是欲,则是天人不同矣。……人心为人欲,道心为天理,此说非是。心一也,人安有二心。"(《陆象山全集》卷三十四)

在陆九渊看来,心即宇宙之本体,亦是人性之根源,道德之本源。人心道心实难分,关键在于加强道德修养,发明本心,以求"豁然贯通",恢复本然善性,所以他说"收拾精神,自作主宰,万物皆备于我,有何欠阙?当恻隐时自然恻隐,当羞恶时自然羞恶"。(《陆象山全集》卷三十五)

王阳明进一步发挥了陆九渊的观点,提出了"致良知"说。他认为良知是心之体,亦即人的本然之性,所以,心也就是性。他说:"所谓汝心,却是那能视听言动的,这个便是性,便是天理。"(《传习录·门人薛侃录》)心之所发无非是视听言动的活动,这些活动便代表了心之性,这即是本来的天理。天理至善。故,"性无不善,故心无不良",心之性无有不善,故心也无有不良。王阳明晚年用"致良知"来概括自己的思想,其思想亦可用所谓王门"四句教"来表述:"无善无恶是心之体,有善有恶是意之动,知善知恶是良知,为善去恶是格物。"(《传习录·门人黄省曾录》)就是说,无善无恶的心之体即是良知,只是由于意念发动,才有了善恶之区别,良知能自然分辨善恶,格物便是格心,格心便是在心上作为善去恶的工作。因此,王阳明特别强调要通过"致良知"来加强道德修养,以恢复人的本然的"良知"善心。他把"致良知"作为自己的"立言宗旨",认为只要实实在在地做到了"致良知",就能除掉私欲之蔽,也就在心中做到了去恶为善。因此,他认为悠悠万事,格心为大,"方知天下之物本无可格者,其格物之功,只在身心上做。"(《传习录·钱德洪序》)只要在身心上用功,就能复明那"廓然大公"的良知本体,成德成性,达到圣人的境界。

四、"性日生日成"

王夫之提出"性日生日成"的命题,既反对程朱的"性即理",也批评了陆王的"心即性,性即理"的观点。

对于什么是人性,王夫之说:"性者,生之理也。"(《尚书引义·太甲二》)"生之理"指人的生命之理,此理来源于天,也是气之理。它既包括形上之性,即仁义礼智等道德理性之理,也包括形下之情,即声色臭味等生理欲求之理。所以,他说:"自形而上以彻乎形而下,莫非性也"(《读四书大全说》卷八)。他认为声色臭味以"厚其生",仁义礼智以"正其德",二者互为一体,相互为用。所以他强调性与情,理与欲都是统一的。他说:"愚与此尽破先儒之说,不贱气以孤性,而使性托于虚;不宠情以配性,而使性失其节。"(《读四书大全说》卷十)即认为形上之性在形下之器中,道德原则在情欲中。"故终不离人而别有天,终不离欲而别有理也。"(《读四书大全说》卷八)这里,王夫之显然承认感性欲望也是人性,他似乎认为应然之道德理性也应当建立在实然之人性的基础之上。这对理学"存天理,灭人欲"的道德主张是个有力的批判,也是王夫之对中国传统哲学的人性说和伦理学说的一大贡献。

在心性问题上，王夫之也提出了新的观点，他既不同意心即性说，也不同意"心统性情"说，而提出了"性体心用"说。"性在心，而性为体，心为用也。"（《读四书大全说》卷八）认为心以性为本体，并非心之本体便是性，性是客观的，心是主观的。但另一方面，性又离不开心，如仁义礼智等道德范畴只有运用心的认识作用，才能转变为现实的人性。

王夫之还把现实的人性看成是一个不断发展的过程，提出"性日生日成"的命题。

他说："禽兽终其身以用其初命，人则有日新之命矣。"（《诗广传》卷四）就是说动物只能"用其初命"，即靠天生的本能被动地适应自然，无法像人那样"创新"。人则不同，人不会仅仅根据自己的本能而行动，而是会根据自己对自然、环境、社会的认识而"创新"，不断发展、改变自身，所谓"日新之命"也。所以他说："夫性者生理也，日生则日成也。"（《尚书引义·太甲二》）即强调人性是不断发展变化的。

王夫之也强调"习以成性"。他说："习与性成者，习成而性与成也。"（同上书）"习"是指人后天的社会环境与道德实践、道德习俗等，人性不是静止不变的，而是随"习"不断日新发展的，而"习以成性"，习于善则成善，习于恶则成恶，所谓"近朱者赤，近墨者黑"是也。因此，人性是可塑的，仁义礼智之性也是靠后天之习才能形成的。

王夫之把人性理解成一个不断发展的过程是对中国传统哲学人性理论的一大贡献。在宋明理学的人性论思想中，无论是张载，还是程朱陆王，都把人性看成是先天固有的天理之性，只要通过"存天理，灭人欲"的功夫就能恢复本然善性。因此人性的道德完善只是人的自我认识，这种认识与人的后天的环境等无关。王夫之坚持在人与自然交互作用的过程中观察人性，把人性了解为一个过程，看到人性是在后天习俗教育中形成发展的，这无疑是有积极意义的，值得我们今天借鉴。

第五节　人性的实然与应然

　　中国古代的哲学家并没有明确地意识到人性的实然和应然之间的区别,在他们那里,二者都是混为一谈的。但从他们的论述中,我们可以看出,他们事实上都认为实然的人性都应当成为应然的人性之基础。孟子主张性善论,他认为人之初的本性("四心")是仁之四端。即使是主张人性本恶的荀子也认为如果没有与生俱来的性,后天的教育改造也无从谈起,"无性则伪之无所加,无伪则性不能自美"是也。老庄主张人的自然、实然之本性就是人的应然之性。宋明理学主张"存天理,灭人欲",也是以实然的人性为基础的,认为人性中依然存在着为善的潜能。

　　中国哲学家的这些看法有着明显的合理性。因为应然的事物只有建立在实然的基础之上,才具有可行性。按照人的自然之性,人们往往更容易为自己的利益所打动。过去"文革"时期的"斗私批修"、"狠斗私字一闪念",其实是违背人性之举,使国民经济到了崩溃的边缘。而今天中国社会主义的市场经济充分利用实然之人性所取得的成就,有目共睹。然而,实然之人性和应然之人性毕竟不是一回事,利用人的自然之性固然能够刺激人的积极性,提高生产和工作效率,但如果毫无节制,也会产生不良的后果,如一切向钱看、环境污染、贪污腐化、贫富分化、金融危机等。我们在进行市场经济的同时,除了要注意贯彻公平、民主、平等、以人为本等基本价值要求外,也应当提高人们的道德水平和精神境界,培养正确的荣辱观,克服人们因无限制地追求个人利益最大化所带来的种种问题。

　　实然之人性之所以能够成为应然之人性的基础,一个重要的原因是它的可变性和可塑性。如果完全不可变,完全不可塑,对人性的美德要求,对人性的应然之要求就没有什么意义。所以,不论人性本身是善还是恶,人性的应然性的研究都是必要的,且可行的。重要的是研究二者之间转化的规律。怎样充分利用人的实然之性而实现其应然之性,怎样在进行社会主义市场经济的同时提高人们的道德水平、培养人们的高尚的道德情操和树立正确的荣辱观,怎样利用实然人性的特点将道德规则内化为人们自觉的行为,中国传统哲学中的人性论的思想值得我们认真借鉴。

第 三 章
荣辱思想的情感基础

　　本书所讨论的"荣辱感"本身就是一种道德的情感,因此和人的情感有着不可分割的联系。人的情感和人本身的心理特性或人性有着密切的联系,它们可以看做是人性的情感显现,也可以说,人性是通过人的情感(以及行为)才得以表现出来。人的情感或人的心理特征非常复杂,中国传统哲学将这些复杂的心理特征分为性和情、理和欲等关系进行分析研究,中国传统哲学的这些思想资源对于我们了解"荣辱感"形成的情感基础,对于进一步认识正当的"荣辱感"形成的内部机制具有重要的意义。

第一节　性情之辨

　　性与情、理与欲之关系问题,是人性论的重要问题之一,也是人生道德哲学与荣辱思想的理论基础。中国传统哲学始终重视对性情、理欲问题的探讨。在先秦时期,中国哲学家主要研讨的是性情之辨的问题,两汉以后至宋明理学则主要解决的是理欲之辨的问题。

一、先秦孔孟的性情之辨

性，一般指人性，亦含有天性、本性、本质等涵义。按照当代学者的看法，人性就是指的人的心理结构，某种潜在的能力。情，指情感、情欲，其实也就是指的人的心理反应和对待事物的态度，包括内心各种心灵状态之间的相互作用和对待外部环境的反应，欲则主要指生理反应以及由此所产生的态度，包括食色性等，在人的主观心灵之中，它们都呈现"情"的特征，但却都是人性的显现。

"性"和"情"这两个概念在殷周时期就已出现。《尚书·召诰》曰："节性，惟日其迈。"意思是说要以礼义节制殷人追求逸乐的习性，使其行为欲望合乎中道，日日如此，逐渐有所进步。①《尚书·康诰》又曰："天畏棐忱，民情大可见，小人难保。"意思是说天德总是辅助诚心去帮助殷民之人，从民情大致可以看出，殷地普通小民的心绪难以安定。② 真正将"性"、"情"作为哲学范畴加以讨论的则是在春秋战国时期。孔子最先提出人性问题，所谓"性相近也，习相远也"（《论语·阳货》）。"性"乃指人的天性。孔子人性理论没有展开，但孔子十分重视道德情感的培养，如孔子强调："君子不忧不惧。"（《论语·颜渊》）孔子还认为仁爱原则必须建立在人的真实情感基础上，强调这是为仁的人必备的心理基础。

孟子发展了孔子思想，认为人的"性情"和道德原则是一致的，都是善的。但在孟子那里，"性"和"情"往往是不分的，"情"不过是"性"的显现。"乃若其情，则可以为善矣。"（《孟子·告子上》）"其情"是指恻隐、羞恶、恭敬，是非四种道德情感。这"四端"之情是根于心的，反映了人的本性，只要能充分地将它们扩充出来，就可以成为仁、义、礼、智四德，所以

---

① 解释据《尚书正义》。

② 同上。《尚书·康诰》是周公告诫康叔治理殷民的诰词。据《史记·卫世家》记载，康叔是周武王的同母幼弟。周公带领军队东征，杀了纣王的儿子武庚，把先前由武庚统治的殷民封给康叔，立康叔为卫君，居住在黄河和淇水之间的故殷地。周公担心康叔年轻，于是反复告诫他，要他敬天爱民。

性(指四德)与情(指四端之情)是统一的。孟子认为人心中与生俱来的这种道德情感是人性中最本质的东西,正因如此,人性才可能是向善的,而且也为道德的形成、培养提供了内在的根据。所以孟子认为"理义悦心"。他说:"理义之悦我心,犹刍豢之悦我口。"(《孟子·告子上》)"理义"就是指仁、义、礼、智等道德理性,"悦"是喜悦的情感,人为何对理义有喜悦的情感呢? 孟子认为因为这是人的本性中本来就具有的,也是人的生命价值之所在。人能够实现它,就是恢复了人的本性,当然精神上会感到欢欣悦愉。"反身而诚,乐莫大矣"(《孟子·尽心上》),这实际上就是道德情感的一种自我体验。孟子认为人的道德的培养,人的道德品性的形成均是人内在道德情感的扩充发展的结果。所以,他强调"存心"、"养气""求放心"就是为了保养这种善良的道德之情,并使之能够得到健康成长。他强调寡欲,"不动心",培养"大丈夫"精神等,目的也就在于以理智控制情绪不受外物所累。他说:"凡有四端于我者,知皆扩而充之矣,若火之始然,泉之始达。苟能充之,足以保四海;苟不充之,不足以事父母。"(《孟子·公孙丑上》)他认为只要能使"四端"之情充分实现,人人都能成德成圣,"人皆可以为尧舜"。

二、荀子的性情之辨

在孟子那里,性与情是不分的,而"情"主要是指恻隐之心以及建立在恻隐之心基础上的道德情操,因此,他得出人性本善的观点。但在荀子这里,性与情是有区别的,后者是前者的表现,也是前者的内容(质也)。何为"性"、"情"? 荀子认为:"凡性者,天之就也。"(《荀子·性恶》)"生之所以然者谓之性。……性之好、恶、喜、怒、哀、乐谓之情。"(《荀子·正名》)性是"生之所以然者",是人的生命本来就有的,包含生理的和心理的潜能。情则是这种潜能的表现,好、恶、喜、怒、哀、乐者谓之情。荀子还将情与欲作了进一步的区分。"性者,天之就也;情者,性之质也;欲者,情之应也。"(《荀子·正名》)荀子认为性的实质内容为情,情感由于外部事物所引起的反应则是欲,这里所说的"欲"包含人的生理欲望和自利的态度。"以所欲为可得而求之,情之所必不免也。以为可而道之,知所必出也。故虽为守门,欲不可去,性之具也。虽为天子,欲不可尽。欲虽不可尽,可以近尽也;欲虽不可去,求可节也。所欲虽不可尽,求者犹近尽;欲虽不可去,所求不得,虑者欲节求也。道者,进则近尽,退则节求,天下莫之若也。"(《荀子·正名》)荀子认为人有欲望就会有所追求,有求就会有所得,这些都是人性中应有的,故情欲不能去除,要"养欲"和"养情"。所以荀子不同意"禁欲"和"寡欲"说。但荀子也反对"纵欲"说而主张"节欲",因为在他看来,情欲无止境,任由其发展必然引起争斗混乱,所以应加以节制,要"矫饰人之情性而正之","扰化人之情性而导之"(《荀子·性恶》),使之顺"道"即合乎理义。荀子主张"节欲",强调要"以心制欲"。他说:"欲不待可得,而求者从所可。欲不待可得,所受乎天也;求者从所可,受乎心也。……心之所可中理,则欲虽多,奚伤于治;欲不及而动过之,心使之也。心之所可失理,则欲虽寡,奚止于乱;故治乱在于心之所可,亡于情之所欲。"(《荀子·正名》)"心"指人的理性思维能力,他认为人心莫不有辨,心具有辨别是非权衡利弊控制情欲的能力,能够"导欲",即主张以道德理智控制情欲,使之合理发展。

三、庄子的性情之辨

先秦道家学派也十分重视性、情问题。庄子认为人性是人天生的"自然"资质,人的性情也应是自然淳朴的。但与儒家不同,庄子主张"无情","有人之形,无人之情"(《庄子·德充符》)。与庄子同时代的惠子不同意庄子的观点,认为既然为人,孰能无情?《庄子·德充符》记载:"惠子谓庄子曰:'人故无情乎?'庄子曰:'然。'惠子曰:'人而无情,何以谓之人?'庄子曰:'道与之貌,天与之形,恶得不谓之人?'惠子曰:'既谓之人,恶得无情?'庄子曰:'吾所谓无情者,言人之不以好恶内伤其身,常因自然而不益生也。'"惠子认为人不能无情,否则将不成其为人。庄子则以为人从道那获得貌,从天那儿得其形,即人是从自然中获得了自己的生命,应保持自然纯真的本性。庄子说,我讲无情,不是说人不能有感情,而是不要以喜怒哀乐之情伤害自己的纯真本性,要一切顺其自然,"且夫得者时也,失者顺也;安时而处顺,哀乐不能入也;此古之所谓悬解也。"(《庄子·大宗师》)一切随顺自然,乐天安命,不为生死、名利、哀乐等外界变化所缠绕,才能保持内心之宁静,获得精神上的自由与解脱。庄子是主张绝对的个人自由的,所以庄子讲"无情",实际上不是讲人不要情感,而是讲不要因过多的物质欲望之情而毁坏了人的自由自在的自然之性情。为此他也反对儒家的仁义道德,认为这也是一种不自然的欲求,是乱人之性。"故淳朴不残,孰为牺樽;白玉不毁,孰为珪璋,道德不废,安取仁义!性情不离,安用礼乐!五色不乱,孰为文采!五声不乱,孰应六律!夫残朴以为器,工匠之罪也!毁道德以为仁义,圣人之过也!"(《庄子·马蹄》)如不是将天然的木料剖开,如何能做成牺尊之类的酒器!白玉如不被毁坏,如何能做成珪璋之类的玉器!大道如不被废弃,如何用得着仁义!如不离开自然之本性,如何用得着礼乐!如不是将自然之五色相混,如何能制出美丽的图案花纹!不打乱五声重组,如何能制出与六律相应的乐曲!毁坏天然木料用以造成器具,工匠之罪过也!毁坏道德以推行仁义,圣人之罪过也!与老子一样,庄子也主张通过少私寡欲,超然于物外,保持心灵的宁静,做到绝对的"不动心",以达到精神上的自由境界。所以,庄子的"无情",实际上是更高境界上的"有情"。他的性情之辨其实是"道是无情却有情"。

第二节　理欲之辨

西方道德哲学家所关心的主要问题是外在的道德行为上的是非之辨的问题。而中国哲学家关心的则主要是主体内心的理欲之辨的问题。理欲之辨在先秦儒家学说中已有萌芽。在儒家的反对派墨子那里也有某种理欲之辨的思想。墨子主张兼爱天下,反对儒家的"爱有差等",即以"大爱"反对儒家的"差爱",实际上其爱人之情比儒家更为深厚,但墨子认为一个人的精力是有限的,如果有了太多的情欲(大部分大概都是自利的情欲),就会影响其发挥兼爱之情,因此,对其他有害于"兼爱"大业之情欲应予消除,故主张寡欲、"非乐"等。墨子曰:"必去六辟,默则思,言则悔,动则事,使三者代御,必为圣人!""必去喜,去怒,去乐,去悲,去爱,而用仁义。手足口鼻耳,从事于义,必为圣人!"(《墨子·贵义》)一个人只有去掉喜怒哀乐等情欲,才能专注于"兼爱"即仁义的行为。墨子认为将手足口鼻耳等都用于仁义的事业,就一定会成为圣人!

从两汉至宋明,中国的古代哲学家进一步展开了性与情、理与欲之关系的辨析。

汉代的董仲舒用天人感应、阴阳二气来解释人的性情问题,认为人性是自然之质,他说:"性之名,非生与? 如其生之自然之资,谓之性。性者,质也。"(《春秋繁露·深察名号》)人性又包含着仁与贪,亦即性与情两部分。因为在他看来,人是天的副本,人性来源于天,人的性情都是由天所决定的。"天地之所生,谓之性情。"(《春秋繁露·深察名号》)"人之诚有贪有仁,仁贪之气两在于人,身之名取诸天,天两有阴阳之施,身亦两有贪仁之性。"(《春秋繁露·深察名号》)人的仁贪之性源于天的阴阳之气,性生于阳可以产生善的品质,表现为仁,情生于阴则产生恶的品质,表现为贪。故认为性善情恶。但情与性又是相互为一,不可分割的,他说:"身之有性情也,若天之有阴阳也。言人之质而无其情,犹言天之阳而无其阴也。"(《春秋繁露·深察名号》)"情亦性也",也是性的一部分。所以他认为"性"也兼有善恶,即人性中包含着"性"与"情",即"善质"与"恶质"两部分。由此,他又进一步提出所谓的"性三品"说,即圣人之性、斗筲之性与中民之性。圣人之性至善尽美,斗筲之性至恶不可改变。这两者都不是他所说的"质朴之性"。惟中民之性才是"质朴之性",因其虽有情欲但经教化可以为善。所以,他认为"名性不以上,不以下,以其中名之"(《春秋繁露·深察名号》)。"质朴之谓性,性非教化不成;人欲之谓情,情非制度不节。"(《对策三》)即强调以理智调节情欲,通过教化培养仁义礼智等道德品性。

唐代李翱则明确认为性善情恶,提出"复性说"。他说:"人之所以为圣人者,性也;人之所以惑其性者,情也。喜怒哀惧爱恶欲七者,皆情之所为也。"(《复性书》)性来源于天,"性者天之命也",因而"性无不善",情则是接于物而生,故不能皆善。但他又认为性情是相互联系的。"情由性而生,情不自情,因性而情,性不自性,由情以明。"(《复性书》)情与性相联,而情又是接于物而发,有可能使人受到迷惑而失去了自己的本性,"情者,妄也,邪也,邪与妄,则无所因矣。妄情灭息,本性清明,周流六虚,所以谓之能复其性也。"(《复性书》)所以主张"妄情灭息"而"复其性",即强调要加强自身的道德修养,去除情欲的羁绊,以恢复本然的善性。李翱的这一主张成了宋明理学"存天理,灭人欲"思想之先声。

宋明理学家进一步探讨了性情、理欲问题。张载作为理学的奠基者,首先将人性划分为二,即天地之性与气质之性,认为前者纯善,后者则有善有恶。情则是性之所发,主要指饮食男女喜怒哀乐等情感活动。情之所发如果合乎性(即理性)则为善,反之,则为恶,故性与情并不完全合一。但人既生就有形,"有形则有体,有性则有情",情是不可灭的。然而,情又是与外物接触感应而发,发而不合于性,就可能蒙蔽人的本然善性。所以他提出"心统性情"说。认为心为身之主宰,既包括性与情又有统率性与情的作用。他说:"心统性情者也。有形则有体,有性则有情。发于性则见于情,发于情则见于色,以类而应也。"(《张载集·性理拾遗》)"心统性情"也就是强调要以道德理性统率情欲,使之不过分,不偏激,适"中"合"礼",进而使情与性相一致,成为诲人成"性"的内在动机。"圣人之情,有乎教人而已。"(《易说·系辞下》)张载的这些思想后来受到程朱的赞赏,并在朱熹那得到了进一步的发展。

朱熹主要从体用关系的角度来探讨性与情的问题。他说:"性是体,情是用,心字只一个字母,故性情字皆从心。"(《朱子语类》卷五)性是心之体,属形而上者,也即为天理,故总是善的。"性者,心之理,情者,性之动。"(《朱子语类》卷五)情是心之用,属形而下者,"性安然不动,情则因物而感。"(《朱子语类》卷九十八)性"安然不动","情"则感于外而动,即"情"是"性"感于外物而产生的心理反应。因此,"情"有受物欲蒙蔽而陷于不善之可能,因而有善有恶。所以他非常赞成张载的"心统性情"

说,也强调"心性"作用,即必须用理智控制情欲。他说:"有是形,则有是心,而心之所得乎天理,则谓之性,性之所感于物而动,则谓之情。是三者,人皆有之,不以圣凡为有无也。但圣人则气清而心正,故性全而情不乱耳。学者则当存心以养性而节其情也。"(《答徐景光》)就是说,圣人与众人一样,都有性与情,圣人能保持本然善性,关键在于能发挥"心"的作用,做到心地端正,不受情欲所困。因此,只要加强修养,注意"存心""养性",充分发挥"心"的作用,节制情欲,就能达到圣人境界。可见,朱子的"心性"在心灵中所发挥的作用颇有些类似柏拉图的理性(或理智)在心灵中所发挥的作用,都是用以制约情感和欲望的。

相比"性"和"情"之间的关系,理学家更为注重理欲关系的探讨。理学家的理欲观是在吸取儒释道思想的基础上建立起来的,因而有着很强的思辨性。

张载首先正式提出天理人欲的关系问题。他认为所谓天理就是他所说的天地之性,它是人之性,也是天地万物之性,故是形而上者,"所谓天理也者,能悦诸心,能通天下之志之理也。"(《正蒙·诚明》)也就是纯善的。人欲则是与气质之性也即与感性欲望相联系,它是形而下者,张载也称之为"攻取之性"。"口腹于饮食,鼻舌于臭味,皆攻取之性也。"(《正蒙·诚明》张载认为人既生,就有形,有形就有欲,形上不离形下,天理人欲也并非完全对立的。形上虽不离形下,但前是本,后是末。只有复归天理,才能实现真正的人性。"上达反天理,下达殉人欲者与!"(《正蒙·诚明》)"今之人,灭天理而穷人欲,今复反归其天理。古之学者便立天理,孔孟而后,其心不传,如荀杨皆不能知。"(《经学理窟·义理》)张载在此将天理与人欲对立起来,对后来理学家的理欲观起了很大影响。

张载之后,程朱则进一步把天理、人欲对立起来。二程认为性即理,理即天理,未有不善,欲即人欲,是恶之来源。天理人欲之关系就是"道心"与"人心"的关系,"人心惟危,人欲也;道心惟微,天理也。"(《程氏遗书》卷十一)天理即道心,它隐微公正,即为"公",是"公心",人欲是人心,它为私,是"私心",故非常危险。二程认为二者是截然对立的,程颢说:"人心莫不有知,惟蔽于人欲,则亡天理也。"(《程氏遗书》卷十一)。

人欲胜则天理亡也。因此主张存天理而灭人欲。"灭私欲则天理明矣。"（《程氏遗书》卷二十四）朱熹虽然不同意二程的"天理"即"道心"，"人欲"即"人心"的说法，认为天理中包含有人欲（正当的生理欲望），"人欲便也是天理里面作出来，虽是人欲，人欲中自有天理。"（《朱子语录》卷十三）"问饮食之间，孰为天理，孰为人欲？曰：饮食者，天理也；要求美味，人欲也。"（《朱子语类》卷十三）但朱熹认为如果不加限制、过分追求、沉溺于人欲，便成了"私欲"，就会障蔽天理而沦为"恶"。他说："如口鼻耳目四肢之欲，虽人之所不能无，然多而无节，未有不失其本心者。"（《孟子集注》卷七）因此，强调要明辨天理人欲，严格分清"公欲"与"私欲"，彻底存理去欲。"学者须革尽人欲，复尽天理，方始是学。"（《朱子语类》卷十三）"圣人千言万语，只是教人明天理，灭人欲。"（《朱子语类》卷十二）

陆王学派虽然不同意程朱的所谓"道心"、"人心"之分，但也很重视理欲之辨。陆九渊认为"心即理"，天理也就是人的本然之善心，欲则是受到外物蒙蔽而生，故为恶。王阳明则以"良知"为天理，良知为心之本体，心之发动便是意，意正者即是天理，意如不正者则成为人欲（私欲），良知也就有受人欲蒙蔽而不得见的可能。因此，王阳明也与程朱一样主张去人欲，存天理，以恢复"良知"之本性。

第三节　儒家的"乐以成人"说

中国哲学不仅注意道德情感的培养，也注重艺术的美感在培养人们的道德情感当中的作用，儒家的"乐以成人"的学说是其主要的代表。

孔子是"乐以成人"说的创始人。他说："兴于《诗》，立于礼，成于乐。"（《论语·泰伯》）意思是说，《诗经》可以激发人的善恶情感，礼能使人循规蹈矩，而音乐则可以使规矩化为人自觉的行为，完成修养。众所周知，"儒家"一词来自孔子原来的职业"儒"，一份包含负责婚丧礼仪，也包含传道解惑的职业。孔子的时代，天下大乱，礼崩乐坏，孔子以"克己复礼"为己任,认为"克己复礼为仁"(《论语·颜渊》)。孔子本人精通音乐。他说:"吾自卫反鲁,然后乐正,《雅》、《颂》各得其所。"(《论语·子罕》)意思是说他从卫国返回到鲁国以后,乐才得到整理,雅乐和颂乐各有了恰当的安排。《史记》记载:"《诗》三百篇,夫子皆弦歌之。"《论语·述而》也记载:"子与人歌而善,必使反之,而后和之。"说孔子歌唱得好,大家一定要他再来一次,并与之合唱。可见孔子精通于《诗经》和音乐,又以克己复礼为己任,故他将诗歌、礼仪、音乐和仁义道德联系起来,可以说是不足为奇。

诗歌、礼仪和音乐为何能够有助于人们道德情感的培养呢?对孔子来说,主要理由有三:其一,诗歌礼乐学习本身就是"复礼"的一部分,也就是"仁"的一部分。正是因为如此,孔子才会说:"人而不仁,如礼何?人而不仁,如乐何?"(《论语·八佾》)一个人如果没有仁德的话,如何能够行礼,如何能够用乐呢?孔子又说:"礼乐不兴则刑罚不中,刑罚不中,则民无所措手足。"(《论语·子路》)其二,文艺可以为政治,也可以为道德服务。孔子说:"礼云礼云,玉帛云乎哉?乐云乐云,钟鼓云乎哉?"(《论语·阳货》)意思是说礼难道只是玉帛礼器之类的事情吗?音乐难道只是钟鼓之类的事情吗?孔子显然不认为人们应当为艺术而艺术,而应当将艺术服务于政治或道德之类的目的。《淮南子·主术》记载:"孔子学鼓琴于师襄,而谕文王之志,见微以知明矣。"其中所说的"谕文王之志"就是借鼓琴之乐来表达孔子"从周"的政治情感和理想。其三,音乐等文艺形式自身就具有动人情感的作用,赋以道德的内容,当然也就很容易转化为道德的情感。《论语·八佾》记载:"子语鲁大师乐,曰:'乐其可知也:始作,翕如也;从之,纯如也,皦如也,绎如也,以成。'"孔子说,奏乐的道理是可以知道的:开始演奏,各种乐器合奏,声音繁美;继续展开下去,悠扬悦耳,节奏分明,连续不断,最后完成。孔子的话描述了音乐的整个演奏过程,"纯"(美好和谐)、"皦"(音节分明)、"绎"(连绵不绝)都是指听音乐时人所感受到的那种愉悦美好的感觉。正是因为音乐等艺术形式本身就具有打动人的力量,故用来培养道德情感比单纯的道德说教效果要好。

　　这些并不是说音乐等文艺形式本身就可以带来道德上的"善",也不是说音乐的"善"就等于道德的"善",二者之间是有区别的。这一点,孔子的内心也是明白的。《论语·八佾》有一段记载:"子谓《韶》:'尽美矣,又尽善也';谓《武》:'尽美矣,未尽善也。'"《韶》相传是舜时的一种乐舞,《武》是周武王时的一种乐舞。孔子对它们不同的评价表明他认为"美"和"善"的标准并非总是一致的,更谈不上是一回事。也就是说,培养了美的情感未必就等于培养了道德的情感,这大概就是为何孔子强调音乐等文艺形式要为政治目的(包含道德目的)服务的原因之所在。孔子"乐以成人"的思想形成了后来中国文人"文以载道"以及"寓教于乐"的传统。当然,孔子过于强调文艺为政治服务,典型的例子是孔子反对季氏违反"礼"的规定,八佾舞庭。"孔子谓季氏:'八佾舞于庭,是可忍也,孰不可忍也?'"(《论语·八佾》)因此,孔子也忽略了文艺本身的美学价值,毕竟,《武》虽不尽"善",但却尽美,也可以给人带来愉悦的享受。而且,由于"美"和"善"毕竟不是一回事,"美"有自身发展的一些规律,如果过分强调为"善"服务,则有可能为了服务于"善"而破坏了"美"自身的规律,其结果也未必能够达到服务"善"之目的。这方面,我们过去有着许多的经验教训。

　　荀子则将孔子的"乐以成人"的思想进一步发扬光大。荀子首先肯定了音乐舞蹈本身的价值。"乐者,乐也,人情之所必不免也,故人不能无乐。"(《荀子·乐论》)在中国古代,乐舞不分,故荀子曰:"乐则必发于声音,形于动静。"(《荀子·乐论》)荀子的上段话意思是说,人的情感需要发泄,而音乐舞蹈是表达情感的重要方式,因此不可缺少。这一点和亚里士多德的看法颇为相近。亚里士多德认为悲剧(以及艺术)的功用就在于"净化"(希腊文为 katharsis,英文译为 purge,含净化、宣泄之意)人们的情感。在这里,荀子似乎和孔子有些不同,他似更强调音乐舞蹈本身所具有的美学价值。

　　由于音乐舞蹈能满足人的情感的需要,所以其教化的力量也就格外的大。"夫声乐之入人也深,其化人也速。故先王谨为之文。乐中平,则民和而不流;乐肃庄,则民齐而不乱。民和齐,则兵劲城固,敌国不敢婴

也。如是,则百姓莫不安其处,乐其乡,以至足其上矣。"(《荀子·乐论》)
音乐舞蹈由于其节奏、音律、舞步等特点,特别能够振奋人心、鼓舞士气、
表现情志,"故听其《雅》、《颂》之声,而志意得广焉;执其干戚,习其俯仰
屈伸,而容貌得庄焉;行其缀兆,要其节奏,而行列得正焉,进退得齐焉。"
人们听了《雅》、《颂》的音乐,志向心胸就能宽广;拿起那盾牌斧头等舞
具,练习那低头抬头弯曲伸展等舞蹈动作,容貌就能庄重;行动在那舞蹈
的行列位置上,迎合那舞曲的节奏,队列就能不偏不斜,进退就能整齐一
致。"君子以钟鼓道志,以琴瑟乐心。动以干戚,饰以羽旄,从以磬管。
故其清明象天,其广大象地,其俯仰周旋有似于四时。故乐行而志清,礼
修而行成。耳目聪明,血气和平,移风易俗,天下皆宁,美善相乐。"①听了
音乐之后,人的志向就会高洁;遵循了礼制之后,人们的德行就能养成。
耳聪目明,感情平和,久而久之,良好的行为举止就会自然而然成为习俗,
天下就会安宁,美的事物可以使人举止得当,而举止得当的行为也可以成
为美的对象。正是因为音乐有以上鼓舞人们情感方面的正面作用,故中
国有《义勇军进行曲》,外国有《马赛进行曲》就不足为奇了。

　　音乐可以调动人们积极的情感,但也可以唤起人们消极的情感。荀
子说:"乐姚冶以险,则民流僈鄙贱矣。流僈则乱,鄙贱则争。乱争,则兵
弱城犯,敌国危之。如是,则百姓不安其处,不乐其乡,不足其上矣。故礼
乐废而邪音起者,危削侮辱之本也。"(《荀子·乐论》)如果音乐妖冶轻浮
而邪恶,那么人们也就会淫荡轻慢卑鄙下贱了。民众淫荡轻慢就会混乱;
卑鄙下贱就会争夺。混乱又争夺,那就会兵力衰弱、城池被侵犯,敌国就
会来危害了。像这样,老百姓就无法安居乐业,也不会去满足自己的君
王。因此,礼制雅乐被废弃而靡靡之音兴起,就会动摇国之根本,遭致侮
辱。荀子还说:"凡奸声感人而逆气应之,逆气成象而乱生焉。正声感人
而顺气应之,顺气成像而治生焉。"(《荀子·乐论》)凡奸邪的音乐感动人
以后就有歪风邪气来应和它,歪风邪气形成了气候就会形成混乱的局面。
正派的音乐感动人以后就有和顺的风气来应和它,和顺的风气形成之后,

---

① "美善相乐"据王先谦撰:《荀子集解》。据世德堂本,"美善相乐"为"莫善于乐"。

秩序井然的局面就会产生。"唱和有应,善恶相象,故君子慎其所去就也。"(《荀子·乐论》)

音乐具有煽情的作用,"乐者,乐也",可以振奋人心,也可以使人萎靡,欣赏何种音乐,端视欣赏者是何人。"君子乐得其道,小人乐得其欲。"(《荀子·乐论》)为了发挥音乐等艺术形式的积极作用,荀子主张"以道制欲"。他说:"以道制欲,则乐而不乱;以欲忘道,则惑而不乐。故乐者,所以道乐也。金石丝竹,所以道德也。乐行而民乡方矣。故乐者,治人之盛者也……"(《荀子·乐论》)用道义来控制欲望,那就能欢乐而不淫乱;为满足欲望而忘记了道义,那就会迷惑而不快乐。所以音乐是用来引导人们娱乐的。金钟石磬琴瑟管箫等乐器,是用来引导人们修养道德的。音乐推行后民众就向往道义了。所以音乐是治理人民的重大工具。荀子还认为礼和乐在培养人们的道德情操和行为规范方面的作用是不同的。"乐合同,礼别异。"(《荀子·乐论》)音乐可以使人同心同德,礼制则可以使人区别出等级的差异。

第四节　道德理性之情感来源:儒家的"良知"说

中国传统哲学强调道德理性的情感基础,这突出表现在儒家的"良知"说之中。

"良知"说首先由孟子提出。如何解释"良知"?有人认为"良知"是指"是非之心",有人认为"良知"是指道德本体,有人认为"良知"是指道德知识,有人认为"良知"是指道德意志,还有人认为"良知"是指"隐默之知",即一般人所具有的未加反省的道德意识。[①]

孟子的"良知"说见于《孟子·尽心上》。他说:"人之所不学而能者,其良能也;所不虑而知者,其良知也。孩提之童无不知爱其亲者,及其长

---

① 参见《蒙培元讲孟子》,北京大学出版社 2006 年版,第 171 页。

也,无不知敬其兄也。亲亲,仁也;敬长,义也;无他,达之天下也。"良能即生来具有的道德能力,良知即生来具有的道德认知。"良"有三种解释:一曰善良之"良",一曰良久之"良",一曰清白、纯洁之意。朱熹因此将"良"解释为"本然之善"。《孟子·告子上》又将良知、良能统称为"良心"。良心也是生来具有的善心,即"四端"之心。① 人生来就有这"四端"之情,它与人之各种自然本能一样,是先天就有的,也是人性之善的根源。"良知"实际上就是讲的人的道德意识,它完全发自于"本能",是不需"学"、"虑"就可以有的道德直觉。因此,"良知"本身也包含了"良能"的意思。小孩子不用思考就可以知道爱其亲人。

宋明理学中的陆王心学进一步发展了孟子的思想。陆九渊提出"心即理"、"发明本心"的命题,他说:"人皆有是心,心皆具是理,心即理也。"(《陆象山全集·与李宰书》)"万物森然于方寸之间,满心而发,充塞宇宙,无非此理。"(《陆象山全集·语录》)"心只是一个心",所以只是一个心的"心之理","在天曰阴阳,在地曰刚柔,在人曰仁义。"(《陆象山全集·与赵监》)而且人同此心,心同此理,因此,每个人心中善恶是非之心也是一样的。"此心之良,本非外铄。"(《陆象山全集·与徐子宜》)因此,他强调要"先立乎其大者",只要反省内求,"发明本心",就能"昭明德",自然明理,也就能达到道德上完美的境界。"此心苟存,则修身、齐家、治国、平天下一也"。(《陆象山全集·邓文苑求言往中都》)故他特别强调内心的道德修养。

王阳明则全面系统地发挥了孟子的"良知"说,并且在晚年用"致良知"三字来概括其全部的思想学说。他说:"'致良知'是学问大头脑,是圣人教人第一义。"(《传习录中·答欧阳崇一》)其"良知"说主要包含如下几点内容。

其一,"良知"是心之本体。他说:"良知者,心之本体。"(《传习录·答陆原静书》)"心不是一块血肉,凡知觉处便是心,如耳目之知视听,手足之知痛痒,此知觉便是心也。"(《传习录·钱德洪序》)心与身的最大区

---

① 参见朱伯崑:《先秦伦理学概论》,北京大学出版社1984年版,第61页。

别是有意识,有知觉处,便有人的心灵。心也是身之主宰,"心者身之主也,而心之虚灵明觉,即所谓本然之良知也。"(《传习录·答顾东桥书》)所谓"良知"就是指"心"的"虚灵明觉"处。这里所说的"虚灵明觉"处正是天理之所在,故曰:"良知是天理之昭明灵觉处。故良知即是天理,思是良知之发用。若是良知发用之思,则所思莫非天理矣。"(《传习录·答欧阳崇一》)心的本质就是"天理",所以说"心即理"。"良知"就是对"天理"的体察、认识,也即是人的本性。"天理"自然明白简易,故"良知亦自能知得。"(《传习录·答欧阳崇一》)对天理的察觉、明了的良知究竟是怎么回事呢?王阳明进而指明它只是一个"真诚恻怛"之心,即是人内心的真实情感。他说道:"盖良知只是一个天理。自然明觉发现处,只是一个真诚恻怛,便是他本体。故致此良知之真诚恻怛以事亲便是孝,致此良知之真诚恻怛以从兄便是弟,致此良知之真诚恻怛以事君便是忠,只是一个良知,一个真诚恻怛。"(《传习录·答聂文蔚》)但所谓"真诚恻怛"之本体究竟指的是什么呢?我们认为它类似孟子的"恻隐"之心,即同情心。所谓"真诚恻怛"就是基于同情心的真情实感,王阳明将此看做是道德理性的基础。所以,"性无不善,故知无不良。良知即是未发之中,即是廓然大公,寂然不动之本体,人人之所同具者也。"(《传习录·答陆原静书》)

其二,"良知"是孟子说的"是非之心",它能明辨行为的是非,进行善恶的选择。"良知只是个是非之心,是非只是个好恶,只好恶就尽了是非,只是非就尽了万事万变。"(《传习录·门人黄省曾录》)良知即指能辨别是非之美德,辨别是非之美德反映的不过是好恶的情感,好恶情感本身也就等于辨别了是非,有了辨别是非之美德也就能够正确应对万事万物之变化。"良知之于节目时变,犹规矩尺度之于方圆长短也。"(《传习录·答顾东桥书》)有了良知之辨别是非之美德,就可以应对不同情况之变化,就犹如有了规尺在手,可以成方圆了。"尔那一点良知是尔自家底准则,尔意念着处,他是便知是,非便知非,更瞒他一些不得。尔只不要欺他,实实落落依着他做去,善便存,恶便去。"(《传习录·门人澉九川录》)

其三,良知也是万物之本体。他说:"良知是造化的精灵。这些精灵生天生地,成鬼成帝,皆从此出。真是与物无对。人若复得他完完全全,无少亏欠,自不觉手舞足蹈,不知天地间更有何乐可代。"(《传习录·门人黄省曾录》)我们在本篇"导论"中谈到中国哲学的主体性、现象学性和内省性特征时曾提到,在中国哲学家看来,所谓万物都是主体"心"中的显现,故良知也是万物之本体的看法也就不足为奇了。王阳明说"人心是天渊,心之本体,无所不该,原是一个天。只为私欲障碍,则天之本体失了。"(《传习录·门人黄直录》)就是说心之本体无所不具,心也即是宇宙万物之本体。按照蒙培元先生的说法,这里所说的本体,不是指实体意义上的本体,而是指具有无限创造性的根源,这里所说的"创造性"不是指创造世界,而是指赋予世界以意义。也就是讲,世界存在靠心而获得其意义,如离了开心,世界便没有了意义,而没有意义的世界也就等于不存在。① 所以,在王阳明看来,心才是天地一切万物的真正主宰。他说:"心者,天地万物之主,心即天,言心则天地万物皆举之矣,而又亲切简易。"(《答季明德》,《阳明全书》卷六)心是万物之本体,亦就不仅仅是"一团血肉",它是什么呢? 王阳明说:"所谓汝心,亦不专指那一团血肉,若是那一团血肉,如今已死的人,那一团血肉还在,缘何不能视听言动? 所谓汝心,却是那能视听言动的,这个便是性,便是天理。有这个性,才能生,这性之生理,便谓之仁。这性之生理发在目,便会视;发在耳,便会听;发在口,便会言;发在四肢,便会动。都只是那天理发生,以其主宰一身,故谓之心。"(《传习录·门人薛侃录》)天地万物包括人的一切活动都尽在心的"灵明"良知中。因此,王阳明认为"心外无事","心外无物","心外无理"。"我的灵明便是天地鬼神的主宰。天没有我的灵明,谁去仰他高;地没有我的灵明,谁去俯他深;鬼神没有我的灵明,谁去辨他吉凶灾祥。天地鬼神万物离却我的灵明,便没有天地鬼神万物了。我的灵明离却天地鬼神万物,亦没有我的灵明。如此便是一气流通的,如何与他间隔得。"(《传习录·钱德洪序》)据《传习录》记载,王阳明游南镇,一友指岩中花树问曰"天下无心外之物,如此花树在深山中自生自落,于我心亦何

---

① 　参见蒙培元:《心灵超越与境界》,人民出版社1998年版,第330页。

相关?"王阳明答曰:"你未看此花时,此花与汝心同归于寂;你来看此花时,则此花颜色一时明白起来;便知此花不在你的心外。"(《传习录·门人黄省曾录》)

其四,致良知。"致",至也,有恢复、达到、推及之意。良知为心之本体,良知也即天理,但如受到私欲遮蔽,则会被扭曲而不可明。故人要加强道德修养功夫,清除私欲,以恢复人的"良知"之本体,这即是"致良知"。他说:"心之理无穷尽,原是一个渊,只为私欲窒塞,则渊之本体失了。如今念念致良知,将此障碍窒塞一齐去尽,则本体已复,便是天渊了。"(《传习录·门人黄直录》)所以,其"致良知"也即是指道德修养的功夫。"吾心之良知,即所谓天理也。致吾心良知之天理于事事物物,则事事物物皆得其理矣。"(《传习录·答顾东桥书》)"良知"是造化的精灵,事物之理也包含在"良知"中,致良知就是把心中的"良知"之理推及到万事万物中去,使万事万物皆得其理,这即是所谓的"格物"。他说:"致吾心之良知者,致知也;事事物物皆得其理也,格物也;是合心与理而为一也。"(《传习录·答顾东桥书》)其"格物"也即"格心",即在"心"上做去恶为善之功夫,将心中的道德认知贯彻到行动中去。故他强调知行合一。"知之真切笃实处即是行,行之明觉精察处即是知。"(《传习录·答顾东桥书》)"知是行的主意,行是知的功夫,知是行之始,行是知之成。"(《传习录·徐爱引言》)

第五节 "荣辱"与"境界"

如前所述,"荣"是指行动主体对做正确的事情所感到的一种满足感,这种态度会鼓励行动主体去做诸如此类令主体感到满足的事情。"辱"是指行动主体对做错误的事情所感到的愧疚感,愧疚感是一种否定性的情感,这种情感往往会阻止行动主体去做感到愧疚的事情。树立正确的荣辱观的意义正是在于从行动主体的内部,从行动主体的态度上着手,先端正态度,正确的道德行为的问题就好办了。道德上的这种情感或态度和人性有何关系? 它们和其他的情感又处于何种关系? 本章前面已经介绍了中国哲学这方面的看法,这里主要谈谈"荣辱感"和中国哲学常常讲到的"境界"的关系。

中国哲学主张只要是人,就应当追求一种精神情感的境界。而正当的"荣辱"或"荣辱感"本身就是一种境界。在本篇的第一章中,我们曾提到"荣"或"辱"是一种新显属性,它们是由其他的属性或其他的状态以某种方式结合在一起之后所形成的一种新的属性。正确的"荣辱感"构成一种心灵的境界。在中国哲学家看来,这种境界是由具有自由意志的"心"去统辖知、情、欲所形成的。这种统辖的过程也包括"致中和"的过程。由于"心"又可以理解为一种"性",而有着不同程度的情和欲又是"心性"的显现,这样,"心性"和"情欲"之间就会形成某种互动的关系,由于"心性"往往又代表着"天理",即道德原则,故这种互动关系也就成了德行与情、欲之间的互动,修身养性往往就是从情、欲的"修"开始,包括音乐舞蹈所带来的情感也是"修"的内容,反过来也会影响到"性"以及行为。由于每个人"心性"意志的不同,因而个人之间修身养性所能达到的境界也就不同,这种境界是有层次的,可以递进的。如此分析,"荣辱"也可以有不同的境界,道德主体需要不断地努力才能不断地保持和提高自己的精神境界。

由于中国哲学的主体性、整体性和内省性,在中国哲学家看来,构成某种境界的心理成分之间的互动也是非常微妙的,所以中国哲学家特别强调修身中的"悟"。人们可以由爱生恨,也可能由恨生爱。当听了一首让人振奋的歌曲之后,行动主体内心可能充满阳光,也就更有可能愿意帮助他人,理解他人。当行动主体由于种种原因心绪低落的时候,则往往不太愿意去关心与己无关的事情。儒家哲学更强调意志的绝对自由,因此主张从主体的内部入手去解决修身和提高精神境界的问题,如主张"忠恕之道"。而造成人的心境的种种变化的不可能仅仅是行动主体内部的因素,还有外部的因素,因此,要提高人的精神境界,我们还需要考虑影响人们心绪的外部因素。中国哲学史上法家更注重外部因素对人的心境的影响。不管儒家还是法家,它们都提出了提高心灵境界、实现理想人格、树立正确荣辱感的途径。这些是我们下一章将要介绍和探讨的内容。

第 四 章

荣辱思想的实现途径

　　研究"荣辱"的主要目的是为了树立正确的荣辱感和正确的荣辱观。在分析了正确的荣辱感和荣辱观产生的内外机制和条件的基础上，我们还需要研究实现正确的荣辱思想的途径。中国哲学有"经世致用"的传统，在荣辱思想的实现途径方面有着非常丰富的思想资源，许多思想和见解即使在今天看来也具有非常重要的价值和现实的意义。

　　中国哲学家主要围绕着行动主体正确的"荣辱"感形成的内部和外部的条件来寻求实现正确荣辱感和理想人格的路径。就外部条件而言，中国哲学家主张发展生产，让人民丰衣足食，以实现恒产者有恒心的理想。就内部条件而言，中国哲学家主张修身养性，培养向善的坚强意志，以实现"天人合一"的圣人境界。

第一节　法家的"仓廪实，知荣辱"说

　　法家主张积极进行社会改革，发展社会生产力，在他们看来，荣辱观是建立在一定的社会物质生活条件基础上的。战国思想家管仲提出"仓

廪实则知礼节,衣食足则知荣辱"(《管子·牧民》)①,把荣辱观和人的物质生活水平联系起来。这一命题突破了儒家的人性论和情感论,从主体外部的因素中来寻找形成正确的荣辱观的条件。

人们通常认为儒家主张以"德"治国,先秦法家学派主张以"法"治国。殊不知,法家也很重视礼义廉耻在治理国家中的重要作用。如法家的代表人物管子就认为礼义廉耻是"国之四维"。"国有四维,一维绝则倾,二维绝则危,三维绝则覆,四维绝则灭。……何谓四维? 一曰礼,二曰义,三曰廉,四曰耻。礼不逾节,义不自进,廉不蔽恶,耻不从枉。故不逾节,则上位安;不自进,则民无巧诈;不蔽恶,则行自全;不从枉,则邪事不生。"(《管子·牧民》)管子将礼义廉耻看做立国的四大纲领,其中礼义是指约束人们外部行为的道德原则,廉耻则是约束人们内心的道德原则。管子特别将廉耻与礼义并列,意在强调人们内心道德修养的重要性。人民只有有了廉耻之心,才能自觉维护礼义,遵守法度,国家才能太平。"四维张则君令行"(《管子·牧民》),只有人民都知道了并实行了礼义廉耻,君主的令行禁止才能顺畅,所以"守国之度在饰(饬)四维",否则"四维不张,国乃灭亡。"(《管子·牧民》)也就是说,巩固国家的原则就在于整顿礼义廉耻,否则,一个无礼义廉耻的国度就会灭亡。因此,管子学派虽与商鞅一样提倡以法治国,但不否认道德教化的作用,认为二者对治理国家同样重要,主张德法并重。

如何才能使老百姓做到好荣恶辱? 法家认为经济是立国之本,解决生活温饱问题是荣辱教化之关键,即所谓:"仓廪实则知礼节,衣食足则知荣辱。"(《管子·牧民》)《管子》曰:"不务天时则财不生,不务地利则仓廪不盈。野芜旷则民乃菅,上无量则民乃妄"。(《管子·牧民》)《管

---

① 管仲的思想主要保存在《管子》一书中,本书所论述的管仲的思想主要依据《管子》的部分篇章。但《管子》一书"全部或一部分,都不可能为管仲所著,这基本上可作为定论。"(谢浩范、朱迎平译注:《管子全译》,贵州人民出版社1996年版,"前言"第7页)尽管如此,一般认为"经言"组的九篇较多保存了管仲治齐的思想,被奉为经典。(同上,第7—8页)本书除一处引用的《五辅》不属于"经言"组外,其余均取自"经言"组,且学界一般都将"仓廪实则知礼节,衣食足则知荣辱"的思想和"国之四维"说归于管仲本人的思想。

子》认为不重天时,延误农时,社会财富就不会产生;不重地利,不发展农耕,民众的粮仓就不会充盈。荒芜土地,饥寒交迫,民众必然暴戾无礼。只有致力于发展生产,不违农时,使民众粮仓充足,财富丰饶,才能国泰民安,百姓也才能讲礼义,知荣辱。所以《管子·五辅》强调"明王之务在于强本事,去无用,然后民可使富。论贤人,用有能,而民可使治。薄税敛,毋苟于民,待以忠爱,而民可使亲,三者霸王之事也。事有本,而仁义其要也。""事本"指农业生产。圣明君主的要务在于加强农业生产,选贤用能,减少税赋,而不要去做一些不相干的事情,民生改善了,百姓生活富足了,才有可能来亲附。上面提到的三件事情做好了,霸业可成也,这些事情才是仁义道德之本、之要旨。管子的上述思想与孟子"有恒产者有恒心"的思想类似,但孟子为代表的儒家更强调行动主体内心的道德修养和主观能动性,而管子则更强调从行动主体的外部条件着手,尤其是经济生活条件改善入手,来解决人们的礼义廉耻问题。在这一方面,儒法可以互补。汉代王充赞成管子的思想并给予进一步的解释,认为百姓起码的物质生活,条件是形成良好道德风气的先决条件。《论语·颜渊》载:"子贡问政。子曰:'足食,足兵,民信之矣。'子贡曰:'必不得已而去,于斯三者何先?'曰:'去兵。'子贡曰:'必不得已而去,与斯二者何先?'曰:'去食。自古皆有死,民无信不立。'"孔子认为在"食"、"兵"、"信"中,"信"最重要。王充引《管子·牧民》中的话来批评孔子,他反问道:"使治国无食,民饿弃礼义;礼义弃,信安所立?传曰:'仓廪实,知礼节;衣食足,知荣辱。'让生于有余,争生于不足。今言去食,信安得成?春秋之时,战国饥饿,易子而食,析骸而炊,口饥不食,不暇顾恩义也。夫父子之恩,信矣,饥饿弃信,以子为食。孔子教子贡去食存信,如何?夫去信存食,虽不欲信,信自生矣;去食存信,虽欲为信,信不立矣。(《论衡·问孔》)王充认为,如果民不聊生,就谈不上什么信义廉耻。如春秋战国时,发生饥荒,人们易子而食,甚至父亲都会吃掉儿子,连父子之间的恩信都没有了,还谈何信义礼节,荣辱羞耻?另一方面,只要粮食充足,即使不去整天说教信义,信义自立。如果像孔子所说的那样,"去食",信义怎么能够建立?!他还进一步指出:"夫世之所以为乱者,不以贼盗众多,兵革并起,民弃礼义,负畔其上乎? 若此者,由谷食乏绝,不能忍饥寒。夫饥寒并至,而能无为非者寡,然则温饱并至,而能不为善者希。"(《论衡·治期》)即是说,饥寒起盗心,百姓生活贫困,必然起兵造反,社会道德风气必衰。丰衣足食,百姓才能行善讲义。

管子还认为:"厚爱利足以亲之,明智礼足以教之,上身服以先之,审度量以闲之,乡置师以说道之,然后申之以宪令,劝之以庆赏,振之以刑罚。故百姓皆说(悦)为善,则暴乱之行无由至矣。"(《管子·权修》)也就是说,统治者要多给老百姓实惠,才能得到老百姓的拥护。统治者一方面要向老百姓说明是非礼义,提高道德觉悟,另一方面也要以身作则,为人表率,然后用法令进行约束,赏罚分明,如此,老百姓才会心悦诚服,暴力动乱的行为才不会发生。《管子·权修》篇还说:"商贾在朝,则货财上流;妇言人事,则赏罚不信。男女无别,则民无廉耻。货财上流,赏罚不信,民无廉耻,而求百姓之安难,士兵之死节,不可得也。"商人如果进入朝廷进行权钱交易,就会滋生腐败,男女如果不加区别,就会使百姓失去羞耻。权钱交易,赏罚不守信用,上行下效,百姓就不知廉耻,在这种情况下如果还要求百姓安于危难,战士为国捐躯,那就是不可能的了。要想树立"礼义廉耻",必须防微杜渐。"凡牧民者,欲民之修小礼,行小义,饰小廉,谨小耻,禁微邪,此厉民之道也。民之修小礼,行小义,饰小廉,谨小耻,禁微邪,治之本也。"(《管子·权修》)统治者要想管理好百姓,就必须要百姓注意小节,防微杜渐,这就是教育百姓的方法,也是治国之本。人们常说"细节决定成败",说的也是这个意思。

树立正确的荣辱观,其最终目的还是为了国泰民安,国富民强,人民过上幸福的日子。管子的上述思想在某种程度也是得到实践的检验的,他作为春秋战国时期齐国的国相,帮助齐桓公"九合诸侯,一匡天下",成就了其霸业,客观上也使百姓得到了好处。连孔子也称赞管子道:"桓公九合诸侯,不以兵车,管仲之力也。如其仁,如其仁。"(《论语·宪问》)孔子的意思是说,桓公多次召集各国诸侯的盟会,不使用武力,这都是管仲的功劳啊。这就是他的仁德,这就是他的仁德。孔子又说:"管仲相桓公,霸诸侯,一匡天下,民到于今受其赐。微管仲,吾其被发左衽矣。岂若匹夫匹妇之为谅也,自经于沟渎而莫之知也。"(《论语·宪问》)意思是说,管仲辅佐桓公,称霸诸侯,匡正了天下,老百姓到了今天还享受到他的好处。如果没有管仲,恐怕我们也要披散着头发,衣襟向左开了。哪能要求管仲像普通百姓那样恪守小节,自杀在小山沟里,也没有人知道的呀。

第二节 "荣辱"与仁政

法家主要从行动主体的外部探讨了"荣辱观"(礼义廉耻)形成的条件。儒家虽然强调行动主体内心的意志和修养在树立正确的"荣辱观"(仁义道德)方面的决定性作用,但并非一点也不考虑行动主体道德观念形成的外部条件。因为,按照孟子的思想,只有少数的"士"才能做到无恒产而有恒心,普通大众是难以做到这一点的。所以他提出"仁政"的观点。如果说法家"仓廪实则知礼节"的观点着重探讨的是百姓的经济生活与行动主体树立"荣辱观"(礼义廉耻)之间的关系,那么孔孟的"仁政"思想着重探讨的则是德政与荣辱思想的关系,特别是执政者道德修养对社会道德风气的影响层面。孔孟看似探讨荣辱观实现的外部条件,其实归根到底还是从人(如君主)的内心去寻求解决树立正确道德观念的渠道。

以孔孟为代表的儒家十分重视道德与政治的关系,孔子提出了以"仁爱"为核心的"德政"原则,孟子进一步发展为"仁政"的思想。其仁政(德政)思想重点是重民,保民与尊贤使能,以仁义治天下。

一、"重民"、"保民"与"制民之产"

孟子"仁政"思想的一个重点就是"重民"、"保民"。孟子认为一个政权能否建立巩固,关键在于能否得民心。"得道者多助,失道者寡助。""尧舜之道,不以仁政,不能平治天下。"(《孟子·离娄上》)所以孟子认为"仁政"首先就应是"爱民"之政。他说"民为贵,社稷次之,君为轻。是故得乎丘民而为天子。"(《孟子·尽心下》)"保民而王,莫之能御也。"(《孟子·梁惠王上》)孟子认为爱民、保民的关键就是要关注百姓的生产、生活,具体措施就是"制民之产",也就是使民有"五亩之宅,树之以桑,五十者可以衣帛矣。鸡豚狗彘之畜,无失其时,七十者可以食肉矣。百亩之田,勿夺其时,数口之家可以无饥矣"(《孟子·梁惠王上》),使民"仰足以事父母,俯足以畜妻子"(《孟子·梁惠王上》)。可见,其"制民之产"就是让百姓有一定的私有财产,以满足基本的物质生活需求。孟子认为这是"仁政"的重要条件。为此,他主张要大力发展生产,同时还主张"省刑罚","薄赋敛",减轻农民负担,使民先"富之"再"教之"。他说:"民之为道也,有恒产者有恒心,无恒产者无恒心。苟无恒心,放辟邪侈,无不为己。"(《孟子·滕文公上》)这里所说的"恒产"指的是土地等物质财产,"恒心"则指的是礼义廉耻等道德意识。孟子在这里似乎注意到人们的道德观念和其经济条件之间的关系。他认为对普通百姓来说,有恒产才能有恒心。任何道德的说教必须建立在起码的物质生活条件的基础上才能行之有效。故孟子说:"乐岁终身饱,凶年免于死亡。然后驱而之善,故民之从之也轻。"(《孟子·梁惠王上》)他还说:"圣人治天下,使有菽粟如水火。菽粟如水火,而民焉有不仁者乎?"(《孟子·尽心上》)圣人治天下应当使百姓的粮食像水火那样充足,如此,让百姓遵守礼义等道德规范哪有不成的呢?!显然,孟子这一思想与法家"仓廪实则知荣辱"的命题有相似之处,都触及"荣辱观"实现的外在条件和基础。

二、尊贤使能,以德服人

孟子"仁政"说的核心是强调以德服人,以德服人的首要条件是君王或统治者要为人表率,而为人表率的内心根据则是统治者要有"仁心",有"仁心"才能行"仁政"。正因如此,孟子特别强调统治者"修心"、"养性"的重要性,也就是强调领导者道德修养的重要性。这也是对孔子"为政以德"思想的进一步发展。

　　孔子强调"为政以德",即主张以德治国。和法家相比,孔子特别强调道德教化在治理国家中的作用。他说:"道之以政,齐之以刑,民免而无耻;道之以德,齐之以礼,有耻且格。"(《论语·为政》)就是说刑法禁令只能约束百姓使人免于犯罪受罚,但不能使人有礼义廉耻之心。而实行道德礼义教化,则既能使百姓守规矩,又能使百姓提高道德觉悟,懂得礼义廉耻。而以德治国的首要条件便是统治者要有较高的道德修养,品行要端正,要为人表率。他说:"政者,正也。子帅以正,孰敢不正?"(《论语·颜渊》)"子为政,焉用杀?子欲善而民善矣。君子之德风,小人之德草,草上之风必偃。"(《论语·颜渊》)只要执政者自己道德品性端正,社会百姓的道德风气自然也会端正。所以治理国家不能靠严刑峻罚,而要用自己的道德行为去作出示范,感化百姓。孔子说:"为政以德,譬如北辰,居其所而众星共之。"(《论语·为政》)即是说,统治者如果道德水准高,实行德政,就会有凝聚力,群臣百姓也就会自动拥戴你。

　　孟子发展了孔子"为政以德"的思想,强调统治者要不断提高自己的道德素养,以"仁心",即自己的德行去教育感化百姓,实行贤人政治。在孟子看来,"仁政"能否实现关键在于执政者有无仁德,能否用仁心对待一切人。他认为"仁,人心也"(《孟子·告子上》),"人皆有不忍人之心。先王有不忍人之心,斯有不忍人之政矣。以不忍人之心,行不忍人之政,治天下可运之掌上。"(《孟子·公孙丑上》)行"仁政"就是将自己的"不忍人之心"发扬光大,推及他人,做到"老吾老以及人之老,幼吾幼以及人之幼"(《孟子·梁惠王上》),由"亲亲而仁民,仁民而爱物"。(《孟子·尽心上》)这也就是孟子所追求的"王道"理想。孟子主张"王道"而反对"霸道",反对"以力服人"。孟子认为"以力假仁者霸,霸必有大国;以德行仁者王,王不待大。汤以七十里,文王以百里。以力服人者,非心服也,力不赡也;以德服人者,中心悦而诚服也。"(《孟子·公孙丑上》)以力治天下,并不能真正得人心,统治者有"仁德",以德治国,才能真正得民心。所以,孟子曰:"三代之得天下也以仁,其失天下也以不仁。""天子不仁,不保四海。诸侯不仁,不保社稷。卿大夫不仁,不保宗庙。士庶人不仁,不保四体。"(《孟子·离娄上》)而且执政者的德行如何直接影响社会道德风气。因为"君仁,莫不仁;君义,莫不义;君正,莫不正。一正君而国定矣。"(《孟子·离娄上》)执政者的道德修养搞好了,才能"治国平天下"。因此,孟子认为统治者在道德修养上应是百姓的楷模,如果做不到,就应该被革职,对于不行仁义的暴君甚至可以诛之。他说:"贼仁者谓之贼,贼义者谓之残。残贼之人,谓之一夫。闻诛一夫纣矣,未闻弑其君也。"(《孟子·梁惠王下》)在此情况下,即使杀了君,也不称弑君之罪。在孟子看来,为君不能成为道德上的领袖,道德上就不是君了,只是"一夫"而已。

孟子还探讨了执政者权力合法性的来源问题,提出了"天受[授]"、"民受[授]"的观点。他认为"天受"与"民受"是执政者权力合法性的两个必要条件,也可以说是取得政权和巩固政权的两个必要条件。当孟子的高足万章问孟子,"尧以天下与舜,有诸?"孟子曰:"否!天子不能以天下与人。"(《孟子·万章上》)但舜也有天下,那么是谁给的呢?孟子认为是"天与之"。在他看来,"天与之"的意思是说"天"(这里似代表了冥冥之中的某种客观的规律)根据舜的品行和表现而示意将天下送给他。天子只能向天推荐治理天下的人选,而不能迫使天将天下送人。但"天受"只是君王执政的合法性的一个必要条件,要想取得和保持政权的正当性,还需要另一个条件"民受"。当"天"接受了天子所推荐的人选,该人选由天子向百姓公布并为百姓所接受,其施政也为百姓所满意时,执政者也就取得了执政的正当性或合法性的另一个必要条件"民受"。"民受"也是"为君"之人能否长期待在"国君"的位置上的一个必要条件。孟子这里所讲的"天受"与"民受"都取决于为君者的品行与施政(仁政)。所以,孟子实际上是把政权的合法性建立在执政者的道德品质与仁政的基础上,"民受"只是表现和证明"天受"以及执政者的这种品质与施政的形式。

孟子认为执政者要施仁政,维持政权的合法性就必须实行"贤人"政治,"尊贤使能",使"俊杰在位",让真正的贤才来统治国家。否则,庸才奸臣当道,将会国无宁日,民不聊生,一切就都成为空话。他说:"不信仁贤,则国空虚;无礼义,则上下乱;无政事,则财用不足。"(《孟子·尽心下》）如果贤才得不到重用信任,就会导致才俊外流而使国家人才空虚;如果不讲礼义道德,国家上下社会秩序就会混乱;财经政事不济,国家财用就会贫乏。而这诸多的国事政务要想处理好,关键的还是要尊贤重才。只有充分重用他们,发挥他们的作用,仁政的实现才能得到充分保证。

就树立正确的道德观念而言,正如法家的思想具有儒家所不具备的优点,儒家的"仁政"思想也有着许多法家所不具备的优点。按照法家的看法,统治者利民惠民乃至礼义廉耻的教化都是出自统治者利己的动机,都是"牧民"的手段,但统治者自己的道德观念如何形成,法家只是提到要为人表率,要讲信用,也就是要做做样子,但仅仅这样是不够的。礼义廉耻理应是每个人都应当具有的和履行的。法家培养礼义廉耻的办法主要是针对百姓,但对君主的效果则非常有限。尽管儒家学说中也有替统治者打算的动机,但总体上来说,儒家的学说本身更强调个人的道德修养,其中包括统治者的道德修养。儒家的"仁政"说也强调统治者自身就应当爱民,这种"爱民"不应当仅仅是出于利己的动机,而是应当富有同情心,以人为本。因此,儒家的方法理论上不仅对普通百姓有效,对统治者也是有效的。

第三节 儒家的"荣辱由己"论

在道德品德培养过程中,儒家哲学强调"为仁由己","荣辱由己",强调道德行动主体的意志力是培养道德情感、实现"仁"的境界的决定性的因素。孔子说:"三军可夺帅也,匹夫不可夺志也。"(《论语·子罕》)"苟志于仁矣,无恶也。"(《论语·里仁》)"志于仁"就是以行动主体的意志来确立"仁"的动机,一旦有了这个动机,在具体的行为中就可以趋当荣之荣,避当辱之辱。所以,孔子强调"为仁由己"。孟子也有这样的意思,他认为有了恰当的道德动机,知荣辱,则很难去做不道德的事情,因为,"今恶辱而居不仁,是犹恶湿而居下也。"(《孟子·公孙丑上》)

　　孔子提出了以"仁"为核心的道德理想,而实现"仁"的关键又在于人的主观努力,"为仁由己,而由人乎哉?"(《论语·颜渊》)"有能一日用其力于仁矣乎? 我未见力不足者。"(《论语·里仁》)能否实现"仁"的道德理想完全取决于行动主体的自由意志,行仁的欲望。所以,孔子说:"我欲仁,斯仁至矣。"(《论语·述而》)"欲"即主观动机,只有确立了为仁的崇高志向与动机,才能自觉地将仁付之于行动。"苟志于仁矣,无恶也。"(《论语·里仁》)故,"欲仁"、"志于仁"是实现仁的充分必要条件。只要有坚强的意志力,一心向善,不仅能实现仁的理想,也一定能成为君子。

　　孟子发挥了孔子的思想,认为"荣辱由己"。他所说的"荣辱由己"事实上有两层意思。一层意思是说做道德上正确或错误的事情完全能够由行动主体自己决定,因为"羞恶"等"四端之心",人皆有之,"无羞恶之心,非人也。"(《孟子·公孙丑上》)因此,只要从事道德修养,"反身而诚","强恕而行,求仁莫近焉。"(《孟子·离娄上》)"人皆可以为尧舜",能否"成圣"的关键还在于人自身的主观努力。"荣辱由己"的另一层意思是说,一个人的尊荣羞辱,乃至祸福都是咎由自取,因此他强调人要自尊自爱,他说:"夫人必自侮,然后人侮之;家必自毁,而后人毁之;国必自伐,而后人伐之。"(《孟子·离娄上》)"福祸无不自己求之者。"(《孟子·公孙丑上》)他还说:"自暴者,不可与有言也;自弃者,不可与有为也。言非礼义,谓之自暴也;吾身不能居仁由义,谓之自弃也。"(《孟子·离娄上》)孔孟都强调"为仁由己",因此,不讲道德、居心不仁的人都是自暴自弃的人。孟子特别强调道德主体的自由意志在"为仁"中的作用,强调"尚志"、"尽心"、"知性"、"养浩然之气",培养大丈夫精神。他说"居天下之广居,立天下之正位,行天下之大道,得志与民由之,不得志独行其道。富贵不能淫,贫贱不能移,威武不能屈,此之谓大丈夫。"(《孟子·滕文公下》)这种大丈夫精神正是荣辱思想实现的主观条件。"古之人,得志,泽加于民;不得志,修身见于世。穷则独善其身,达则兼善天下。"(《孟子·尽心上》)

　　荀子则区分了两种不同意义上的荣辱,即义荣义辱和势荣势辱,他强调君子应当求义荣,避义辱。按照荀子的看法,"志意修,德行厚,知虑明,是荣之由中出者也,夫是之谓义荣。"(《荀子·正论》)由自身向善的意志、德行和明辨是非的能力所决定的荣是义荣。"流淫污僈,犯分乱理,骄暴贪利,是辱之由中出者也,夫是之谓义辱。"(《荀子·正论》)由自身的恶行所造成的耻辱是义辱。"爵列尊,贡禄厚,形势胜,上为天子诸侯,下为卿相士大夫,是荣之从外至者也,夫是之谓势荣。"(《荀子·正论》)由外在权势地位所决定的荣是势荣。"詈侮捽搏、捶笞膑脚、斩断枯磔、藉靡舌绝,是辱之由外至者也,夫是之谓势辱。"(《荀子·正论》)由外部因素所强加的耻辱是势辱。尽管君子在某些条件下无法完全避免外在强加的耻辱,但完全应该并且能够避免由于自身的品行所造成的义辱。"故君子可以有势辱,而不可以有义辱。"(《荀子·正论》)君子和小人的区别就在于小人可以有势荣但绝不可能有义荣,而君子则不仅可以有势荣,也可以并且应当有义荣。"小人可以有势荣,而不可以有义荣。……义荣、势荣,唯君子然后兼有之。"(《荀子·正论》)荀子认为君子与小人的区别最终是由行动主体自身的因素所造成的。所以尽管他认为人性本恶,都"好荣恶辱,好利恶害",但人们可以"化性起伪",成为君子。他认为"尧禹者,非生而具者也,夫起于变故,成乎修,修之为,待尽而后备者也。"(《荀子·荣辱》)他强调人们只要努力学习,不断积累善行,便可以成为圣人,"涂之人可以为禹",道德高尚的圣人也是后天修为的结果。

儒家强调修身为本,目的是齐家治国平天下。在儒家看来,社会是由个人所组成,每个个体如果能够做到"行己有耻",家庭就会和睦,天下就会太平。儒家强调道德动机的修炼,其积极意义是不可否认的,但是往往过于强调道德行动主体的"为仁由己",而忽视了社会体制和国家治理状况对人们道德观和荣辱观的影响,这是我们应该注意的。

第四节　情感的理性之道:"致中和"

人的内心的情感极为丰富,但它们并非总是一致的,它们彼此也会发生冲突,除了"格物"、"格心"等"致良知"的手段外,中国哲学也强调情感与情感、情感与理性之间的统一,而达到这种统一的境界的途径就是"致中和"。

"中"的概念最早出现于尧舜时期,据说尧让位于舜、舜让位于禹之时,二人都分别交代说:"天之历数在尔躬,允执其中,四海困穷,天禄永终。"(《论语·尧曰》)意思是处理天下国家一切事物时,最为重要的就是要把握并做到"中"。这一"中"的概念含有"公允"、"公正"、"正直"之意,比如,在处理人事关系的时候,不能偏袒一方,应当一视同仁。如此,"中"就颇有些接近近现代西方的"公正"(justice)的概念。近年公布的清华简《保训》篇中反复说到"中"的概念。《保训》是周文王临终遗嘱,其核心内容就是强调"中",即强调以"中"的原则来管理天下事物。舜按照"中"的原则,处事为人,治理天下,因而得到了大家的普遍赞扬。《礼记·中庸》载:"子曰:舜其大知也与!……执其两端,用其'中'于民,其斯以为舜乎。"

江林昌在《清华〈保训〉篇"中"的观念》(见《光明日报》国学版 2009年8月3日)一文中分析了"中"的原初之意,认为"'中'最初表达的是中正公平,不偏不倚,因而可有行为准则之义,而这一意义正取义于太阳神的中午普照。"他还指出"中"作为一种观念是"上古时期各氏族部落共有的宗教信仰和道德观念。这种信仰和观念来自于原始初民共有的太阳崇拜。"这一点不难理解,因为在农耕时代,"万物生长靠太阳,太阳是氏族成员的至上神。"他还提到,姜亮夫先生早年在《释中》一文中对"中"作过的分析。按照姜先生的分析,甲骨文的"中"字的上端作漂游状者为氏族图腾的旗帜,中间圆者为太阳,而下端作漂游状者则为旗帜的投影。每当正午时刻,太阳正中照下,旗帜正好投影于旗杆之下,是为不偏不倚之中正,亦是最为公正之时。而人间的一切行为都应当以太阳神的"日中"为依据,这正是《左传》成公十三年所说的"民受天地之'中'以生,所谓(天)命也"的意思。

后来孔子把"允执其中"称做"中庸"。他说:"中庸之为德也,其至矣乎,民鲜久矣。"(《论语·雍也》)孟子进一步发挥,提出"经"与"权"的观念,并通过"男女授受不亲"与"嫂溺援之以手"的比喻来说明执中要行权的道理,尽管按照当时的道德要求"男女授受不亲",但当嫂嫂掉进水里,小叔子还是应当援之以手,这就叫做"权"。孟子的"中"开始向"中和"的方向发展。

"和"的概念比"中"的概念出现要晚。据《国语·郑语》记载,郑桓公问史伯:"周其弊乎?"周王室将会衰败吗? 史伯回答:"殆于必弊者也。《泰誓》曰:'民之所欲,天必从之。'今王弃高明昭显,而好谗慝暗昧;恶角犀丰盈,而近顽童穷固。去和而去同。夫和实生物,同则不继。以他平他谓之和,故能丰长而物归之。若以同裨同,尽乃弃矣。故先王以土与金木水火杂,以成百物。"史伯的意思是说,周王室已接近于衰败了。他指出现在的周王只亲近和自己气味相投的奸臣,而不愿接近与自己意见不同但却正直贤明的臣子。这种不愿意听取反面意见的做法是无法将政权维持下去的。他进而提出"和实生物,同则不继"的理论,以证明他的断言。世间万物皆彼此依赖、相辅相成,治理天下也不例外。

据《左传》昭公二十年记载,公元前 6 世纪晏婴说:"和,如羹焉。水、火、醯、醢、盐、梅以烹鱼肉。"晏婴认为 不同性质的事物的相成相济,才能促使事物的发展,如同用不同作料,"五味"相调,才能烹出味鲜色香的佳肴美羹,相同的事物简单相加,则产生不出任何新的东西。"若以水济水,谁能食之? 若琴瑟之专壹,谁能听之?"(《左传·昭公二十年》)孔子则进一步将"和"上升为社会政治伦理道德原则,提出"君子和而不同,小人同而不和。"(《论语·子路》)君子胸怀坦荡,既能与人和谐相处,又能保持自己的人格独立。而小人则狭隘偏激,结党营私,排斥异己。

《中庸》最早将"中"与"和"合起来探讨而提出了"中和"的概念。《中庸》说:"喜怒哀乐之未发谓之中,发而皆中节谓之和,天地位焉,万物育焉。"人的情感欲望未发之时,这就叫做"中",发出来又能有所节度,符合道德要求,便是"和","和"就是中节、中礼。所谓未发之中,乃指人人都具有至善本性,而"已发之中",则指人的行为合乎道德的要求。由于儒家主张性善论,因此"已发之中"亦指符合人的本性。"中和"与"中庸"有联系但也有区别,中庸只是强调中,中和则既强调"中"又强调

"和"。

宋代儒学进一步发挥了《中庸》的中和说。宋儒注重人的道德修养，"中和"既是调节人心志情感的重要方法，也是人的理想的道德境界。如朱熹以不偏不倚，无过不及释"中"，认为"喜怒哀乐，情也。其未发，则性也，无所偏倚，故谓之中，发皆中节，情之正也。无所乖戾，故谓之和。"（《四书章句集注》）在此，"中和"成了调节人的内心情感和心灵状态的一种方法和原则，亦即成为修身养性、实现理想心境的一种方法和原则，同时，也是一种理想的心灵境界。

行动主体的内心的情感不仅受自己个人家庭、经历和教育的影响，也受外部的环境以及交往之中的他人的影响，反过来也会影响到和他人的交往。因此，在今天，"致中和"作为修身的一种方法对于在激烈竞争的市场经济的社会中保持行动主体个人心灵的健康与平衡，对于过分私欲的节制，对于多元价值的宽容，对于保持行动主体对理想境界的追求，乃至于对于维护人际关系的平和与社会的稳定，依然有着积极的意义。

第五节 "修身为本"与"止于至善"之道

正确的荣辱观的确立，不仅需要外在的经济政治条件，而且还需要行动主体的主观努力。总体上来说，儒家强调从行动主体的内部来寻找培养道德观念的方法。故儒家强调"修身为本"，即加强自身的道德修养，才能解决主体的道德观念及其道德行为的问题。

孔子作为儒学的创始人已初步提出"修身为本"的思想。他说"修己以安百姓"，"修己以安人"（《论语·宪问》）。"正己"才能"正人"，"苟正其身矣，于从政乎何有？不能正其身，如正人何？"（《论语·子路》）这些都为后来儒家的"修身为本"的理论奠定了基础。

孔子认为一个人不善于学习，不注重自身的道德修养，是最大的忧患。他说："德之不修，学之不讲，闻义不能徙，不善不能改，是吾忧也。"

(《论语·述而》)为此,孔子提出了一系列的"修身"、"至善"的修养方法。

首先是"知耻"。孔子十分强调"知耻"对修身的重要意义。孔子认为有道德的人应是"有耻之士"。《论语·子路》里,子贡问:"何如斯可谓之士矣。"子曰:"行己有耻,使于四方,不辱使命可谓士矣。""行己有耻"是说每个人都要有羞耻之心,不做违反道德要求的无耻之事。后来儒家进一步发展了孔子的思想。如孟子认为,"人不可以无耻,无耻之耻,无耻矣。"(《孟子·尽心上》)荀子曰:"体恭敬而心忠信,术礼义而情爱人,横行天下,虽困四夷,人莫不贵。"(《荀子·修身》)荀子主张把培养正确的荣辱观和日常修身处世原则结合起来,认为不知荣不能成人,把知荣辱视为修身之本。陆九渊则强调修身中"知荣"和"明耻"之间的相互转化关系。他认为知荣才能明耻。只有知耻,才能自觉趋荣避辱。"人惟知所贵,然后知所耻;不知吾之所当贵,而谓之有耻焉者,吾恐其所谓耻者非所当耻矣。"(《陆象山全集》卷三十二)

其次是"好学"。孔子的"学"包括多种知识,但最主要的是关于"礼"的知识。孔子说:"不学礼,无以立。"(《论语·季氏》)"三人行,必有吾师也。"(《论语·述而》)"敏而好学,不耻下问。"(《论语·公冶长》)孔子强调通过学习不断提高道德认知水平,才能克服认识与行动上的各种流蔽,提高自己的道德境界,也才能明辨是非,做到尚荣恶耻,"能好人,能恶人","好仁者,恶不仁者。"(《论语·里仁》)同时孔子提倡学思并用。他说:"学而不思则罔,思而不学则殆。"(《论语·为政》)思即思考、反省。孔子强调要"吾日三省吾身",通过不断自我反省,达到"见贤思齐焉,见不贤而内自省"的境界,进而举一反三,"择其善者而从之,其不善者而改之。"(《论语·述而》)做到"过则勿惮改"(《论语·学而》),"不贰过",(《论语·雍也》)知错就改,避免重复犯错,成德向善。

再次是"知行"统一。《论语》第一句就是"学而时习之",习就是行、履行、实践之意。孔子认为真正有仁德的人在于能把仁德、仁心落在行动上,言行一致,知行统一,因而强调"君子欲讷于言而敏于行。"(《论语·里仁》)他极力反对言行不一的人,"君子耻其言而过其行。"(《论语·宪问》），"古者言之不出，耻躬之不逮也。"（《论语·里仁》）他还主张君子要"敏于事而慎其言。"（《论语·学而》）他认为判断一个人不能仅听其口头上说的，而主要是看其行动上做的，即要"听其言而观其行。"（《论语·公冶长》）因此他把"行"也作为教育学生的一个重要内容。"子以四教：文、行、忠、信。"（《论语·述而》）除"文"一科外，其他三科均属"行"的范围。而"行"在孔子这里主要指"行礼"，即履行社会道德规范。只有处处实践"礼"，才能达到"仁"的境界，"一日克己复礼，天下归仁焉"。

最后是"忠恕"之道。"忠恕"之道又称为"仁之方"。仁是一种内在的道德情感，"仁者，爱人。"但通过什么方式才能达到爱他人的境界，孔子认为需要"推己及人"，《论语·里仁》将其概括为"忠恕"之道，即"己欲立而立人，己欲达而达人"，（《论语·雍也》）"己所不欲，勿施与人。"（《论语·卫灵公》）"曾子曰：'吾日三省吾身，为人谋而不忠乎！与朋友交而不信乎？传不习乎？'"（《论语·学而》）其"忠"，即是"尽己为人"，要求待人忠实厚道，讲求信用。所以，孔子的"忠恕"之道就是主张人与人之间要能将心比心，以"推己及人"的方法来与人为善，实现"仁"的境界。孔子将此称之为"能近取譬"，后来的儒家学派则称之为"絜矩之道"，强调要以人自身为尺度来调节人与人之间的关系，实际上强调的是人的理性原则在道德修养中的作用。

孟子进一步发展孔子思想，更明确地指出修身与家、国、天下的关系。他说："天下之本在国，国之本在家，家之本在身。"（《孟子·离娄下》）如何进行修身？孟子提出的根本方法就是"反求诸己"，即反省内求，保住善心，恢复善性。他说："行有不得者皆反求诸己，其身正而天下归之。"（《孟子·离娄上》）"反求诸己"就能修身齐家治国平天下。孟子还认为人人具有"四端"之心，关键是能否保存并将此心充分扩充出来。如果丢失自己的本心，失去良知，就与禽兽无异了。所以人要"存心"、"知性"、"求放心"。他说："君子所以异于人者，以其存心也。君子以仁存心，以礼存心。"（《孟子·离娄下》）孟子也将这种修养方法称为"反身而诚"，即通过自我反省，达到"诚"的至善境界。在此，孟子与孔子一样，强调的是道德理性的自觉。孟子认为修身养性、美德的培养不能靠外在力量强制灌输,而主要是靠人的内在因素和主观努力。只要发挥自己的主观能动性,注重道德修养,就一定能达到理想的道德境界。

《大学》正式提出"止于至善"与"修身为本"两个命题。《大学》开篇即说:"大学之道,在明明德,在亲民,在止于至善。"这就是所谓《大学》的"三纲领"。"大学"一词在古代有两种含义:一是"博学"之意,指有关政治、哲理等高深而又广博的学问;二是相对于小学而言的"成人之学"。据传,古代贵族弟子八岁入小学,学习"洒扫应对进退、礼乐射御书数"等文化基础知识和礼节;十五岁入大学,学习政治、伦理、治国等"穷理、正心、修己、治人"的道理。《大学》"三纲领"讲的是大学之道,它把修身与治国平天下联系起来,强调修身是治国平天下的根本。第一条"明明德"意为要弘扬光大自己内心美好的品德。"亲民",按后面的传文,其"亲"应为"新","新民",即要教化百姓,使之除旧而图新。"止于至善","止"即"处","止于至善"即处于最善的境界,也即达到最高的道德境界,照传文所说就是要达到"为人君止于仁,为人臣止于敬,为人子止于孝,为人父止于慈,与国人交止于信"之目的。"止于至善"是大学之道的总纲领,也是修身的最终目标。

《大学》对身、家、国、天下的关系作了更为明确具体的规定:"古之欲明明德于天下者,先治其国;欲治其国者,先齐其家;欲齐其家者,先修其身;……身修而后家齐;家齐而后国治;国治而后天下平。自天子以至于庶人,壹是皆以修身为本。""修身为本"才能"止于至善"。《大学》对修身的步骤也做了更加具体的说明,指出"欲修其身者,先正其心;欲正其心者,先诚其意;欲诚其意者,先致其知;致知在格物。物格而后知至,知至而后意诚,意诚而后心正,心正而后身修。"其格物、致知、诚意、正心、修身、齐家、治国、平天下就是所谓的"八条目"。《大学》认为"修身"首先应从"格物、致知"做起。关于格物致知,《大学》没做明确说明,因而后儒对此有不同解释,比较一致的看法是:一个人要在道德实践的过程中才能树立起正确的道德观念。其次,就是要做"诚意"、"正心"的功夫。"诚意"即真心实意,也不自欺欺人,"所谓诚其意者,毋自欺也。"《大学》所说的"正心",即要使心灵保持纯净、公正,不受情欲所累。"所谓修身在正其心者,身有所忿懥,则不得其正;有所恐惧,则不得其正;有所好乐,则不得其正;有所忧患,则不得其正。心不在焉,视而不见,听而不闻,食而不知其味。此谓修身在正其心。"《大学》这里强调"正心"的重要性,因为心有愤怒、恐惧、喜好、忧虑等情绪干扰时就不能够端正,心不在焉,左顾右盼,就不能完成修身的目标。所以说,修养自身的品性首先要端正自己的心思。同时,《大学》还强调"慎独","故君子必慎其独也!小人闲居为不善,无所不至,见君子而后厌然,掩其不善,而著其善。人之视己,如见其肺肝然,则何益矣。此谓诚于中,形于外。故君子必慎其独也。曾子曰:'十目所视,十手所指,其严乎!'富润屋,德润身,心广体胖。故君子必诚其意。"强调进行道德修养一定要诚心诚意,表里如一,即使在个人独居时也要严于律己,独善其身。

《大学》以"三纲领"、"八条目"为主要内容的"修身"理论对后世影响极大,特别是宋明儒学家进一步发展了《大学》思想,提出了许多有价值的"修身"理论,如朱熹的"居敬穷理",陆九渊的"发明本心",王阳明的"知行合一"、"致良知"等,这些道德修养理论都从不同方面阐明了修身的重要性,并把修身作为人的道德观念确立的主观条件,这些都为我们今天探讨树立正确的"荣辱观"的内在机制提供了思想资源。

结　语

"荣辱观"形成的长效内外机制

　　本书所谈的"荣辱"主要指的是一种应有之"荣辱感",主要想强调"荣辱"的情感、心境等特征。我们通常所说的社会主义的"荣辱观",其实也是一种对待事物和行为的态度,态度也是一种心理状态,一种心境。因此,我们所说的"荣辱感"也大致相当于人们通常所说的"荣辱观"。

　　树立社会主义荣辱观应该避免流于形式和口号,为此,必须研究正确"荣辱观"形成的条件和长效机制。在什么样的条件下,"荣辱观"才会成为人们自觉的、发自内心的行动观念? 显然,我们必须从更深的层面、更广的视角认真思考这个问题。我们必须思考和树立"荣辱观"密切相关的一些问题。只有弄清了这些问题,切切实实地做好相关的工作,我们才能使社会主义荣辱观成为公民自觉的行动愿望。通过对中西荣辱思想哲学基础的研究,综合有关研究成果,我们对"荣辱观"形成的长效内外机制,提出如下看法。

第一节　"荣辱观"形成的主观条件

　　"荣辱观"包含了两个概念,即"荣"和"辱"。所谓"荣"主要指行动主体对采取某种行动的主观上的满足感。所谓"辱"则主要指行动主体对采取某种行动的羞耻感。社会主义荣辱观所强调的是，我们应该树立正确的荣辱观，也可以说，我们提倡的或希望的是人们对履行道德义务或责任的满足感以及对做不恰当或不道德的事情的羞耻感。"荣"和"辱"都是指的认识和行动主体的某种心理状态，某种行动的道德动机。更准确地讲，"荣"和"辱"是更深层的道德意识，是形成行动者实际行动动机背后更深层的动机，类似于中国传统哲学所强调的心灵"境界"。因此，树立"荣辱观"的问题可以看成是一个怎样才能形成相关的道德动机和境界的问题。那么，形成这样的道德动机和境界如何可能？

"荣辱"作为一个人的某种心理状态显然不是外部的人所能强加的。做正确事情的满足感不是任何人都会有的，也不是任何人任何时候都会有的，甚至也不是一个人想有就可以有的。一个人即使正在做正确的事情也并非必然会产生"荣"的满足感。一个人做一件正确的事情也许是迫于外部的舆论，也许是害怕惩罚，也许是为了个人的名声，并非必然是一种道德上的满足感。同样，做了错误的事情也并非必然导致行动主体内部产生羞耻之心或愧疚感。但恰当的"荣辱感"（或"心境"）却能够成为行动主体道德行为持续和长效的心理机制，这也是中国传统哲学特别强调心灵境界的原因，也是当代西方道德哲学家开始注重美德伦理学研究的原因。因此，我们有必要分析"荣辱观"或"荣辱感"形成的充分必要条件。

宣传教育能否在一个行动主体内部产生所期望的荣辱观很大程度取决于行动主体原本的状态。对未成年的青少年儿童来说，他们无论身体还是思想都处于正在发展的不成熟时期，对新事物好奇并容易接受，但缺少独立思考的精神，并且容易盲从。这一方面说明他们容易盲目接受错误的东西，但另一方面只要宣传得法，他们对正确的东西也容易接受。这说明大力宣传正确的"荣辱观"对于未成年人树立正确的"荣辱观"非常重要。

但对于具备了独立思考能力的成年人来说，仅仅靠大力宣传是不够的，他们能否产生恰当的荣辱观和他或她的认知状态有关。苏格拉底认为对一个理性的人来说,不可能真正知道对错而做错事,一个理性的人不可能故意犯错。在他看来,作出一个道德判断或者真正能够分辨善恶是非和产生相应的道德动机之间存在着必然的联系。① 因此,一个人的道德动机的可能性依赖于他是否真正具备关于对错或善恶的知识。一个理性的人只要真正认识到什么是正确的,什么是错误的,他就会行善而避恶。如果苏格拉底的思想是正确的,那么,形成正确"荣辱观"的关键就是一个学习问题,或者说,是一个认知问题。

但显然,即使对理性的人来说,能否产生正确的荣辱观不仅仅是一个道德认知的问题,正确荣辱观的产生也依赖于行动主体本身的某种心理状态(即我们通常所说的品质)。行动主体必须具备起码的道德感,起码的道德动机。很多贪官也知道对错,在台上作反腐败的报告也头头是道,也不能说他们是没有理性的,但他们依然没有产生所应有的正确的荣辱观。这似乎说明,认识到对错是一回事,而是否真正能够做到以做正确的事情为荣、以做错误的事情为耻是另外一回事。当代西方伦理学争论的一个重要问题就是"为什么要讲道德"。这种争论的结果表明,认识到道德的重要性和道德相对于其他行动理由(比如自利理由)的优先性是否能够在行动主体内部产生相应的按照道德要求行动的行动动机,取决于行动主体自身是否已经具备了起码的道德品质或某种道德动机。孔子说:"为人由己,而由人乎哉?"(《论语·颜渊》)说的也是这个道理。他还说道:"我欲仁,斯仁至矣。"(《论语·述而》)有了起码的仁爱之心,其他的道德动机,包括"荣辱观"才有可能形成。因此,对道德上的善恶是非的认知和行动主体自身的起码的道德感分别是形成正确荣辱观的必要条件,二者再加上其他的一些条件(我们下面还会继续分析这些条件)构成形成正确荣辱观的充分条件。不少西方伦理学家认为,一个人基本的道德动机(或曰"美德")主要指仁爱之心(关心他人)和正义感(一视同

---

① 参见 Plato, *Protagoras*, 345d-e, 351c-358e。关于亚里士多德的看法,参见亚里士多德:《尼各马科伦理学》,苗力田译,中国人民大学出版社,2003 年 12 月,1145b21-31 和1147a24-b18。

仁)。① 因此,培养公民的基本美德是树立"荣辱观"的一个重要方面,而一个人是否具有基本的美德和他或她从小的生活环境以及所受到的教育有极大的关系,和整个社会环境也有极大的关系。

树立正确的"荣辱观"对具备了基本美德的公民来说主要是一个认知问题,而对"八荣八耻"的认知和认可对他们来说不是一个问题,问题是如何使他们保持所期望的"荣辱观"并付诸行动。因为,即使对一个具备基本道德观念的人来说,是否能够以做道德的事情为荣、以做不道德的事情为耻并付诸行动,并非是一个完全和外部环境无关的问题。道德行动主体是否能够根据"荣辱感"去行事取决于外部的社会环境。在很多情况下,外部环境甚至会影响或改变一个人的"荣辱"观。

一个具有基本道德感的人是否能够始终保持所期望的"荣辱观",依赖于外部环境是否能够保证道德行动的理由是一个充分的、压倒其他理由的理由。在很多情况下,这取决于社会上其他的人特别是大多数人是否遵守同样的道德规则。比如,如果在考试中其他的人甚至大多数人都试图作弊,如果这成为一种常态,使得考试经常对那些不作弊者不利,考试成了一种赏恶罚善的程序,则这种环境对于一个具有基本道德观念的人保持他原有的荣辱观也是不利的。一般说来,我们通过健全法制或规章制度以及加大执法或监督力度的方法来解决保证大多数人遵守道德规则的问题。

对缺少基本道德感的人来说,怎样树立正确的"荣辱观"仅仅依靠外部压力是不行的,因为在外部的压力下,一个缺少基本道德感的人也会遵守道德规则,但他不会以此为荣,这种履行道德义务的满足感一般来说只有具有基本道德感的人才会有,只有那些将道德义务看成是具有自有价

---

① 参见 William Frankena, "A Critique of Virtue-Based Ethical Ethics" in *Ethical Theory*: *Classical and Contemporary Readings*, ed. Louis p. Pojman, CA: Wadsworth, 2002, pp.350–355。摘自 Frankena, *Ethics*, 2nd Edition, Prentice-Hall, 1973, pp.63–71。以及 Gary Watson, "Some Considerations in Favor of Contractualism", *Rational Commitment*, *and Morality*, ed. Christopher Morris and Jules Coleman, Cambridge: Cambridge University Press, 1998, pp.168–185,特别是该文第一部分。

值的人才会有,而缺少基本道德感的人缺少的正是对他人的关心,对道德自有价值的认识和认可。树立"荣辱观"在很大程度上是一个培养道德动机的问题,而不是一个遵守道德规则的问题。对缺少基本道德感的人只有通过健全法制和规章制度,并通过对社会大环境的改变,使他们逐渐习惯于遵守道德规则,培养他们遵守道德规则的心理习惯,并进而将他们逐渐转变为具有基本道德感的人,从而使他们真正能够树立正确的"荣辱观",这个工作非一日之功,需要我们长期努力。

第二节 "荣辱观"与民生

树立正确的荣辱观不仅依赖行动主体的内在状态,也依赖于行动主体所处的外部环境和条件。温家宝总理在 2010 年春节团拜会上强调:"我们所做的一切,都是为了让人民生活得更加幸福、更有尊严。"要想让人民生活更有尊严,就要解决好民生问题。所以温总理接着就说道:"新的一年,我们要更加努力工作,切实解决好民生问题。千方百计创造更多就业机会,持续提高城乡居民的收入水平,让每个劳动者各尽所能,各得其所。加快完善社会保障体系,使人民群众老有所养、病有所医、住有所居,努力解除他们的后顾之忧。大力发展教育事业,促进教育公平,提高教育质量,让每个孩子都能上学、上好学。"温总理的讲话指出了"荣辱观"形成的一个重要的外部条件,这就是要解决好民生问题。中国古代思想家管仲曾提出:"仓廪实则知礼节,衣食足则知荣辱。"(《管子·牧民》)能否树立正确的"荣辱观"和社会是否能够很好地解决民生问题有很大的关系。按照马克思主义的历史唯物论,存在决定意识,一定的道德意识是建立在一定的社会生活水平的基础上的。孟子说:"民之为道也,有恒产者有恒心,无恒产者无恒心。"(《孟子·滕文公上》)"恒产"原义指田地、房屋等不动产,但也可以引申为一般的物质生活条件。"恒心"指长久之意志或观念,包括道德观念和荣辱观。只有使人民拥有一定数量的财产,才能使之遵礼向善。当一个人起码的生存问题都难以解决,当一个社会的贫富差别达到让社会底层的人感到屈辱的程度,达到连起码的尊严都难以维持的程度,让这些人树立正确的"荣辱观"恐怕就是一件很奢侈的事情。

目前和民众切身利益密切相关的民生问题主要是普通老百姓的医疗、住房和教育的三大民生问题。这些问题如果不能得到很好的解决,树立社会主义荣辱观就很有可能流于形式。民生问题的一个重要方面是帮助和改善社会底层的人们的生存状况。荣辱观的形成和产生,与一个人所处的社会环境和他从社会中所获得的好处有很大的关系。如果一个社会或国家能够使身处其中的成员确实感到"一荣俱荣,一损俱损",则这些成员就会自然而然产生以做对这个社会或国家有利的事情为荣,以干不利于这个社会或国家利益的事情为耻。按照罗尔斯的看法,解决社会公平的问题,改善底层或弱势群体的生存状况,可以使这些人感到这个社会的基本结构是旨在推动自己的利益,这样的社会结构可以向每一个人特别是最不利者证明社会结构的正当性。① 这样,社会中的最不利者也愿意接受社会中处于较好状况者所获的利益,从而形成某种"一荣俱荣,一损俱损"的"荣辱观"。这种出于切身利益所形成的"荣辱观"是一种更为自然、并且更为有效的、更为持续的"荣辱观"。

第三节 "荣辱观"与完善社会主义市场经济

随着我国从计划经济向市场经济的转换,随着竞争的原则引入各行各业,随着铁饭碗的打破,一方面人们工作和生产的积极性极大地调动起来,人们的思想观念发生了极大的变化,人们再也不将追逐自己的利益看

---

① 参见 John Rawls, *A Theory of Justice*, Cambridge, MA: Harvard University Press, 1971, pp. 102–104。

成是一件可耻的事情(市场经济将经济活动主体对自己利益的追求看成是理所当然的);但另一方面,一部分人为了自己利益,为了达到自己的目的,不择手段,似乎以为对个人利益或局部利益的最大限度的追求是市场经济条件下理所当然的法则,由此而产生了种种弄虚作假、损人利己、不公平竞争、行贿受贿、只顾眼前不管长远、破坏环境、不顾人民的根本利益等不道德的行为。这些问题显然和树立正确的荣辱观是大相径庭的,这些问题如果得不到及时的解决,不仅使树立社会主义荣辱观成为一句空话,而且会使人们对是否还要坚持市场经济的改革产生怀疑,甚至会使我们多年以来市场经济改革的成果毁于一旦。那么,是不是坚持市场经济和建立正确的荣辱观是格格不入的呢?

我们认为上述这些问题并不是市场经济的必然产物,而是不完善的市场经济的产物。由于市场经济可以极大调动人们生产和工作的积极性,并使经济活动符合客观的经济规律,因此,对上述问题的解决,包括上一节提到的民生问题的解决,不是放弃或停止市场经济的改革,相反,我们需要坚持市场经济的改革,通过制定相关的法规来完善市场经济的办法来解决上述问题。这种完善市场经济的工作至少包括两个方面:一方面是建立健全制度,比如,建立健全食品法来防止假冒产品和不合格的食品,建立健全环保法和加大执法力度来防治环境污染等;另一方面是修改造成不公平竞争、造成行业垄断、造成弄虚作假、造成浮夸的制度法规或评价体系,这个修改过程是一个不断发现问题、不断论证和对制度不断完善的过程。以学术领域里改革为例。由于在学术研究领域里引进了市场竞争机制,对学术研究的评价也有了量化的评价体系,科研人员和教师的积极性被极大调动起来。但过于注重量化的评价体系,违背了学术研究本身的发展规律,迫使人们追求数量,由此而产生了大量的学术泡沫和低水平的重复以及其他的一系列的问题,与资源和权力联系过于紧密的评价体系则造成竞争的不公和学术腐败,而巨大的物质利益的诱惑加上缺少有效的监惩机制又使得不少人铤而走险、抄袭和学术造假,这些制度性的问题不解决,会使上述问题形成风气,它们必然会影响人们的"荣辱观",必然会对坚持学术研究质量、坚守学术研究诚信原则的人构成压力。如果这些人一方面不想放弃他们基本的道德感，另一方面又不能承受现实给他们造成的压力或对他们利益所造成的损害，这种情况就必然会导致所谓人格的分裂。人格分裂的危险性在于：在开始时，对做明知不利于祖国、不利于人民的事情感到愧疚，但依然做了（这是人格分裂的具体表现），当久而久之成为习惯之后，就会变得麻木不仁，渐渐安之若素，这时他们的人格可能不再分裂，但他们也就开始丧失起码的道德感。学术评价体系和学术腐败方面的问题如果不纠正，长此以往，对于中华民族学术上的原创性会造成极大的伤害，由于一个国家和民族的学术队伍代表了这个国家的未来和希望，如果败坏了这支学术队伍，对中华民族的伤害将是长远和巨大的，我们将来所要付出的代价也会是极其沉重的。我们必须解决这些问题，但我们不是通过取消学术评价体系，不是通过废除学术竞争机制的办法来解决这些问题，而是通过建立、健全和完善有关的公平合理的体系和制度的办法来解决这些问题。做好了这方面的工作，比单纯强调树立正确的荣辱观的效果要好得多。当然，强调树立正确的荣辱观对于促使我们更加积极和主动地去解决上述问题也具有非常重要的作用。新闻舆论监督可以在这方面发挥重要的作用。

第四节　"荣辱观"与政府的责任

法家特别强调统治者在培养"国之四维"的礼义廉耻方面的表率作用和发展生产以使民"仓廪实"方面的作用。儒家则特别强调君王的"仁爱"之心和实施"仁政"的重要性。儒家和法家的这些思想对于我们今天树立社会主义荣辱观也具有重要的启示。一方面，各级政府的官员在树立社会主义荣辱观方面应当为人表率，另一方面，上面提到的民生问题，市场经济改革中出现的各种各样的问题，很大的程度上也是一个各级政府和主管部门的责任问题。因此，树立社会主义荣辱观并解决相关的问题是"以人为本"的各级政府的重要职责。

应该看到我国政府比我们的有些学者更清醒地认识到公平问题、三大民生问题和完善市场经济的问题,更清醒地认识到自己的责任。但我们依然想强调,上述问题确实依赖各级政府,特别是地方政府的有关主管部门是否认真研究和解决这些问题,而这些问题的解决与否不仅关系到"荣辱观"是否能够成为国民的自觉意识,而且也直接关系到执政党的执政能力与合法性问题。因此,中央提出树立社会主义荣辱观实际上对各级政府提出了更高的执政要求,当这些问题真正解决了,人民群众,包括广大的政府官员,会感到自己生活在一个公平、和谐的利益共同体之中,只有这样,他们才能自觉自愿地产生"一荣俱荣,一损俱损"的"荣辱观",社会主义荣辱观成为现实生活中人们普遍接受的观念就会水到渠成。因此,对"荣辱观"的教育和宣传应该和提高各级政府以民为本的意识和相应的执政能力结合起来。如此,以"八荣八耻"来评价和考察各级干部和政府官员的要求才能成为一个可操作的过程。

我们相信随着政府各级部门切实落实"以民为本"的执政理念,通过进一步完善和健全市场经济的各项规章制度的办法来解决好三大民生问题以及市场经济改革中出现的种种其他的问题,就能够使道德的理由在现实生活中,至少在大多数情况下,成为压倒其他理由的理由,树立社会主义荣辱观的要求对人们来说就是一个合情合理的要求。如此,社会主义的荣辱观才会成为可能,才会成为人们自觉的行动动机。

主要参考文献

一、英文部分

Anscombe, G. E. M. "Modern Moral Philosophy", *Philosophy*, 1958.

Aristotle. *Nicomachean Ethics*, trans. W. D. Ross, Kitchener: Batoche Books, 1999; *Nicomachean Ethics*, trans. Terence Irwin.

Audi, Robert(ed.). *The Cambridge Dictionary of Philosophy*, 2nd edition, Cambridge: Cambridge University Press, 1999.

Austin, J. L. "A Plea for Excuses" (1956/7), *Philosophical Papers*, ed. J. O. Urmson and G. J. Warnock, 3rd edition, Oxford: Oxford University Press, 1979.

Axelrod, Robert. *The Evolution of Cooperation*, New York: Basic Books, 1984.

Ayer, A. J. *Language, Truth, and Logic*, New York: Dover Publications, 1946.

Ayer A. J. (ed.). *Logical Positivism*, New York: The Free Press, 1959.

Baier, Kurt. *The Rational and Moral Order*, Chicago: Open Court, 1995.

Barcalow, Emmett. *Moral Philosophy: Theories and Issues*, 2nd edition, Belmont, CA: Wadsworth, 1998.

Blackburn, Simon. "The Frege-Geach Problem", *Arguing about Metaethics*, ed. Andrew Fisher and Simon Kirchin, London and New York: Routledge, 2006.

Blackburn, Simon. *Spreading the Word*, Oxford: Clarendon Press, 1984.

Bond, E. J. *Reason and Value*, Cambridge: Cambridge University Press,

1983.

Das, Ramon. "Virtue Ethics and Right Action", *Australasian Journal of Philosophy*, Vol. 81, No. 3, September 2003.

Borchert, Donald (ed.), *Encyclopedia of Philosophy*, 2nd edition, Farmington Hills, MI: Thomson Gale, 2006, 10 volumes.

Brandt, Richard. *Ethical Theory*, Englewood Cliffs, NJ: Prentice-Hall, 1959.

Brink, David. "Moral Realism", *The Cambridge Dictionary of Philosophy*, ed. Robert Audi, 2nd edition, 1999.

Chang, Ruth. "Introduction" to *Incommensurability, Incomparability, and Practical Reason*, ed. Ruth Chang, Cambridge, Mass. : Harvard University Press, 1997.

Chen, Zhen. "What Does the Agent Have Most Reason to Do When Morality and Prudence Conflict?" in *Southwest Philosophcoy Review*, Vol. 16, No. 1, January, 2000.

Copp, David. "The Ring of Gyges: Overridingness and the Unity of Reason" in *Social Philosophy & Policy*, Vol. 14, no. 1, Winter 1997.

Dancy, Jonathan. "Moral Realism", *Routledge Encyclopedia of Philosophy*, CD-Rom edition, 1998.

Dancy, Jonathan. *Moral Reasons*, Oxford: Blackwell, 1993.

Darwall, Stephen. *Impartial Reason*, Ithaca: Cornell University Press, 1983.

Darwall, Stephen. *Philosophical Ethics*, Colorado: Westview Press, 1998.

Darwall, S. , Allan Gibbard, Peter Railton. "Toward *Fin de siècle* Ethics: Some Trends", *Moral Discourse and Practice: Some Philosophical Approaches*, ed. Stephen Darwall, Allan Gibbard and Peter Railton, New York: Oxford University Press, 1997.

Darwall, Stephen (ed.). *Contractarianism/Contractualism*, Oxford, UK: Blackwell, 2003.

Davidson, Donald. "How Is Weakness of the Will Possible?" (1970), reprinted in Davidson's *Essays on Actions and Events*, Oxford: Clarendon Press, 1980.

Davidson, Donald. *Problems of Rationality*, Oxford: Clarendon Press, 2004.

Dworkin, Gerald. "Contractualism and the Normativity of Principles" in *Ethics* 112, April 2002.

Feldman, Fred. *Introductory Ethics*, Englewood Cliffs, New Jersey: Prentice-Hall, 1978.

Ferrari, G. R. F. (ed.). *The Cambridge Companion to Plato's Republic*, Cambridge: Cambridge University Press, 2007.

Foot, Philippa. "Morality as a System of Hypothetical Imperatives" in *Philosophical Review* 84 (1972).

Foot, Philippa. "Does Moral Subjectivism Rest on a Mistake?" in *Oxford Journal of Legal Studies*, Vol. 15 (Spring 1995); reprinted in Philippa Foot, *Moral Dilemmas and Other Topics in Moral Philosophy*, Oxford: Clarendon Press, 2002.

Foot, Philippa. *Natural Goodness*, Oxford, U. K.: Clarendon Press, 2001.

Foot, Philippa. *"Virtues and Vices" and Other Essays in Moral Philosophy*, Oxford, U. K.: Oxford University Press, 2002.

Frankena, William. *Ethics*, 2nd edition, New Jersey: Prentice-Hall, 1973.

Gauthier, David. *Morals by Agreement*, New York: Oxford University Press, 1986.

Gauthier, David. "Morality, Rational Choice, and Semantic Representation: A Reply to My Critics", *Social Philosophy & Policy*, Vol. 5, No. 2 (1987).

Gauthier, David. "Uniting Separate Persons" in *Rationality, Justice and the Social Contract*, ed. David Gauthier and Robert Sugden, New York: Harvester Wheatsheaf, 1993.

Geach, Peter. "Assertion", *Philosophical Review* 74, 1965.

Hare, R. M. *The Language of Morals*, Oxford: Clarendon Press, 1952.

Hare, R. M. *Freedom and Reason*, Oxford: Clarendon Press, 1963.

Hare, R. M. "Weakness of Will" in *Encyclopedia of Ethics*, ed. L. Becker, New York: Garland, 1992; reprinted in Hare, *Objective Prescriptions and Other Essays*, Oxford: Clarendon Press, 1999.

Hare, R. M. *Objective Prescriptions and Other Essays*, Oxford: Clarendon Press, 1999.

Harman, Gilbert. "Moral Relativism Defended", *Philosophical Review* 84 (1975); reprinted in *Relativism: Cognitive and Moral*, ed. Jack W. Meiland and Michael Krausz, Indiana: University of Notre Dame Press, 1982.

Harman, Gilbert. *The Nature of Morality*, New York: Oxford University Press, 1977.

Harman, Gilbert and Judith Jarvis Thomson. *Moral Relativism and Moral Objectivity*, Oxford and Malden, Mass.: Blackwell Publishers, 1996.

Hudson, W. D. *Modern Moral Philosophy*, Garden City, New York: Doubleday and Company, Inc., 1970.

Hursthouse, Rosolind. "Normative Virtue Ethics" in *How Should One Live?*, ed. Roger Crisp, Oxford: Clarendon Press, 1996.

Hursthouse, Rosolind. *On Virtue Ethics*, Oxford: Oxford University Press, 1999.

Kavka, Gregory. "The Reconciliation Project" in *Morality, Reason and Truth*, ed. D. Copp and D. Zimmerman, Rowman and Allanheld, 1984.

MacIntyre, Alasdair. *After Virtue*, Notre Dame, IN: University of Notre Dame Press, 1984.

Mackie, J. L. *Ethics: Inventing Right and Wrong*, Harmondsworth, U. K.: Penguin, 1977.

McDowell, John. "Are Moral Requirements Hypothetical Imperatives?" in *Proceedings of the Aristotelian Society* supplementary Vol. 52 (1978).

McDowell, John. "Projection and Truth in Ethics", The Lindley Lecture, University of Kansas, 1987; reprinted in *Moral Discourse and Practice: Some Philosophical Approaches*, ed. Stephen Darwall, Allan Gibbard and Peter Railton, Oxford and New York: Oxford University Press, 1997.

McDowell, John. "Values and Secondary Qualities" in *Morality and Objectivity*, ed. T. Honderich, London: Routledge, 1985.

Magnell, Thomas. "Moore's Attack on Naturalism" in *Inquiries into Values*, ed. Sander H. Lee, The Edwin Mellen Press, 1988.

Mele, Alfred. *Irrationality*, Oxford and New York: Oxford University Press, 1987.

Mele, Alfred. "Weakness of Will" in *Encyclopedia of Philosophy*, ed. Donald Borchert, 2006, Vol. 9.

Miller, Alexander. *An Introduction to Contemporary Metaethics*, Cambridge, UK: Polity Press, 2003.

Moore, G. E. *Principia Ethica*, ed. Thomas Baldwin, Cambridge University Press, 1993.

Nagel, Thomas. *The Possibility of Altruism*, London: Oxford University Press, 1970.

Nozick, Robert. *Anarchy, State, and Utopia*, New York: Basic Book, 1974.

Plato. *The Collected Dialogues of Plato*, ed. Edith Hamilton and Huntington Cairns, New Jersey: Princeton University Press, 1961.

Platts, Mark. "Moral Reality", *Ways of Meaning*, London: Routledge and Kegan Paul, 1979.

Pojman, Louis P. "A Critique of Ethical Relativism", *Ethical Theory: Classic and Contemporary Readings*, ed. Louis p. Pojman, Belmont, CA: Wadsworth, 2002.

Rawls, John. *A Theory of Justice*, Cambridge, MA: Harvard University Press, 1971.

Richards, I. A. and C. K. Ogden. *The Meaning of Meaning*, London, 2nd edition, 1946.

Ridley, Matt. *The Origins of Virtue*, New York: Viking Penguin, 1997.

Russell, Bertrand. *The Autobiography of Bertrand Russell*, London: George Allen and Unwin; Boston and Toronto: Little Brown and Company, Vol. 1, 1967.

Russell, Bruce. "Two Forms of Ethical Skepticism" in *Ethical Theory: Classical and Contemporary Readings*, ed. Louis P. Pojman, Belmont: Wadsworth, 2002.

Scanlon, Thomas. "Contractualism and Utilitarianism" in *Utilitarianism and Beyond*, ed. Armartya Sen and Bernard Williams, Cambridge University Press, 1982.

Scanlon, Thomas. *What We Owe to Each Other*, Cambridge, Mass. : The Belknap Press of Harvard University Press, 1998.

Schaller, Walter. "Are Virtues No More Than Dispositions to Obey Moral Rules?" in *Philosophia* 20, July 1990; reprinted in *Ethical Theory: Classical and Contemporary Readings*, ed. Louis P. Pojman, Belmont, CA: Wadsworth, 2002.

Shafer-Landau, Russ. *Moral Realism: A Defence*, Oxford and New York: Clarendon Press, 2003.

Shafer-Landau, Russ and Terence Cuneo (eds.), *Foundations of Ethics: An Anthology*, Malden and Oxford: Blackwell, 2007.

Slote, Michael. *Morality From Motives*, Oxford and New York: Oxford University Press, 2001.

Smith, Michael. *The Moral Problem*, Oxford: Blackwell Publishers, 1994.

Stevenson, Charles L. "The Emotive Meaning of Ethical Terms," *Mind* 46 (1937); reprinted in *Logical Positivism*, ed. A. J. Ayer, New York: The Free Press, 1959.

Stocker, Michael. "Desiring the Bad: An Essay in Moral Psychology,"

Journal of Philosophy 76(1979).

Stroud, Sarah. "Weakness of Will", *The Stanford Encyclopedia of Philosophy* (*Fall* 2008 *Edition*), Edward N. Zalta (ed.), URL = <http://plato. stanford. edu/archives/fall2008/entries/weakness-will/>.

Stumpf, Samuel Enoch. *Philosophy: History & Problems*, fifth edition, McGraw Hill, 1994.

Swanton, Christine. "A Virtue Ethical Account of Right Action" in *Ethics*, Vol. 112, No. 1, October 2001.

Thomson, Judith Jarvis. "Killing, Letting Die and the Trolley Problem" in *The Monist*, Vol. 59. 2(1976).

Wallace, R. Jay. "Scanlon's Contractualism", *Ethics* 112, April 2002.

Watson, Gary. "Skepticism about Weakness of the Will," *Philosophical Review* 86(1977).

Watson, Gary. "On the Primacy of Character" in *Identity, Character, and Morality*, ed. Owen Flanagan and Amelie Rorty, Cambridge, MA: MIT Press, 1990.

Watson, Gary. "Some Considerations in Favor of Contractualism," *Rational Commitment, and Morality*, ed. Christopher Morris and Jules Coleman, Cambridge: Cambridge University Press, 1998.

Wellman, Christopher Heath. "Introduction", *Ethics*, Vol. 113, April 2003.

Wiggins, D. "Truth, Invention and the Meaning of Life" in *Needs, Values, Truth: Essays in the Philosophy of Value*, Oxford: Blackwell, 1987.

Williams, Bernard. *Ethics and the Limits of Philosophy*, Cambridge, MA: Harvard University Press, 1985.

Wright, C. "Realism, Anti-Realism, Irrealism, Quasi-Realism", *Realism and Antirealism*, ed. P. French, T. Uehling, and H. Wettstein, *Midwest Studies in Philosophy*, Vol. 12, Minneapolis: University of Minnesota Press, 1988.

二、中文部分

艾耶尔:《语言、真理与逻辑》,尹大贻译,上海译文出版社 2006 年版。

陈鼓应:《老子注译及评价》,中华书局 1984 年版。

陈鼓应:《庄子今注今译》,中华书局 1984 年版。

陈真:《实践理性和道德的合理性》,《华中科技大学学报》(社会科学版)2003 年第 4 期。

陈真:《论道德和精明理性的不可通约性》,《求是学刊》2004 年第 1 期。

陈真:《哥梯尔的"协议道德"理论评析》,《河北学刊》2004 年第 3 期。

陈真:《斯坎伦的非自利契约论述评》,《世界哲学》2005 年第 4 期。

陈真:《亚里士多德美德伦理学思想述评》,《江海学刊》2005 年第 6 期。

陈真:《当代西方规范伦理学》,南京师范大学出版社 2006 年版。

陈真:《当代西方规范美德伦理学研究近况》,《国外社会科学》2006 年第 4 期。

陈真:《决定英美元伦理学百年发展的"未决问题论证"》,《江海学刊》2008 年第 6 期。

陈真:《道德相对主义与道德的客观性》,《学术月刊》2008 年第 12 期。

陈真:《艾耶尔的情感主义与非认知主义》,《江苏社会科学》2009 年第 6 期。

程颢、程颐:《二程集》,王孝鱼点校,中华书局 1981 年版。

柏拉图:《理想国》,郭斌和、张竹明译,商务印书馆 1986 年版。

柏拉图:《柏拉图全集》卷一,王晓朝译,人民出版社 2002 年版。

达斯:《美德伦理学和正确的行动》,陈真译,《求是学刊》2004 年第 2 期。

冯契:《中国古代哲学的逻辑发展》上、中、下,上海人民出版社

1983—1985 年版。

冯友兰:《中国哲学简史》,北京大学出版社 1985 年版。

冯友兰:《中国哲学史新编》,上、中卷,人民出版社 1998 年版,下卷,人民出版社 1999 年版。

赫斯特豪斯:《规范美德伦理学》,邵显侠译,《求是学刊》2004 年第 2 期。

侯外庐、邱汉生、张岂之主编:《宋明理学史》,上卷,人民出版社 1984 年版,下卷,人民出版社 1987 年版。

黄永堂译注:《国语全译》,贵州人民出版社 1995 年版。

霍布斯:《利维坦》,黎思复、黎廷弼译,商务印书馆 1985 年版。

江灏、钱宗武译注:《今古文尚书全译》,贵州人民出版社 1990 年版。

江林昌:《清华〈保训〉篇"中"的观念》,《光明日报》2009 年 8 月 3 日。

蒋南华、罗书勤、杨寒清译注:《荀子全译》,贵州人民出版社 1995 年版。

刘俊田、林松、禹克坤译注:《四书全译》,贵州人民出版社 1988 年版。

陆九渊:《陆象山全集》,中国书店 1992 年版。

蒙培元:《理学范畴系统》,人民出版社 1989 年版。

蒙培元:《心灵超越与境界》,人民出版社 1998 年版。

蒙培元:《蒙培元讲孟子》,北京大学出版社 2006 年版。

任继愈译著:《老子新译》,上海古籍出版社 1985 年版。

沙少海、徐子宏译注:《老子全译》,贵州人民出版社 1989 年版。

邵显侠:《论张载的"知礼成性"说》,《哲学研究》1989 年第 4 期。

司马迁:《史记》,中华书局 1999 年版。

斯坎伦:《自利的契约论和非自利的契约论》,陈真译,《世界哲学》2005 年第 4 期。

苏舆撰:《春秋繁露正义》,钟哲点校,中华书局 1992 年版。

汪子嵩、范明生、陈村富、姚介厚:《希腊哲学史》卷二,人民出版社

1993 年版。

王夫之:《船山全书》,第 2 册(《尚书稗疏》,《尚书引义》),岳麓书社 1988 年版。

王夫之:《船山全书》,第 3 册(《诗经稗疏》,《诗广传》等),岳麓书社 1988 年版。

王夫之:《船山全书》,第 6 册(《读四书大全说》等),岳麓书社 1991 年版。

王强模译注:《列子全译》,贵州人民出版社 1993 年版。

王守谦、金秀珍、王凤春译注:《左传全译》,贵州人民出版社 1990 年版。

王先谦撰:《荀子集解》,沈啸寰、王星贤点校,中华书局 1988 年版。

谢浩范、朱迎平译注:《管子全译》,贵州人民出版社 1996 年版。

休谟:《人性论》,关文运译,商务印书馆 1996 年版。

休谟:《道德原则研究》,曾晓平译,商务印书馆 2007 年版。

徐子宏译注:《周易全译》,贵州人民出版社 1991 年版。

许匡一译注:《淮南子全译》,上、下册,贵州人民出版社 1993 年版。

亚里士多德:《尼各马科伦理学》,苗力田译,中国人民大学出版社 2003 年版。

杨伯峻译注:《论语译注》,中华书局 1980 年版。

杨伯峻编著:《春秋左传注》,中华书局 1981 年版。

杨伯峻译注:《孟子译注》,中华书局 1984 年版。

杨国荣:《善的历程》,上海人民出版社 1994 年版。

于民雄注,顾久译:《传习录全译》,贵州人民出版社 1998 年版。

袁华忠、方家常译注:《论衡全译》,上、中、下册,贵州人民出版社 1993 年版。

袁愈荌译诗,唐莫尧注释:《诗经全译》,贵州人民出版社 1991 年版。

张岱年:《中国哲学大纲》,中国社会科学出版社 1982 年版。

张觉译注:《韩非子全译》,上、下册,贵州人民出版社 1992 年版。

张载:《张载集》,中华书局 1978 年版。

周才珠、齐瑞端译注:《墨子全译》,贵州人民出版社 1995 年版。

朱伯崑:《先秦伦理学概论》,北京大学出版社 1984 年版。

朱熹:《四书章句集注》,中华书局 1983 年版。

朱熹:《朱子语类》全八册,黎靖德编,王星贤点校,中华书局 1986 年版。

责任编辑:夏　青

图书在版编目(CIP)数据

荣辱思想的中西哲学基础研究/邵显侠　陈真 著.
　-北京:人民出版社,2010.9
ISBN 978－7－01－008871－6

Ⅰ.①荣…　Ⅱ.①邵…②陈…　Ⅲ.①人生哲学-对比研究-中国、西方
　国家　Ⅳ.①B821

中国版本图书馆 CIP 数据核字(2010)第 070851 号

荣辱思想的中西哲学基础研究
RONGRU SIXIANG DE ZHONGXI ZHEXUE JICHU YANJIU

邵显侠　陈真　著

人民出版社 出版发行
(100706　北京朝阳门内大街 166 号)

北京瑞古冠中印刷厂印刷　新华书店经销

2010 年 9 月第 1 版　2010 年 9 月北京第 1 次印刷
开本:710 毫米×1000 毫米 1/16　印张:20
字数:284 千字　印数:0,001-3,000 册

ISBN 978－7－01－008871－6　定价:42.00 元

邮购地址 100706　北京朝阳门内大街 166 号
人民东方图书销售中心　电话 (010)65250042　65289539